수학의 숲을 걷다

수학의 숲을 걷다

2025년 03월 25일 초판 01쇄 발행
2025년 05월 26일 초판 03쇄 발행

지은이 송용진

발행인 이규상 편집인 임현숙
편집장 김은영 책임편집 정윤정 책임마케팅 윤선애
콘텐츠사업팀 강정민 정윤정 박윤하 윤선애
디자인팀 최희민 두형주
채널 및 제작 관리 이순복 회계팀 김하나

펴낸곳 (주)백도씨
출판등록 제2012-000170호(2007년 6월 22일)
주소 03044 서울시 종로구 효자로7길 23, 3층(통의동 7-33)
전화 02 3443 0311(편집) 02 3012 0117(마케팅) 팩스 02 3012 3010
이메일 book@100doci.com(편집·원고 투고) valva@100doci.com(유통·사업 제휴)
블로그 blog.naver.com/100doci_ 인스타그램 @blackfish_book X @BlackfishBook

ISBN 978-89-6833-493-1 03410

★

개념 나무를 따라 걷는 지적 탐험

수학의 숲을 걷다

송용진 지음

블랙피쉬 Black Fish

서문

편안한 마음으로 수학을 되짚어 볼까요?

저는 그동안 수학 또는 과학과 연관된 역사, 교육, 문화, 종교, 논리, 영재교육 등에 대한 인문학적인 책을 써 왔습니다. 그런데 이번에는 수학에 등장하는 기초적인 개념, 공식, 정리 등의 진정한 의미를 되씹어 보는 **본격적인 수학책**을 쓰기로 했습니다. 제가 그렇게 결심하게 된 것은 수학에 등장하는 개념의 진정한 의미에 대해 호기심을 가진 사람들이 아주 많아졌다는 것을 알게 되었기 때문입니다. 최근에는 수학을 공부하고 있는 학생들뿐만 아니라 일반 성인 중에도 수학에 관심이 있는 사람들이 많아졌고, 그래서 다양한 수학 교양서가 전보다 더 많이 출간되고 있습니다. 또한 기성세대가 주로 보는 수학 관련 유튜브 채널의 개수와 구독자 수가 빠른 속도로 늘어나고 있습니다.

이는 반가운 일이지만 다른 한편으로는 일부 채널에서 틀린 이야기를 하는 경우를 가끔 보게 됩니다. 남들에게 수학적 개념의 의미를 가르쳐 주겠다며 채널을 운영하고 있는 수학 크리에이터 자신이 잘못 이해하고 있는 경우가 많은 상황에 안타까운 마음이 들었습니다. 그래서 저는 고등학교 과정의 수학에서 등장하는 여러 내용의 정확한 의미와 수학이라는 과목이 가지고 있는 다양한 가치를 대중에게 전하고 싶다는 마음이 들었습니다.

수학에 등장하는 **개념과 원리**를 다루는 수학 참고서들이 이미 꽤 많이 있습니다. 그런데 그런 책들 대부분은 개념의 정의나 공식을 간단히 소개하고 그와 연관된 문제들을 푸는 형식으로 되어 있습니다. 하지만 이 책은 문제 풀이를 위한 개념서가 아니라 수학에 등장하는 여러 가지 개념의 진정한 의미와 그와 연관된 여러 가지 이야기를 들려주는 책입니다. 이 책을 통해 학생들 또는 성인들이 그동안 혼동하거나 어렵게 느꼈던 개념들을 분명하게 설명해 주고, 중요하지만 간과하기 쉬운 개념들을 일깨워 드리고자 합니다. 이 책에서 다루는 수학적 개념들은 대부분의 독자들이 이미 배워서 알고 있을 만한 것들입니다.

저는 독자층으로 기본적으로는 고등학교 과정의 수학을 공부한 적이 있는 대학생 또는 성인들로 생각하고 있습니다만 현재 수학공부를 하고 있는 중학생, 고등학생들도 재미있게 읽을 수 있을 것이라고 믿습니다. 기초적인 개념들에 대한 이해를 통해 수학과 좀 더 친해질 수 있기를 기대합니다. 가능한 한 쉽게, 그리고 수학에 관심이 있는 사람이라면 누구나 흥미를 느낄 수 있도록 쓰려고 노력했습니다. 간혹 고등학교 과정을 넘는 내용이 나오기는 합니다만 그런 것들은 별다른 배경지식 없이도 이해할 수 있도록 설명해 드릴 것입니다. 혹시 이 책을 읽으면서 미분, 적분, 복소수, 집합 등의 내용 중 부담스러운 내용이 있다면 그런 부분들은 건너뛰면서 읽어도 됩니다. 각 단원이 어느 정도 독립적이어서 흥미가 있어 보이는 단원을 우선적으로 골라서 읽어도 될 것입니다.

수학을 잘하고 싶다면

수학을 잘하려면 기초적인 개념부터 확실히 이해하여야 한다는 것을 모르는 사람은 거의 없을 것입니다. 그래서 수학 선생님들은 늘 개념 이해의 중요성을 강조하고 수학 참고서 중에도 수학의 개념을 잡아 주는 '수학 개념원리,' '수학 개념 공부법' 등에 대한 책들이 많습니다. 그러나 실제로 개념 이해부터 확실히 하려고 하는 학생들이 그리 많지는 않은 것 같습니다. 많은 학생들이 그냥 개념을 암기한 후에 주로 문제 풀이를 하는 데에 수학공부 시간을 할애합니다. 개념 이해부터 철저히 하려고 하는 학습 태도를 가진 학생은 이미 수학을 잘하는 학생일 가능성이 높습니다.

왜 기초 개념부터 정확하게 이해하려는 노력을 기울이지 않는 학생들이 많은 것일까요? 그 이유로 몇 가지를 꼽을 수 있는데, 첫 번째 이유로 **개념 이해의 중요성을 간과**하고 처음 배울 때 시간을 많이 들여서 이해하려고 하지 않는 것을 들 수 있겠습니다. 무엇이든 처음에 헷갈리면 계속 헷갈리는 법이어서 처음에 배울 때 정확하게 배워야 하는데 그것을 소홀히 하는 것입니다. 물론 이것은 시간 부족이 주요 원인입니다. 공부해야 할 양은 많은데 공부 시간이 부족하니 일단 개념은 적당히 공부하고 문제 풀이부터 하는 것이죠. 하지만 실제로 공부 시간이 부족한 것인지 조급한 태도가 문제인 것인지는 각자 따져 봐야 할 것 같습니다.

두 번째는 일단 **무조건 외우려고 하는 태도**입니다. 자기는 수학을 공부할 때 무조건 외워서 했다는 사람들을 흔히 만날 수 있습니다. 문제 풀이도 패턴을 외워서 푼다고 합니다. 제가 만난 한 인문학 교수님은 자신은 학창 시절에 모든 수학문제를 그렇게 풀었다고 고백하더군요. 제가 가르치고 있는 수학 전공 대학생들 중에도 1, 2학년의 기초 전공과목을 수강할 때 무조건 외우려는 태도를 가진 학생들이 많습니다. 대학생, 그것도 수학을 전공하는 학생들이 이해보다는 암기 위주로 공부하려고 하는 태도를 취하는 것은 중고등학생 때부터 가졌던 학습 습관 때문일 것입니다.

암기만 하려는 수학공부, 문제 풀이에만 치중한 수학공부는 문제가 있지만 수학공부에도 암기는 중요하고 문제 풀이는 수학공부의 핵심입니다. 어떤 개념이 금방 이해가 되지 않으면 일단 외웠다가 차츰 그것의 의미를 깨달아 가는 것은 통상적인 학습법이고 권장할 만한 학습법이기도 합니다.

답을 찾는 과정에서 헤매지 않도록

수학적 개념의 완전한 이해는 그것을 읽고 머릿속에 기억하는 것만으로는 힘들고 반드시 '문제 풀이'를 통해서만 성취할 수 있는 경우가 많습니다. 아무리 천재라도 문제 풀이 없이 개념을 완벽히 이해하는 것은 힘듭니다. 다른 한편, 문제 풀이가 수학공부의 핵심이 되어야 하는 가장 중요한 이유는 그것을 통하여 수학적인 사고력이 증진하게 되기 때문입니다.

수학적 개념은 아무리 기초적인 것이라도 몇천 년 동안 수학자들에 의해 만들어지고 다듬어져 온 것이기 때문에 그 개념들이 머릿속에서 금방 소화되지 않습니다. 세상의 대다수의 지식이 그렇듯이 수학 지식도 머릿속에서 어느 정도 **숙성하는 시간**이 필요합니다. 개념의 이해는 (반드시 수학의 경우가 아니더라도) 시간이 지나면서 이해하는 정도가 점차 증대하게 됩니다. 비유를 하자면 이해의 제1단계는 '아, 알겠다' 정도의 이해이고 제2단계는 좀 더 확연한 이해이며 제3단계는 개념에 대한 진정한 이해입니다. 그리고 마지막 단계가 더 있는데 그것은 그 개념이 아주 자연스럽고 당연해서 앞으로 절대 잊어버릴 수가 없고 그것을 자유롭게 활용할 수 있게 되는 단계입니다. 이런 숙성 과정은 아마도 잠재의식을 통해 이루어질 텐데 그렇게 되려면 해당 지식에 대한 지속적인 관심이 유지되어야 합니다.

수학은 정확한 논리를 통해 완벽한 해를 구하는 것을 추구하기는 하지만 그 결과로 얻어지는 답보다는 그 답을 얻어 가는 과정이 더 중요합니다. 학교 수학이나 입시 수학에서도 크게 다르지 않습니다. 그래서 수학에서는 평가할 때도 답을 평가하는 것이 아니라 **답을 내는 과정**을 평가해야 합니다. 그래서 구한 답이 (단순한 계산 실수 등으로) 틀리더라도 답을 구하는 과정이 맞으면 만점을 주어야 하지요. 한국수학올림피아드 2차, 3차 시험, 국제수학올림피아드 등 서술형 시험에서는 그러한 방식을 유지하고 있습니다.

끝으로 감사의 말씀을 드립니다. 이 책을 꼼꼼하게 읽어 봐 주시고 좋은 검토 의견을 주신 신동훈, 김형돈, 최지호, 이우기, 신정수 교수님과 이현진, 김경화, 권승회, 임현성, 송기웅, 유상욱 선생님께 깊은 감사를 드립니다. 그분들의 도움 덕분에 더 나은 책으로 거듭날 수 있었습니다. 그리고 책의 편집과 출간에 수고해 주신 정윤정 에디터님과 김은영 편집장님께 깊이 감사드립니다. 정 에디터님은 열린 마음으로 저자의 의견을 들어주면서도 현명한 제안을 통해 더 좋은 책이 되도록 힘써 주셨습니다. 책에 들어갈 그림들을 예쁘게 그려 주시고 보기 좋은 책으로 디자인해 주신 두형주 선생님께도 감사드립니다. 그리고 바쁘신 중에도 영광스럽게도 이 책의 추천사를 써 주신 최윤성, 김민형, 김현철 교수님께 감사드립니다.

차례

서문 – 편안한 마음으로 수학을 되짚어 볼까요? 4

1부 수학의 가치 – 수학, 진리를 찾는 열쇠

1 수학공부, 꼭 해야 하나요? 14
2 수학에 소질이 없는데 어떡하죠? 21
3 어떻게 하면 수학을 쉽고 재미있게 공부할 수 있나요? 26
4 '수학은 신의 언어' 너무 거창한 말 아닌가요? 34
5 수학은 '발견'인가요, '발명'인가요? 38
6 수학자들은 어떤 연구를 하나요? 46
7 앞으로는 수학문제를 AI가 풀어 줄 텐데요? 52

2부 실수 – 수를 읽는 지적인 시간

8 1+1은 2일 수도 있고 아닐 수도 있나요? 68
9 그래서 $\sqrt{2}$ 란 무엇인가요? 73
10 0은 왜 그렇게 중요한 수인가요? 79
11 음수 곱하기 음수는 왜 양수인가요? 90
12 분모의 유리화는 꼭 해야 하나요? 98
13 저는 90°가 $\frac{\pi}{2}$보다 더 편한데요? 102

3부 집합과 함수 – 모든 것을 담는 상자

14 집합은 꼭 필요한 개념인가요? 110
15 집합은 어떻게 논리에 쓰이나요? 123
16 집합끼리 곱한다고요? 131
17 좌표가 왜 그렇게 중요한가요? 136
18 함수는 input, output으로 이해하면 되는 것 아닌가요? 144
19 함수와 그래프를 왜 구별해야 하나요? 153
20 일대일함수와 전사함수란 무엇인가요? 160
21 연속함수란 무슨 의미지요? 166

4부 극한과 미적분 – 아름다운 무한의 세계로

22 그래도 0.999…는 1보다 작은 수 아닌가요? 178
23 극한이란 구체적인 수가 아니라 접근하는 상황 아닌가요? 183
24 미분과 적분은 왜 쌍으로 다니나요? 188
25 평균값정리는 왜 자주 등장하나요? 195
26 미적분을 왜 배워야 하나요? 202
27 왜 자연상수 e가 중요한가요? 207
28 지수함수는 정의하기 어렵다고요? 216
29 $\frac{dy}{dx}$는 실제로 분수인가요? 227
30 역함수는 어떻게 쓰이나요? 235

5부 수의 신비 – 세상의 비밀을 담고 있는 수에 대한 이야기

31 소수는 왜 중요한가요? 244
32 허수 i는 어떤 수인가요? 252
33 복소수에는 어떤 비밀이 있나요? 258
34 π를 왜 신비로운 수라고 하나요? 265
35 π의 근삿값은 얼마나 정확하게 구해졌나요? 274
36 초월수란 무엇인가요? 279
37 피보나치 수열은 왜 그렇게 유명한가요? 284

6부 수학과 논리 – 생각의 힘을 키우는 법

38 논리가 철학이 아니고 수학이라고요? 294
39 현대적인 논리학이란 어떤 것인가요? 303
40 수학공부에는 어떤 논리가 필요한가요? 307
41 '만족하다'가 맞나요, '만족시키다'가 맞나요? 313
42 귀류법은 왜 어려운가요? 317
43 수학적 귀납법은 정말 완벽한 것인가요? 321
44 열린구간 (0, 1)의 최댓값은 무엇인가요? 327
45 무한에는 작은 무한과 큰 무한이 있다고요? 332
46 왜 무리수가 유리수보다 더 많나요? 341
47 그리스의 공리적 논증수학이란 어떤 것인가요? 345

1부

수학의 가치

✦

수학,
진리를 찾는 열쇠

1

수학공부, 꼭 해야 하나요?

저는 수학교육 관련 활동을 해 오면서 사람들로부터 "왜 **모든** 고등학생들에게 어려운 수학을 공부하게 하나요?"와 같은 질문을 종종 받아 왔습니다. 이 질문에 대해 저는 "간단한 답과 복잡한 답이 있는데 어느 것부터 듣고 싶으세요?"라고 되물어 보곤 합니다. 그러면 대개 질문자는 간단한 답을 먼저 듣고 싶어 하지요. 저의 간단한 답은 이렇습니다. 바로 "전 세계에 그렇게 하지 않는 나라가 하나도 없기 때문입니다"라는 답입니다. 수학공부에 대해 부정적인 시각을 가진 사회지도층 인사들이 유난히 많은 우리나라에서 아직도 수학을 이공계로 진학할 학생들뿐만 아니라 누구나 공부하게 하는 이유는 다른 나라에서 유사한 예를 찾지 못했기 때문일 것입니다. 그렇지 않아도 수학을 필수가 아닌 선택 과목으로 만들고 싶어 하는 고위직 공무원, 교육학자, 정치인들이 많은 상황이라 만일 어느 주요 국가에서 그런 교육정책을 시행했다면 우리나라는 당장 따라 했을 것입니다.

그럼 왜 수학을 세계 모든 나라에서 필수 과목으로 가르치고 있을까요? 세계 모든 나라에서 수학교육을 언어교육과 더불어 기초소양교육의 핵심으로 여기고 있습니다. 우리나라에도 요즘에는 수학을 가르치는 목적이 '수학적 지식'을 얻게 하는 것보다는 '사고력'을 키우는 것에 더 큰 비중을 두고 있다는 것을 이해하는 사람들이 점점 더 많아지고 있습니다. 하지만 아직도 "기본적인 개념만 이해하면 됐지 왜 어렵게 배배 꼰 문제들까지 풀어야 하죠?"라든가 "어렵게 배웠던 수학인데 고등학교를 졸업한 후에는 써먹은 적이 없어요"라고 하는 분들이 많습니다.

수학공부를 중시하는 것은 '수학적 지식'을 나중에 잘 써먹게 하기 위해서가 아닙니다. 수학적 지식의 활용보다는 사고력을 키우는 것이 주요 목적이라 할 수 있습니다. 흔히 수학공부는 논리적 사고력과 문제해결력을 키워 준다고 말합니다. 이런 추상적인 능력 외에도 학생들이 수학공부를 통해 얻을 수 있는 이점에는 여러 가지가 있고 그것들에 대해 설명하는 글들은 이미 많이 있으니, 여기서는 사람들이 놓치기 쉬운 두 가지 이점에 대해서만 이야기해 보겠습니다.

수학공부로 얻는 두 가지
→ 좋은 학습 태도, 작업기억

첫째는, 학생들은 수학공부를 통해서 좋은 **학습 태도**를 기를 수 있다는 점입니다. 수학문제를 풀면서 책상머리에 오랫동안 붙어 앉아 있는 습관을 기를 수 있고 깊은 사고를 하는 훈련을 할 수 있습니다. 학습도 습관입니다. 학습하는 습관이 몸에 잘 붙게 하는 데에는 수학공부만 한 게 없습니다. 수학문제 푸는 데에 빠지면 몇 시간은 금방 갑니다. 그래서 수학을 잘하는 학생들이 다른 과목도 잘하는 이유는 (그들의 머리보다는) 그들이 수학공부를 통해 얻은 학습 태도 때문일 가능성이 높습니다. 좋은 학습 태도는 공부할 때만이 아니라 성인이 되어 일을 할 때도 필요합니다. 한 보험회사의 임원인 저의 제자가 저에게 이런 말을 한 적이 있습니다. "수학공부를 많이 한 사원은 수학적 사고력 그 자체보다는 문제를 대할 때의 태도가 다릅니다."

수학공부를 열심히 하는 사람들은 문제를 끈질기게 파고들며 깊이 생각하려는 태도를 가지게 됩니다. 한 문제를 붙들고 오랜 시간 동안 몰두하며 탐구하는 습관을 수학공부를 통해 기를 수 있습니다. 또한 수학공부를 많이 하고 수학문제를 잘 푸는 사람들은 어떤 문제가 주어졌을 때 그 문제가 설사 아주 복잡하거나 어렵더라도 우선적으로 그 문제의 속성과 의의를 먼저 파악하려고 합니다. 그것이 어느 정도 이루어진 다음에는 문제를 논리적이거나 합리적인 방법으로 해결하려고 합니다. 물론 실제 상황에서 일어나는 모든 문제가 논리적으로 해결되지는 않을 것입니다만, 적어도 그러한 **태도**는 좋은 무기가 될 수 있습니다.

두 번째 이점은 수학적 사고법인데 그중 핵심이 되는 것이 바로 **작업기억**working memory 입니다. 작업기억은 작업 중에 얻은 정보를 일시적으로 유지하면서 학습, 이해, 판단 등을 계획하고 수행하는 능력을 말합니다. 최근에는 많은 심리학자, 교육학자들이 이것에 주목하고 있고 이것이 학습 능력에 미치는 영향이 IQ보다 더 크다는 연구 결과가 많이 나옵니다. 단기기억과 다른 점은 단기기억은 정보를 가공 없이 그대로 기억하고 유지하는 것이고 작업기억은 '정보의 조작'이 수반되는 것입니다.

수학에서 17×21과 같은 계산을 할 때도 몇 번 곱셈을 한 후에 그 값을 더하게 되는데 각 단계에서 얻은 값을 기억했다가 그것을 다음 단계에 적용하는 것이 작업기억의 간단한 예입니다. 모든 논리적 또는 수학적 사고는 **두 가지 과정의 반복**으로 이루어집니다. 하나는 추상적인 개념이나 정보를 머릿속에 잘 넣는 과정이고 또 다른 과정은 그것을 잠시 기억하고 있다가 그 바로 다음 단계에서 적용하는 것입니다. 이 두 번째 과정이 바로 작업기억입니다.

논리적 사고라는 것도 그다지 거창하거나 복잡한 것이 아닙니다. 주어진 조건이나 상황, 정의 등을 인지하고 그것을 잠시 머릿속에 담아 둔 후에 아주 조그마한 첫발을 내딛고 난 다음, 다시 그 새로운 사실을 머리에 담아 잠시 저장했다가 그것을 통해 또 다른 걸음을 내디디면 되는 것입니다. 여기서 중요한 것은 '사실을 사실대로 받아들이는 태도'인데요, 이 부분이 잘 안되기 때문에 논리적인 사고가 안되는 경우가 많습니다.

수학적이며 논리적인 사고의 예로 **$\sqrt{2}$가 무리수**임을 보이는 과정을 살펴볼까요? 이것은 교과서에서는 귀류법을 써서 증명합니다. 이 증명을 시작하기 위해서는 우선적으로 '무리수'라는 개념과 '귀류법' 이라는 개념을 머릿속에 넣어야 합니다. 여기서 귀류법이란 "결론이 참이 아니라면 모순이다"라는 것을 통해 결론이 참임을 증명하는 증명법입니다. 그래서 이 증명은 우선 이 명제의 결론을 부정하는 명제 "$\sqrt{2}$가 무리수가 아닌 유리수라 하자"로 시작해야 합니다. 그다음 단계에서 '유리수의 정의'를 머리에 담은(떠올린) 후에 $\sqrt{2}$를 유리수 표현인 $\sqrt{2}=\frac{q}{p}$로 놓습니다. 그리고 이 새로운 결과를 잠시 머리에 담아 두고는 그다음 단계로 넘어가게 됩니다. 이러한 각각의 단계에서 우리의 머릿속에서 일어나고 있는 일들이 바로 작업기억입니다.

작업기억은 학생들의 학업에서만 중요한 것이 아니라 성인이 된 후에도 자신이 하고 있는 일과 연관하여 새로운 지식이나 개념을 익히고 적용하는 과정에서도 필요합니다. 한 회사에 새로 입사한 사원이 회사의 주요 업무를 파악하고 실행하는 과정, 기존의 사원들이 새로운 프로젝트를 기획하고 수행하는 과정, 중요한 사안에 대하여 판단하고 결정하는 과정 등에서 작업기억은 중요한 요소로 작용할 수 있습니다.

제가 언급한 이 두 가지 이점은 현실적이고 구체적인 것들이지만 수학공부가 중요한 진정한 이유는 수학 자체가 진짜로 중요한 학문이기 때문입니다. 수학은 수천 년간 지속적으로 발전해 온 유일한 학문이자 인류 지성의 정수입니다. 지구상의 인류가 오랜 세월에 걸쳐서 이룩한 문명은 수학이라는 토대로부터 쌓아 올린 것입니다. 인류가 추구하는 미래의 과학기술의 발전은 수학이라는 언어를 통해서 이루어질 것입니다.

지적 호기심이 없으면 수학은 필요 없다

그저 일해서 돈이나 벌고 여가 시간이나 즐기면 된다고 생각하는 사람에게는 수학이 필요 없습니다. 하지만 지적인 삶을 추구하는 사람이라면 역사, 문학, 예술, 지리에 대한 지식이 필요하듯이 수학에 대한 지식도 필요할 것입니다. 수학은 인류가 오랜 세월에 걸쳐 어렵게 얻은 소중한 지식을 간직한 보물창고와 같습니다. 지적 호기심이 있는 사람에게는 수학 지식이 어떻게 실용적으로 활용되느냐보다는 그것이 우리의 자연과 우주를 이해하는 데에 어떻게 쓰이는지, 그것이 얼마나 체계적이고 아름다운 언어인지, 그것들의 궁극적인 의미는 무엇인지 등이 더 궁금할 것입니다.

세계 어느 나라에서나 수학공부 때문에 마음고생을 하는 학생들이 많습니다. 수학 학습 부진아 문제는 어느 나라나 심각하긴 마찬가지입니다. 교육열이 높은 우리나라에서는 이 문제가 사회의 여러 가지 문제들과 얽혀 있어서 획기적인 방안을 마련하는 것은 쉽지 않습니다. 이 문제에 대해 한 가지만 알아주면 좋겠습니다. 수학 자체는 죄가 없습니다. 수학 때문에 발생하는 여러 가지 문제점들은 학생들이 **과다한 경쟁**을 하면서 공부를 하는 상황이어서 발생하는 것이지 수학 자체가 지나치게 어렵다거나 보통 사람들에게는 별 필요가 없기 때문인 것은 아닙니다.

우리 교육이 안고 있는 가장 심각한 문제인 학생들의 과다학습 문제와 사교육 문제는 수학 교과내용을 축소하는 것으로는 조금도 해결되지 않는다는 것을 지난 수십 년 동안 목격한 것을 통해 쉽게 알 수 있습니다. 논리적인 사고는 사실을 사실대로 받아들이는 것과 인정할 것은 인정하는 것으로부터 이루어집니다. 이것도 수학교육을 통해 얻을 수 있는 태도이자 사고법입니다.

2

수학에 소질이 없는데 어떡하죠?

어느 고등학교 역사 선생님이 신문에 기고한 글을 읽은 적이 있습니다.* 역사공부를 좋아하고 잘하지만 수학은 도저히 따라갈 수 없어 포기한 학생에 대한 이야기입니다. 학생은 선생님께 이렇게 말했답니다. 아무리 해도 안되는 수학에 힘을 쏟느니 그 시간에 역사를 공부하는 것이 본인과 사회에도 보탬이 되지 않겠냐고요. 선생님은 그 학생이 역사학과에 진학하면 좋겠지만 그 학생의 수학 성적으로는 역사학과가 있는 주요 대학에 진학하는 것은 불가능한 현실을 안타까워합니다. 그래서 결국 그 학생에게 외국 유학을 떠나는 게 더 나은 선택일 수 있다고 말해 주었다고 합니다.

우리나라에서는 유난히 과목별 적성 여부를 잘 따지는 것 같습니

* 서부원, "'역사 마니아' 제자가 사학과 못 가는 현실… 유학 권유했습니다", 〈오마이뉴스〉, 23.09.25.

다. 이 학생과 같이 역사는 잘하지만 수학은 잘하지 못한다거나, 과학은 잘하지만 사회는 잘하지 못하는 것을 흔히 있는 당연한 일로 여깁니다. 그래서 이과 영재니, 문과 영재니 하는 말을 합니다. 하지만 미국 등의 영재교육 전문가들은 어떤 학생이든 보편적인 지능이 좋으면 (예체능 과목을 제외한) 모든 과목을 다 잘할 수 있는 소질이 있는 것으로 판단합니다. 머리가 좋은 학생들의 경우에 잘하는 과목과 그렇지 않은 과목을 구별할 필요가 없다는 것이 전문가들의 판단입니다.* 언어나 역사에는 소질이 있지만 유독 수학에만 소질이 없거나 수학에는 소질이 있지만 언어에는 소질이 없는 경우는 거의 없다고 보면 됩니다.

물론 다른 과목은 다 잘하는데 수학만 못하는 학생들이 꽤 많이 있습니다. 그런 학생들은 대개 수학에 대한 트라우마가 있거나 다른 심리적, 환경적 요인이 있기 때문에 그런 것이지 다른 재능은 있으나 수학적 재능만 부족해서 그런 경우는 극히 드뭅니다. 수학에 소질이 없는 학생들을 대상으로 연구해 보면 그 학생들은 수학적 개념 자체에 대한 이해력 부족보다는 문해력이 부족해서 그렇다고 보는 편이 옳다는 의견이 많습니다. 특히 초등학생들의 경우는 고학년 학생들보다 그런 경향이 더 강합니다.**

* 자세한 내용은 저의 책 《영재의 법칙》을 참고하시기 바랍니다.

** 류유의 《초등생을 위한 수학 공부몸 만들기》 등을 참고했습니다.

수학공부는 머리가 아니라 몸으로 하는 것

문해력이 수학공부와 연관성이 높다는 것은 수학교육 전문가들 사이에서는 오래전부터 잘 알려져 있는 사실이지만 최근에는 이에 대한 사람들의 관심이 커지고 있습니다. 문해력 증진을 토대로 수학을 잘할 수 있다는 것을 표방하는 온라인 교육 업체들도 있고 수학은 문해력이 핵심이라고 말하는 신문 기사, 유튜브 영상, 책들이 여럿 있습니다.*

수학을 잘하려면 소질이 좋아야 하는 것은 당연합니다. 하지만 그 소질도 계발이 될 수 있습니다. 그 소질 계발의 핵심은 바로 **책 읽기**입니다. 어릴 때부터 책을 많이 읽은 아이들은 수학을 잘할 확률이 높습니다. 물론 타고난 소질에 따라 잘하고 못함의 편차가 큰 과목이 수학이긴 합니다. 그러나 길러진 소질도 타고난 소질 못지않게 중요하다는 것을 알아주면 좋겠습니다.

수학을 잘하려면 우선 **수학을 좋아해야만 한다**는 것은 누구나 다 알고 있습니다. 그러면 왜 유독 수학 과목이 그럴까요? 그것은 수학이 본질적으로 어려운 과목이어서 많은 노력이 없이는 잘할 수 없는 과목이기 때문입니다. 수학을 좋아하는 감정이 생겨야 수학공부에 시간을 쏟을 수 있고 수학은 시간을 많이 들여야 실력이 좋아집니다. 누구나 듣는 말이겠지만 '수학은 머리가 아니라 몸으로 하는 것'

* 예를 들어 차오름의 《수학은 문해력이다》가 있습니다.

입니다. 굳이 엉덩이로 할 필요는 없습니다. 앉아서만 공부할 필요 없이, 걸어가면서도, 밥 먹으면서도, 심지어는 친구들과 잡담하면서도 수학문제를 생각하고 실력을 기를 수 있기 때문입니다. 수학을 잘하기 위해서는 세 가지 **믿음**이 있어야 합니다.

수학을 잘하기 위한 세 가지 믿음

1. 노력한 만큼 성과가 난다.

2. 꼭 해야 하는 과목이다.

3. 실제로 재미있는 과목이다.

첫째, 자신이 시간을 들인 만큼, 그리고 자신이 노력한 만큼 실력이 는다는 믿음입니다. 나름 열심히 했는데 성과가 나지 않을 때 사람들은 가슴이 꽉 막히는 것과 같은 답답함을 느끼고 더 노력하나 마나 결과는 마찬가지일 것이라는 생각을 갖기 쉽습니다. 수학공부가 그러한 대표적인 예일 텐데요, 실은 수학공부야말로 결국에는 노력을 기울인 만큼 성과를 거두게 되어 있습니다. 다만 성과가 나기 위해서는 어떤 임계점을 넘어서는 만큼의 노력이 수반되어야 하는데 그 전에 포기한다면 하나 마나 한 것이 되겠죠. 각자 수학적 재능에 따라 그 임계점이 높거나 낮을 뿐입니다.

제가 하고 있는 수학 연구의 경우에도 똑같습니다. 수학 연구에서는 어떤 한 문제를 풀기 위해 오랫동안 숙고하게 되는데 몇 날 또는 몇 주를 파고들어도 전혀 진전이 없는 경우가 많습니다. 그럴 때는 나아갈 길을 전혀 찾지 못해 깜깜한 어둠 속을 헤매는 것 같은 느낌이 듭니다. 앞으로 아무리 오랫동안 연구하더라도 진전의 기미가 없을 것 같다고 느껴질 때도 있습니다. 그런데 제 오랜 경험으로는 신기하게도 예외 없이 시간을 들인 만큼 조금씩 진전이 이루어진다는 것입니다. 결국에는 진전이 있을 것이라는 믿음이 있으면 중도에 포기하지 않고 계속 가던 길을 가게 되고 결국에는 무언가 좋은 것을 얻게 됩니다.

둘째, 수학은 매우 중요하므로 꼭 열심히 공부해야 하는 과목이라는 믿음입니다. "이런 걸 어디다 써먹지?" 또는 "왜 이렇게 어려운 것을 공부해야 하지?"라는 회의를 갖지 말라는 뜻입니다. 꼭 해야 하는 것이라는 믿음이 없이는 열심히 하기 어렵습니다.

셋째, 수학은 재미있는 과목이라는 믿음입니다. 수학에 재능이 있는 사람만 재미있어하는 것이 아닙니다. 수학도 열심히 하다 보면, 그리고 그 안에서 새로운 무엇인가를 알고 나면 신기하고 재미있습니다. 깊은 성취감과 기쁨을 느낄 수도 있습니다.

3

어떻게 하면 수학을 쉽고 재미있게 공부할 수 있나요?

어떻게 하면 수학을 쉽고 재미있게 공부할 수 있을까요? 이에 대한 답으로는 "그럴 방법은 없다"가 간단하면서도 대체로 타당한 답이라고 생각합니다. 수학은 본질적으로 어려운 과목이기 때문입니다. 수학은 **어렵지만 그 어려움을 즐기며** 공부해야 하는 과목입니다. "수학이 알고 보면 쉬워요", "이것만 알면 3초 만에 답을 말할 수 있어요"라는 말을 반복하며 수많은 구독자를 확보한 유튜브 채널도 있지만 해당 유튜버 자신이 말한 대로 수학은 단순히 답을 찾는 것보다는 원리를 이해하는 것이 중요합니다. 특별한 경우에만 적용할 수 있는 풀이법을 공부한다고 수학 실력이 늘지는 않습니다.

학교 수학에서는 요즘 쉬운 내용 위주로 가르치고 있지만 그래도 학생들은 누구나 결국 수학의 어려움을 겪게 됩니다. 만일 어떤 학생이 쉬운 수학만 공부했다면 그 학생은 언젠가 너무 늦은 때에 수학의 어려움 때문에 절망하게 될 것입니다. 수학은 그 어려움을 인정하고 그것을 극복해 나가면서 공부해야 하는 과목입니다. 수학의 재미는 사실 그 '어려움'에 있습니다. 수학을 좋아하는 학생들은 대부분 어려운 문제를 스스로 풀었을 때 느끼는 희열과 성취감을 잊지 못하여 수학을 좋아하게 됩니다.

수학을 쉽게 공부할 방법은 없다
→ 수학은 왜 어려울 수밖에 없을까?

수학은 왜 어려운 과목일 수밖에 없을까요? 첫 번째 이유로는, 수학은 수천 년간 지식을 쌓으며 발전해 왔기 때문입니다. 현대의 중고등학생들이 배우고 있는 내용은 몇백 년 전까지는 천재 수학자들조차 몰랐던 것들입니다. 학생들이 학교에서 배우고 있는 수학의 개념과 기호들은 수많은 수학자들이 오랜 세월에 걸쳐 어렵게 깨닫고 난 후에 정리해 놓은 것들입니다. 학생들이 그냥 자연스럽게 습득할 수 있는 것이 아닙니다. 두 번째 이유로는, 세상이 복잡하기 때문입니다. 수학은 우리의 생활 주변에서 일어나는 일뿐 아니라 모든 자연현상에 대해 그 원리를 설명하기 위해 생겨나고 발전해 온 것인데 세상 자체가 복잡하니까 수학도 어려운 것입니다. 자연은 오묘하고 우주는 광활한데 수학이 간단하거나 쉬울 수가 없겠지요.

제가 전에 어느 자리에서 수학은 원래 어려운 과목이라는 취지로 이야기를 하니까 어떤 분이 제 말에 대해서 "학습 부진아가 많은 것은 수학이 원래 어렵기 때문이니 어쩔 수 없다는 말입니까?"라는 질문을 하였습니다. 이 질문에 대해 생각해 봅시다. 이 질문의 배경에는 '사람들은 원래 어려운 것은 좋아할 수가 없다'는 것이 가정되어 있습니다. 사실 많은 사람들이 이것을 마치 공리처럼 당연히 맞는 말이라고 믿고 있습니다. 그래서 수학도 너무 어렵게 가르치기 때문에 싫어하거나 포기하는 학생들이 많다고 생각합니다. 어려운 수학을 좋아하는 학생들은 일부 우수한 학생들뿐이고, 평균적인 학생들, 특히 수학에 재능이 없는 학생들은 당연히 어려운 수학문제를 내면 수학을 싫어하게 된다고 믿습니다. 과연 그럴까요? 꼭 그렇지는 않다는 게 제 생각입니다. 수학을 싫어하게 되는 것은 대개의 경우 경쟁에서 뒤처지기 때문이지 단순히 학교에서 배우는 수학이 너무 어렵기 때문은 아닙니다. 문제의 핵심은 치열한 경쟁이지 수학의 어려움이 아닙니다.

어려워도 좋아할 수 있다

어른들은 수학공부를 포기하다시피 한 학생에게 물어봅니다. "수학을 왜 포기하려고 하니?" 그러면 일일이 설명하기 귀찮기도 하고 자존심도 상하는 학생은 대개 간단히 이렇게 대답합니다. "너무 어려워요." 아마도 그래서 "아, 그러면 수학을 쉽게 하면 되겠군" 하고 생각하는 사람들이 많은지도 모릅니다.

저는 '평균적인 사람들조차도 어려운 것을 더 좋아할 수도 있다'고 믿습니다. 저는 그동안 대다수 학생들은 어려운 수학을 좋아할 수 없다고 믿는 사람들을 많이 만나 보았습니다. 하지만 제가 관찰해 온 바로는 꼭 그렇지는 않습니다. 우선 제 고등학교 동기들 이야기를 해 보겠습니다. 제가 고등학교 3학년일 때는 학교에서 매달 논술형 수학시험을 보았는데 그때 전교생의 평균 점수가 10점 내외밖에 되지 않았고, 누적 평균이 40점이 넘으면 서울대 합격권이었습니다. 그런데 신기한 것은 졸업 후 오랜만에 만난 우리 동기들 중 상당수가 자기는 원래 수학을 좋아했고 소질도 좀 있는 학생이었다고 말하는 것입니다. 수학을 100점 만점에 20점도 못 받던 학생들이 수학을 좋아했다는 것이 좀 이상한가요? 그런 반면에 요즘에는 한 반에 반이 넘는 학생들의 수학시험 점수가 80점이 넘는데 왜 수학이 싫다는 학생들이 그렇게 많을까요? 그것은 틀리는 아픔이 너무 크기 때문이 아닐까요? 그래서 저는 표어를 하나 만들었습니다.

"틀리는 아픔보다, 맞는 기쁨이 더 크게 하자!"

어렵지만 누구나 좋아할 수 있는 것은 수학만이 아닙니다. 지구상에서 가장 성공한 스포츠인 축구의 예를 떠올려 봅시다. 축구는 사실 아주 어려운 스포츠입니다. 중계방송을 볼 때 선수들의 플레이를 자세히 이해하는 것도 어렵고 점수가 잘 나지 않아 지루하기도 합니다. 하지만 사람들이 이 어려운 스포츠에 열광하는 이유는 축구가 역설적으로 지루하고 어려운 스포츠이기 때문입니다. 또한 자신이 응원하는 팀이 어쩌다 골을 넣었을 때 느껴지는 짜릿한 희열을 잊지 못하기 때문이기도 합니다. 골프라는 스포츠도 이와 비슷합니다. 골프를 배우는 사람들이 골프에 빠지는 이유는 그것이 잘하기 어렵고 마음같이 잘되지 않기 때문입니다. 어쩌다 한번 공을 잘 쳤을 때의 짜릿함을 잊지 못합니다. 바둑의 경우에도 그것이 배우기도 어렵고 고수가 되기도 어려운 게임이지만 즐기는 사람들이 오목이나 장기보다 더 많습니다. 사람들에게는 어려움을 즐기는 본능 같은 것이 있다고 생각합니다.

'수○자'라는 용어 쓰지 말자

저는 제발 수학 부진아를 지칭하는 '수○자'라는 용어의 사용을 자제해 주면 좋겠습니다. 원래 용어는 개념을 고착화하고 그것을 확대 재생산합니다. 굳이 그런 용어를 써 가며 학생들에게 '수학을 포기한다'라는 개념을 상기시킬 필요가 없습니다. 최근에는 이 말로부터 파생된 '영○자', '과○자', '국○자'라는 말도 유행한다고 합니다. 언론에서 이런 용어의 사용을 자제해 주면 좋겠는데 일부 언론인들이 약자들을 위한 정의의 사도인 양 앞장서서 이런 용어를 사용합니다. 어느 신문에 시리즈로 실린 기획 기사에 따르면 자신을 수○자로 생각한다는 비율이 초등학교 6학년에서는 약 11%였으나 중학교

3학년은 20% 이상, 고등학교 2학년은 30%가 넘었다고 합니다. 이런 기사는 저를 놀라게 합니다. 아니, 학생들에게 수학을 포기했는지 아닌지 물어보았다는 말인가요? 예전에 어느 사회단체에서 그런 통계를 발표하여 놀란 적이 있는데 아직도 그런 일을 하는 사람들이 있다는 것을 믿을 수가 없습니다. 높은 자살률이 걱정이 된다며 일반인들을 대상으로 "당신은 인생을 포기했는가?"라고 설문조사하는 것과 무엇이 다를까요? 학생들에게 '수학의 포기'를 자꾸 떠올리게 하는 것은 이 문제를 악화시킬 뿐입니다.

저는 학교 수학교육과 관련된 활동을 오랫동안 해 왔습니다. 제가 30년 동안 국제수학올림피아드 한국대표단 단장(또는 부단장) 직을 맡았고 한국수학올림피아드와 수학 영재교육에 관한 일을 해 온 것이 어느 정도 알려져 있어서 저를 아는 사람들은 영재교육 전문가라고 생각하지만 실은 저는 일반 학생들을 대상으로 하는 학교 수학교육에 관심이 더 많습니다. 그래서 대한수학회에서 수학교육 담당 부회장을 10년간 맡았고 수학교육 포럼도 20년 가까이 주관했습니다. 수학교육과정에 대한 연구나 토론회, 평가 등도 많이 참여해 왔습니다. 제가 수학교육과 관련된 활동을 해 온 것을 굳이 이렇게 언급하는 이유는 "나도 수학교육에 대해서는 좀 안다" 또는 "모름지기 수학교육은 이렇게 해야 한다"고 생각하는 사람들이 너무 많기 때문입니다.

제가 전에 일간지 칼럼에 '우리 교육에는 사공이 너무 많다'는 메시지의 글을 쓴 적이 있는데 우리나라에는 교육에서만이 아니고 사회 전반적으로 전문가들의 전문성을 잘 인정하지 않는 문화가 있습니다. 그런 문화는 물론 예전에 실력 없는 전문가들이 너무 많았던 시절에 생겼겠지만 이제는 우리 사회도 많이 발전했습니다. 교육에도 전문가가 있다는 사실을 받아들이고 그들의 경험과 지식을 존중하는 문화가 생기면 좋겠습니다.

"수학 교과내용을 과감하게 줄이고 쉬운 문제들만 출제하도록 하면 수학교육이 안고 있는 여러 가지 문제들을 완화할 수 있다"고 말하는 사람들*의 주장이 오랫동안 받아들여져 왔습니다. 그렇게 말하는 사람들 중에 실제로 그렇게 함으로써 문제가 해결될 것이라고 믿는 사람들은 그리 많지 않을지도 모릅니다. 하여간 결과적으로 지난 20여 년간 수학 교과내용이 지속적으로 축소돼 왔고 교사용 지침서에는 학교에서 다루면 안 되는 내용이나 문제를 일일이 지정하고 있는 상황입니다. 아무리 유익한 것이라도 학생들에게 뭔가를 더 가르치면 마치 유해한 일을 하는 것처럼 취급합니다. 수학 교사가 수학 교과내용에서 조금이라도 벗어나는 문제를 출제하면 (그 문제가 쉬운 문제일지라도) 징계를 받습니다. 대학수학능력시험이나 대학별 논술시험에서도 출제자들은 문제를 아주 좁은 틀 안에서만 내야 합니다.

* 언론과 시민단체가 주도하고 교육부가 시행하는 상황입니다.

수학자들 중에는 수학의 중요한 특징이자 장점으로 **자유**를 꼽는 사람들이 많습니다. 자유로운 사고와 그러한 태도를 말하는데요, 자유로운 사고가 창의적인 발상과 연결되는 법입니다. 개념들을 숙지하고 난 후에 어려운 문제를 푸는 데에는 **자유로운 사고**가 필요하게 됩니다. 틀에 박힌 수학문제만 내는 것은 수학적 사고의 본질인 자유로운 사고를 저해하는 일입니다.

4

'수학은 신의 언어' 너무 거창한 말 아닌가요?

우리는 바닷가에서 푸른 바다와 찬란하게 빛나는 햇빛, 그리고 하늘에 떠 있는 멋진 구름과 싱그러운 바람에 짙은 감동과 즐거움을 느낍니다. 저녁 무렵 수평선에 걸린 해님이 하늘을 붉게 물들일 때 우리의 가슴은 떨립니다. 밤하늘에 총총히 빛나는 별들을 보며 끝도 없이 광활한 우주를 떠올립니다. 상쾌한 아침에 들리는 아름다운 새소리를 들으며 생명의 신비를 느낍니다. 이 모두가 신神이 우리에게 준 선물입니다.

신이라는 단어가 종교적인 표현이라는 느낌이 드는 독자들은 신 대신 우주나 자연을 떠올리면 됩니다. 수학과 과학은 자연의 언어이자 우주의 언어입니다. 신의 섭리, 우주의 섭리, 자연의 섭리가 모두 같은 말입니다. 이때의 신이란 이 세상을 주재하는 절대 신을 의미합니다. 수학과 과학은 신의 섭리를 이해하기 위해 발전해 왔습니다. 신이 들려주고 보여 주는 뜻을 우리는 수학과 과학을 통하여 이해하고 있습니다. 신은 **현상**이라는 언어로 말을 합니다. 수학은 신의 뜻을 이해하고 표현하기 위해 개발되어 온 언어입니다. 뉴턴Isaac Newton, 1642-1727 이전에는 이해하지 못했던 신의 뜻을 뉴턴 이후에는 수학을 통해 조금씩 이해하게 되었습니다.

수학은 과학보다 언어적인 성격이 강합니다. 과학자들은 과학적인 이론들을 수학이라는 언어를 통하여 이해하고 표현합니다. 뉴턴이 발견한 힘과 가속도에 대한 뉴턴의 운동 제2법칙은 간단한 등식 하나로 표현됩니다. 간단한 식이지만 그 이전에는 그 어떤 수학자도 생각하지 못한 아름다운 식입니다. 운동의 법칙을 수식으로 나타낸다는 것 자체가 그 이전의 수학자들에게는 상상조차 하기 어려운 것이었습니다. 뉴턴은 만유인력의 원리를 생각해 낸 후에 스스로 개발한 미적분학이라는 수학적인 방법론을 써서 케플러의 행성 운동법칙 3개를 모두 증명했습니다. 만유인력의 법칙도 간단한 식으로 나타낼 수 있습니다. 위대한 수학자이자 물리학자인 맥스웰James Clerk Maxwell, 1831-1879이 발견한 유명한 4개의 맥스웰방정식은 전기와 자기, 전자기파 등의 현상과 그들 사이의 관계를 나타내는 이 세상에서 가장 멋진 수학적 표현 중 하나입니다. 화학자들이 화

제임스 맥스웰
(Public domain | Wiki Commons)

학적인 현상을 설명할 때도 화학식이라는 일종의 수학적인 표현을 씁니다.

수학과 과학은 아직까지는 신의 뜻을 충분히 이해하기에는 미흡하고 인류가 그것을 통하여 신과 원활히 소통하기에는 갈 길이 멉니다. 하지만 그것은 인류가 수학과 과학을 통하여 신과 소통하기 시작한 지 불과 수백 년밖에 되지 않았기 때문입니다. 앞으로 수백, 수천 년이 더 지난 후에는 신과 좀 더 잘 소통할 수 있게 될 것입니다.

수학자들의 연구 행위의 핵심은 문제를 푸는 것이지만 정작 그들이 주로 하는 일이자 가장 잘하는 일은 자신들이 수학문제를 푸는 데에 사용했던 도구들인 새로운 개념과 정리Theorem, 공식Formula, 이론Theory 등을 잘 다듬고 정리하여 남들이 사용하기 쉽게 하는 일입니다. 개념, 정리, 공식 등은 수학이라는 언어의 단어에 해당되고 **이론**은 이 언어에서 사용되는 주요 문장에 해당된다고 할 수 있습니다. 유명한 갈루아 이론은 그냥 정리라고 부르기에는 너무나 크고 중요하기 때문에 이론이라고 부릅니다.

수학자들의 사명은 수학이라는 언어를 잘 구사하여 우주(신)의 뜻을 이해하고 표현하는 일이라 할 수 있습니다. 한 명의 수학자가 얼마나 뛰어난 수학자인가 하는 것은 수학이라는 언어를 얼마나 잘 구사하여 말할 수 있는가 하는 것으로 판정됩니다. 이때 '말한다'는 것은 어떤 현상을 설명하거나 수학문제를 해결하는 것을 의미합니다. 수학자들로 이루어진 집단 지성은 문제를 찾고 문제를 풀고 수학적 개념을 창조해 냅니다. 그리고 그런 활동을 통해 얻어지는 '그 집단의 실력'이 인류에 기여하게 됩니다.

수학자들은 진리 탐구의 정신을 바탕으로 신의 섭리를 이해하려고 노력해 왔고, 현재의 수학은 오랜 세월 동안 수많은 수학자들이 각고의 노력으로 찾아낸 지식과 지혜의 탑이라고 할 수 있습니다. 따라서 수학은 인류 지성의 진수입니다. 이 점에서는 과학도 마찬가지죠. 과학과 수학은 오랫동안 한 몸체로 발전해 왔고 수학과 여러 과학 분야로 분화한 것은 2백 년 정도밖에 되지 않았습니다. 바야흐로 인공지능AI과 빅데이터 시대가 열리면서 수학과 과학은 다시 한 몸체로 발전하며 우주의 신비를 밝혀 주고 인류의 삶의 형태에 커다란 변화를 가져다줄 것입니다. 저는 그 변화가 인류의 행복지수를 높이는 방향으로 이루어질 것이라고 믿습니다.

5

수학은 '발견'인가요, '발명'인가요?

수학에서 다루는 내용이 발견한 것인지, 아니면 발명한 것인지 궁금해하는 이들이 꽤 많습니다. 이러한 질문에 대한 답을 구하고자 하는 유튜브 동영상을 본 적도 있습니다. 이 질문은 '외계인의 수학은 우리 것과 똑같은 수학일까 아니면 전혀 다른 수학일까?'라는 질문과 유사하다 하겠습니다. 수학의 수많은 내용 중에는 순전히 수학자들의 상상을 통해 인위적으로 만들어진 것들과 세상의 섭리를 발견한 내용이 섞여 있을 것입니다. 그중에 '어느 쪽의 비중이 더 큰가?'가 좀 더 정확한 질문이라 하겠습니다.

앞서 말한 대로 수학은 언어의 성격이 강합니다. 그래서 수학 이외의 과학에서는 발견이 중시되지만 수학에서는 공식과 같은 언어적 표현이 중시되고 따라서 수학적 내용은 수학자들의 발명품이 아닌가 하는 생각을 할 수 있습니다. 하지만 수학의 핵심적인 내용 대부분은 **수학자들의 발견**이라고 보는 것이 맞다고 생각합니다. 수학도 오랜 세월 동안 이 세상의 진리를 발견하기 위해 발전되어 왔기 때문입니다. 진리 탐구는 수학의 핵심적 가치입니다. 그래서 외계인들의 수학과 우리 지구의 수학은 그것을 표현하는 기호와 언어는 다르겠지만 그 안의 내용은 별 차이가 없을 것이라고 생각합니다.

지구 안에서도 서로 독립적으로 발전한 수학들이 있습니다. 고대에는 이집트의 수학과 메소포타미아의 수학이 그러했고, 근대까지는 서양의 수학과 동양의 수학이 그러했습니다. 그런데 그 안의 내용을 잘 살펴보면 표현법만 다를 뿐 서로 일치하는 내용이 대부분입니다. 그래서 수학은 서로 다른 문명 간에도 어느 쪽이 더 발달한 것인지 우열을 가르기가 비교적 쉽습니다.

수학에서도 발명은 중요합니다. 그 대표적인 것이 기호 만들기, 개념 정리하기, 이름 붙이기, 용어 만들기 등입니다. 개념과 용어로부터 파생되는 매우 추상적인 문제들도 있습니다. 수학자들이 만든 추상의 세계에만 존재하고 현실과는 동떨어진 수학적 개념들도 있습니다. 하지만 그러한 것들도 궁극적으로 현실과의 연결성이 떨어진다면 별 가치가 없는 것으로 평가됩니다.

기하에서 발견된 찬란한 진리들

수학 중에서도 특히 기하는 그 안에서 다루는 내용의 대부분이 발명보다는 발견이라고 하는 것이 맞을 것입니다. 간혹 '기하' 하면 유클리드의 공준과 공리적 논증수학을 떠올리는 사람들이 많고 그래서 기하는 추상적 개념이 많은 영역이라고 느끼는 분들이 있습니다. 그런데 고전적 평면기하만 보더라도 그것의 핵심은 메넬라우스정리, 파푸스정리, 체바정리, 파스칼정리, 심슨정리 등과 같은 수많은* '발견'들일 것입니다.

그리스의 수학자들은 기하를 공부하며 자신들이 발견한 뜻밖의 규칙성과 아름다움에 매료되었습니다. 기하 공부를 통해 자연이 갖는, 아마도 신이 창조하였을 것 같은 신비를 찾아 나간다는 느낌을 갖게 되었고, 그래서 그들은 기하를 높이 숭상하였습니다. 플라톤이 BC 387년에 세운 학원인 아카데미아의 입구에 '기하를 모르는 자는 이 문으로 들어오지 마라'는 간판이 걸려 있었다는 이야기는 너무나 유명합니다.

고대 그리스인들은 원뿔곡선conic curves을 발견했습니다. 원뿔을 평면으로 자를 때 자르는 각도에 따라 그 단면이 타원ellipse, 포물선parabola, 쌍곡선hyperbola을 이룹니다. 이러한 원뿔곡선들은 현대에 와서는 x와 y에 대한 2차식으로 나타낼 수 있으므로 이차곡선이라고도 불립니다. 이 곡선들의 영어 표현인 ellipse, parabola, hyperbola는 각각 모자람, 꼭 맞음, 넘침을 뜻하는 그리스어로부터 유래되었고 이 이름들은 아폴로니우스Apollonius of Perga, BC 260?-

* 발견자의 이름이 붙지 않은 발견들까지 모두 센다면 수십만 개에 이를 것입니다.

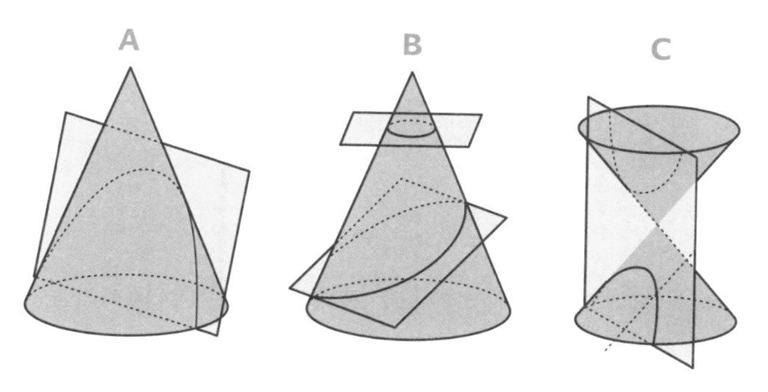

원뿔곡선들 : A는 포물선, B는 타원, C는 쌍곡선

200?가 저술한 책에 등장합니다.

수학적 발견의 예로 사이클로이드cycloid라는 곡선의 예를 하나 더 들어 보겠습니다. 사이클로이드란 한 원이 한 직선 위에서 구를 때 원주 위의 한 점이 움직이는 자취를 말합니다. (그림을 참조해 주세요. 이보다 좀 더 일반적인 사이클로이드도 있지만 여기서는 이것만 소개합니다.)

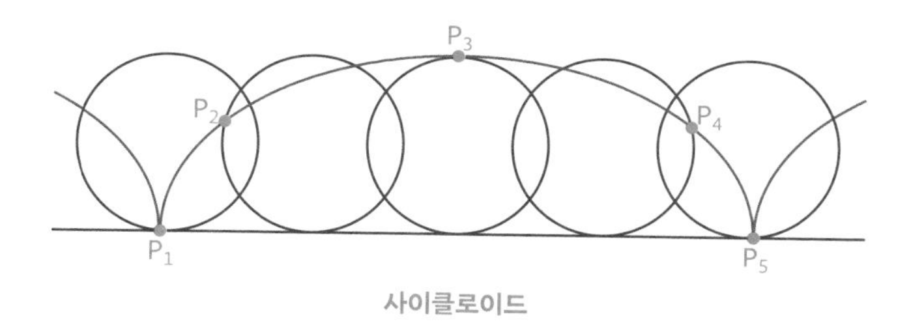

사이클로이드

이 곡선은 17세기에 유럽 최고의 수학자들의 관심을 크게 끌었던 곡선입니다. 당대 최고의 수학자들은 거의 다 이 곡선에 얽힌 이야기에 등장합니다. 이 곡선은 유명한 최속강하경로 문제brachistochrone problem의 해답이기도 합니다. 이 문제는 다음 그림과 같이 점 A로부터(중력에 의해) 점 B로 어떤 물체가 움직일 때 걸리는 시간이 가장 적게 걸리는 경로에 대해 묻는 문제입니다. 사이클로이드를 따라 떨어지는 것이 가장 빨리 도착합니다. 그러면 사람들이 이런 질문을 할 수 있습니다. “A부터 B까지의 최속강하곡선이 한 사이클로이드의 전체인가요, 아니면 그 곡선의 일부분인가요?” 그런데 다행히 그것은 신경 쓰지 않아도 됩니다. 사이클로이드상의 어떤 점에서 출발하든 상관없이 물체가 떨어지는 데에 걸리는 시간은 항상 일정합니다. 그러한 성질을 동시강하성tautochrone 또는 isochrone이라고 합니다. 사이클로이드는 유일한 동시강하곡선이고 이 사실은 1673년에 하위헌스Huygens, 1629-1695*에 의해 증명되었습니다.

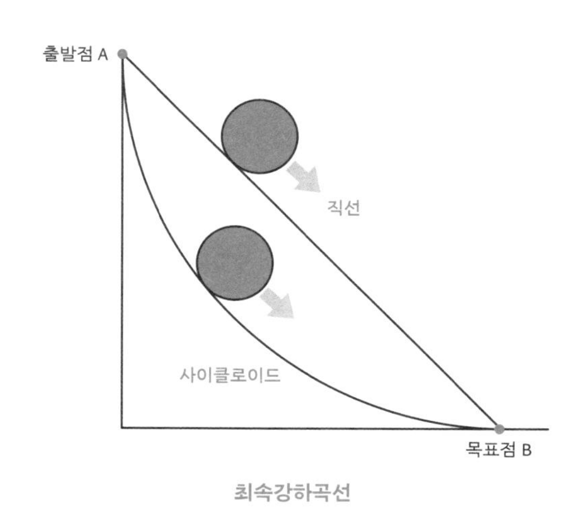

최속강하곡선

* 네덜란드의 수학자 크리스티안 하위헌스는 이전에는 호이겐스라 불렸습니다.

기하 이외의 영역에 나오는 실수와 복소수, 좌표와 그래프, 미적분학, π와 e, 다항식, 벡터와 행렬 등도 수학자들이 만들어 낸 추상적인 개념들이지만 매우 보편적인universal 것이어서 발명보다는 발견에 가깝습니다. 이런 수학적 개념들의 경우, 다른 어떤 외계 문명이라도 이와 똑같은 것들을 만들어 쓸 것이라고 확신합니다. 이것들 외에도 정수와 소수prime number, 다항식, 이차방정식의 근의 공식, 삼각함수, 지수함수, 인수분해 등 대다수의 기초적인 수학적 개념들이 모두 보편적이고 우주적인 개념들이지 지구상의 수학자들의 상상의 세계에만 존재하는 것은 아니라고 생각합니다.

수학을 공부하다 보면 아름답고 신기한 공식과 정리들을 만나게 됩니다. 미적분학에서만 해도 미분과 적분의 관계를 하나의 등식으로 표현한 미적분학의 기본정리, 코시-슈바르츠Cauchy-Schwarz 부등식, 다변수 적분에 등장하는 스토크스Stokes 정리와 가우스의 발산정리, 복소수 함수의 선적분에 등장하는 아름다운 등식인 코시의 적분공식 등을 만날 수 있습니다.

수학을 공부하면 아름답고 신기한
공식과 정리들을 만나게 된다.

수학적 언어는 수식으로만 구성되어 있지 않습니다. 수없이 많은 수학적 정리들과 이론들이 수식만이 아닌 다양한 수학적 개념과 용어들로 표현되고 정리, 이론, (추상적 또는 기하적) 개념, 용어 등이 각각 그 형태는 서로 다르지만 모두 다 수학적 언어의 핵심적 구성 요소가 됩니다.

갈루아의 정리를 예로 들어 봅시다. 프랑스의 갈루아Evariste Galois, 1811-1832가 10대 후반의 나이에 찾아낸 이 정리는 역사상 가장 아름답고 위대한 정리 중 하나이고 그것이 의미하는 바가 너무나 크기 때문에 앞에서 언급했듯이 정리theorem라는 말 대신 이론theory이라는 말로 부릅니다. 갈루아 이론을 이용하면 '5차 이상의 방정식은 일반해를 구하는 공식이 존재할 수 없다'는 사실을 간단히 증명할 수 있습니다.

그가 발견한 새로운 이론은 마치 신이 그에게 알려 준 것처럼, 마치 하늘에서 떨어진 것처럼 놀랍고 아름답습니다. 갈루아 이론의 등장으로 인하여 그 이전까지의 대수학은 수명을 다하고 새로운 대수학의 시대가 열렸습니다. 그 이후의 대수학을 현대대수학 또는 추상대수학이라고 부릅니다. 수학을 전공하는 전 세계의 모든 대학생들은 3학년 또는 4학년 과정의 대수algebra 또는 현대대수modern algebra 또는 추상대수abstract algebra라는 이름의 과목을 통하여 이 이론을 배웁니다. 그 내용은 일반인들에게 설명하기에는 너무 난해하기 때문에 여기서는 자세한 설명을 생략하지만, 한 가지만 언급한다면 이 이론에서 등장하는 갈루아 대응Galois correspondence은 수학에서 일종의 철학적 일반성을 갖고 있어서 신기하게도 제가 전공하는 (방정식의 해법과는 전혀 무관한 기하적인 분야인) 위상수학에서도 등장하고 다른 여러 곳에서 (2개의 부분적 순서관계를 갖는 집합들 사이에) 이와 유사한 대응관계가 등장합니다. 마치 신(우주)의 섭리처럼 말입니다.*

* 페르마의 마지막 정리가 성립함을 의미하는 다니야마-시무라 추측도 갈루아 대응과 유사하게 서로 다른 두 개념 사이의 대응관계를 의미합니다.

6

수학자들은 어떤 연구를 하나요?

저는 사람들로부터 종종 "수학자들은 어떤 것을 논문으로 쓰나요?", "수학은 수천 년 되었는데 아직도 풀어야 할 문제가 남아 있나요?"와 같은 질문을 받습니다. 사실 수학자들이 하는 연구의 내용을 일반인들에게 설명하는 것은 쉽지 않습니다. 수학자들은 물론 수학적인 문제를 풀고 그 풀이를 논문으로 발표합니다. 여기서 수학적인 문제를 푼다는 것은 어떤 것일까요? 그것은 대개 어떤 수학적 추측이 성립하는지 밝히는 것이고 여기서 밝힌다는 것은 엄밀하게 **증명한다**는 것을 의미합니다. 수학자들에게는 문제를 푸는 것 외에도 좋은 문제, 즉 좋은 추측을 찾아내는 것도 중요한 연구 활동 중 하나입니다. 또한 그들이 유난히 잘하는 일은 누군가 어떤 수학 문제를 푸는 데에 사용했던 새로운 수학적 방법론을 **남들이 쓰기 좋게 잘 정리**해 놓는 일입니다. 수학은 순수수학과 응용수학으로 나눌 수 있고 순수수학의 비중이 응용수학보다는 많이 큰 편입니다. 저는 주로 순수수학 위주로 수학자들에 대한 이야기를 하겠습니다.

순수수학은 전통적으로는 대수학, 해석학, 기하, 위상수학의 4개 분야로 나눌 수 있지만 현대에는 그 외에도 여러 분야가 있습니다. 응용수학에는 수치해석학, 생물수학, 금융수학, 암호론, 계산수학, 빅데이터, AI 등 다양한 분야가 있습니다. 저의 연구 분야는 위상수학이고 그중에서도 (위상수학 내에도 여러 분야가 있습니다) 대수적 위상수학algebraic topology입니다.

수학	순수수학	전통적으로 대수학, 해석학, 기하, 위상수학의 4개 분야
	응용수학	수치해석학, 생물수학, 금융수학, 암호론, 계산수학, 빅데이터, AI 등 다양한 분야

수학은 자연과학일까요, 아닐까요? 전국 대부분의 대학교에서 수학과가 자연과학대학에 속하다 보니 막연히 수학은 자연과학의 한 분야이려니 하고 여기는 사람들이 많은데 과연 그게 맞는 것일까요? 자연과학이란 자연현상에 대한 이해를 인간의 이성을 통해 합리적이고 논리적인 방법으로 추구해 나가는 과정과 그러한 과정을 통해 얻어지는 지식과 이론의 체계입니다. 그런 의미에서 현대의 수학은 자연과학은 아니라고 할 수 있습니다. 요즘에는 옛날과 달리 수학자들이 자연현상을 직접적으로 탐구하지는 않기 때문입니다. 수학자들은 수학의 세계에서 발생하는 문제들을 연구하지, 실재적 세

계를 탐구하기 위한 실험이나 관찰은 하지 않습니다(물론 일부의 응용 수학자들 중에 예외는 있을 수 있습니다).

수학은 몇백 년 전까지는 매우 폭넓은 방향으로 연구하는 학문이었지만 데카르트의 과학철학과 뉴턴의 운동역학의 등장 이후 학문 분야들이 현대화되는 과정에서 자연과학의 여러 분야가 수학으로부터 분파하며 수학과 자연과학 사이에는 어느 정도의 거리가 생겼습니다.

수학은 지구상의 수많은 학문 중 유일하게 수천 년간 그 지식을 축적하며 발전해 온 학문입니다. 그리스 시대부터 수학은 '지식의 모둠'이라는 의미의 mathematics라는 말로 불렸고 수학자들은 요즘의 좁은 의미의 수학만이 아니라 기계, 역학, 천문, 광학, 음악 등 다양한 분야의 문제들에 대해 연구해 왔습니다. 우리는 현재 3천 7백 년 전 이집트의 수학의 내용에 대해 알고 있고, 2천 4백 년 전 그리스의 수학, 천 년 전의 아라비아의 수학, 5백 년 전 유럽의 수학에 대해 자세히 알고 있습니다. 수학은 오랜 세월 동안 마치 큰 탑을 쌓아 가듯이 발전해 왔으며, 결국 지금은 아주 크고 높은 탑이 되어 있습니다.

물리학, 화학(연금술 이후의 근대적 화학), 생물학, 지구과학 등의 자연과학이 독립적인 학문 분야로 자리를 잡은 것은 길어야 3백 년 정도이고 대부분의 공학 분야의 역사도 2백 년을 넘지 않습니다. 그런 의미에서 수학은 좀 고루한 느낌을 주는 학문이라고 할 수도 있습니다. 세상은 빨리 변해 가고 과학기술은 눈부시게 발전해 가고 있는

데 수학자들이 하고 있는 연구의 내용은 100년 전이나 지금이나 별 차이가 없으니 말입니다. 하지만 어쨌든 수학은 인류가 오랫동안 이룩한 최고 지성의 정수입니다. 천문학, 물리학, 기계학 등이 수학에서 갈려 나갔고, 다시 전기공학, 기상학 등은 물리학에서 갈라져 나가는 등 학문은 분파를 거듭해 최근에는 수많은 이공계 학문 분야가 존재합니다. 수학의 입지와 역할은 전에 비해 많이 좁아져 있지만 그래도 수학은 그리스 시대로부터 지금까지 수많은 수학자들이 쌓아 올린 거대한 지식의 탑을 보유하고 있습니다.

수학자는 지식과 실력으로 인정받는다

물리학자, 화학자, 생물학자, 천문학자와 같은 자연과학자들은 실험, 관찰, 이론 등을 이용하여 과학적 진리를 탐구하는 일을 합니다. 그리고 그들은 자신의 과학적 발견을 논문이나 특허 등으로 발표합니다. 따라서 그들의 학문적 업적을 평가할 때는 그들의 '연구 결과', 즉 발견한 과학적 진리의 가치와 의미를 평가하면 됩니다.

하지만 수학은 좀 다릅니다. 수학은 언어적 요소가 많기 때문에 수학자들이 해결하거나 증명한 '결과나 결론' 그 자체보다는 그것을 해결하는 과정에 사용한 방법론이나 아이디어가 더 중요할 경우가 많습니다. 대다수 수학자의 연구 활동 중 가장 많은 시간을 차지하는 것은 다른 수학자들이 쓴 논문이나 책을 읽고 새로운 개념이나 이론을 익히는 것입니다. 그래서 수학자들의 학문적 업적을 평가할 때는 그들이 여러 가지 어려운 이론들을 이해하고 그것을 이용하여 남들이 풀지 못하는 문제를 풀 수 있는 '실력을 갖추었는지'를 평가하게 됩니다.

수학이 인류에게 필요하고 우리 사회가 수학자들에게 월급을 주는 이유는 수학자들의 연구 결과 하나하나가 세상에 직접 도움이 되기 때문이 아닙니다. 인류가 수학자들에게 필요로 하는 것은 그들이 쌓고 있는 (그리고 지난 수천 년간 쌓아 온) 거대한 지식의 탑이고, 수학자 개개인은 그 탑을 쌓는 데에 나름의 공헌을 하는 것입니다. 여기서 수학적 '지식'이란 수학자들이 만들어 낸 수학적 개념(정의)들과 그들이 찾아서 정리해 놓은 정리, 이론, 문제 푸는 데에 사용된 아이디어 등입니다만 그보다 더 핵심적인 것은 수학자 개개인들의 수학적 실력입니다. 즉, 수학이라는 학문 분야의 핵심적 가치는 (수학자들이 찾은 새로운 학문적 진실보다는) 수학자들이 갖춘 **지식과 실력**이라 할 수 있습니다.

수학자들은 마치 하나의 군생명체처럼 공동으로 연구 활동을 하고 있습니다. 수학은 매우 글로벌합니다. 세계의 모든 수학자들이 같은 언어로 같은 주제에 대해 연구합니다. 이론물리학, 천문학 등도 그런 면에서는 수학 못지않겠지만 대다수의 과학, 공학, 사회과학 분야는 수학만큼 글로벌하지는 않습니다. 나라마다 중점 연구 분야와 방법론이 다를 수 있기 때문입니다. 국제 수학학술대회에서 만나는 수학자들은 서로 금세 친해집니다. 저에게는 세계의 위상수학자들이 모두 저의 동료입니다. 논문을 통해서만 접하던 사람도 만나자마자 금방 친구가 됩니다. 수학자들에게는 그들만의 아주 특별한 리그가 있습니다. 수학자들은 그들만이 가질 수 있는 수학 실력이 있고, 그들만이 이해할 수 있는 난해한 문제를 풀기 때문입니다. 그래서 연구를 잘하는 수학자들은 연구를 위해 세계를 돌아다닙니다. 세계의 수학자들과 만나서 각자의 문제에 대해 이야기하거나 뜻이 맞으면 공동 연구를 하게 됩니다.

실험과학자들의 경우에는 실험실에서 보내는 시간이 많아야 하고, 연구실 유지를 위해 연구비 유치, 대학원생 관리 등 신경 쓸 게 많지만 수학자는 그 자신이 움직이는 연구실입니다. 수학자들은 산책을 하든, 목욕을 하든, 여행을 가든 어디서든지 연구할 수 있다는 장점이 있습니다. 그래서 생활의 자유도가 높습니다.

7

앞으로는 수학문제를 AI가 풀어 줄 텐데요?

컴퓨터는 자기가 잘할 수 있는 것은 엄청나게 잘하지만 잘하지 못하는 분야가 많았는데 최근의 AI는 잘하는 분야의 폭을 넓히고 있습니다. AI가 빠른 속도로 영역을 확장하고 있어서 가히 'AI의 침공'*이라고 불러도 될 것 같습니다. 이제는 AI가 드디어 수학의 영역까지 넘보고 있습니다.

딥러닝deep learning이라는 새로운 머신러닝machine learning 기술이 나와 세상을 놀라게 하더니 요즘은 생성형 AI가 대세입니다. 실은 수학에서는 오래전부터 수학문제를 풀거나 푸는 데에 도움을 주는 소프트웨어들이 개발되어 널리 활용되고 있습니다. 매스매티

* 영어로는 invasion이란 의미로 채택한 단어인데, 제가 쓴 신문 칼럼 제목인 'AI의 침공'에 대해 어느 분이 침공이나 침입 대신 침습(侵襲)이라는 용어를 제안했습니다. 이 말이 더 적합할 것 같기는 한데 흔히 쓰지는 않는 용어이기 때문에 그냥 침공이라는 용어를 썼습니다.

카Mathematica, 울프램 제품, 매트랩Matlab, 매스웍스 제품 등이 대표적입니다. 이런 소프트웨어는 30년 넘게 발전해 왔고, 최근 버전들은 놀라운 계산들을 해내고 있습니다. 현재는 대다수의 대학수학능력시험 수준의 수학문제와 대학생들이 배우는 미적분학, 미분방정식, 선형대수 분야의 문제들을 이런 소프트웨어를 사용해서 풀 수 있습니다. 이런 소프트웨어들이 요즘의 생성형 AI와 다른 점은 이용하는 사람이 문제의 상황에 맞는 간단한 프로그래밍을 입력해 주어야 한다는 점입니다. 이런 소프트웨어들은 수학에서뿐만 아니라 물리학, 생물학, 기상학, 화학, 공학 등 현대 과학의 아주 다양한 분야에서 활용되고 있습니다.

AI, 스스로 수학문제의 답을 찾다

매년 7월에 열리는 국제수학올림피아드IMO에서는 전 세계 약 110개국에서 온 6백여 명의 수학 천재들이 실력을 겨룹니다. 2024년 영국에서 열린 IMO의 후원사는 XTX Markets라는 기업입니다. 이 대회에 200만 파운드 이상을 후원한 이 회사는 알고리듬을 통해 투자하는 금융회사이며 다양한 영역에서 공익적인 사업을 하고 있습니다. AI를 기반으로 일을 하는 이 회사는 유난히 수학에 관심이 많습니다. 그래서 2024년부터 이 회사가 주관하는 AI 수학올림피아드AIMO라는 대회가 IMO와 동시에 열리고 있습니다.

AIMO는 AI끼리 겨루는 수학올림피아드로, 국제수학올림피아드에 출제되는 문제를 AI들도 참가해서 푸는 대회입니다. 문제 수(하루에 3문제, 2일간)도 IMO와 똑같고 시간(하루에 4시간 30분)도 같습니다. 이 회사는 IMO에서 금메달을 수상할 수준의 성적을 거두는 AI에게 5백만 달러의 상금을 주겠다고 선언했습니다. 실은 이 회사는 총상금 천만 달러(약 130억 원)를 내걸었는데 그중 반은 AIMO 대회에 걸었고 나머지 반은 수학문제를 잘 푸는 대중적인 AI 모델을 개발하는 팀에게 주겠다고 했습니다. 이 회사는 챗지피티ChatGPT와 같은 거대언어모델LLM을 넘어서 수학적으로 사고하며 수학문제를 풀 수 있는 새로운 AI 모델이 개발되기를 기대하고 있습니다.

2024년 대회에는 오픈 AI, 구글 딥마인드DeepMind 등 최고의 AI 회사들이 (익명으로) 참가했는데 구글 딥마인드만이 자신들의 결과를 발표하였습니다. 어땠을까요? 결과는 자신들이 개발한 알파프루프AlphaProof라는 AI가 IMO의 여섯 문제 중에서 네 문제를 풀었고 이는 IMO의 은메달에 해당한다는 것이었습니다. 비록 금메달 수준이 아니어서 상금 5백만 달러는 받지 못했지만 그 정도의 결과도 XTX Markets의 예상을 뛰어넘는 매우 놀라운 것이었고 이것은 〈뉴욕 타임스〉 등에서 기사화했습니다. 구글은 이전에 알파고AlphaGo라는 바둑 AI로 세상을 놀라게 한 이후, 이것을 개선한 알파제로AlphaZero와 기하문제를 푸는 알파지오메트리AlphaGeometry 등을 개발한 바 있습니다. 특히 구글은 후자를 통해 IMO의 기하문제를 금메달 수상 수준으로 풀었다고 발표하였는데 그 내용이 세계 최고의 과학 저널인 〈네이처〉에 게재되기도 했습니다.

그동안 AI는 많은 데이터와 빠른 계산 능력을 갖춘 데다가 알파고가 선보인 딥러닝 기법과 같이 스스로 교육하는 방식을 통해 진화하는 능력을 보여 주었습니다. 게다가 ChatGPT가 대표하는 생성형 AI는 이야기, 이미지, 동영상, 음악 등 새로운 콘텐츠와 아이디어를 만들 수 있습니다. 이 기술은 이미지 인식, 자연어 처리NLP, 번역과 같은 새로운 영역에서 인간의 지능을 모방하고 있습니다.

알파프루프는 'Lean'이라고 하는 형식언어로 수학적 명제를 풀기 위해 스스로 학습하는 시스템입니다. 이 AI가 놀라운 이유는 그동안의 AI는 이 세상에 이미 존재하고 있는 데이터를 조합하거나 자신이 찾은 결과를 개선하는 능력이 좋았을 뿐이지 인간이 수학문제를 풀 때 발휘하는 것과 같은 창의적인 사고나 추상적인 추론reasoning은 잘하지 못했기 때문입니다.

2024년 AIMO에서 알파프루프는 몇 가지 약점을 보였습니다. 우선, IMO 문제 중 4개를 풀었다고는 하지만 기하문제를 제외한 나머지 3개는 푸는 데 사흘이나 더 걸렸습니다. 그리고 주목해야 할 사실은 '자연언어'로 출제된 문제를 AI가 이해할 수 있는 '형식언어'로 사람이 일일이 번역해 주었다는 사실입니다. 하지만 추후에 구글 바드Bard의 새로운 이름인 제미나이Gemini 모델을 잘 다듬어서 자연언어를 형식언어로 바꾸는 데 성공했다고 합니다.

알파프루프가 가지고 있는 가장 핵심적인 한계는 IMO에 출제된 조합론 문제 2개는 손도 대지 못했다는 점입니다. 그 이유는 그런 문제에 등장하는 새로운 수학적 개념이나 문제가 요구하는 내용을 AI에게 입력하는 것부터가 어려웠기 때문입니다. 입력하는 사람에게도 어려운 개념은 AI가 이해하지 못합니다.

인공지능이 수학자를 능가할 수 있을까?

제가 수학 관련 강연을 다니다 보면 인공지능과 수학의 연관성에 대한 질문을 받는 경우가 있습니다. 제가 받는 질문은 대개 두 가지 방향입니다. 하나는 "앞으로 AI가 수학문제를 다 풀어 줄 텐데 굳이 수학공부를 열심히 할 필요가 있나요?"와 같은 질문입니다. 또 다른 질문은 "언젠가 AI가 사람보다 수학문제를 더 잘 풀게 되면 수학자들 할 일이 없어지는 것 아닌가요?"입니다.

첫 번째 질문에 대한 답은 비교적 간단합니다. AI가 수학문제를 아무리 잘 풀더라도 그것은 사람들이 하는 수학공부와는 별 상관이 없겠지요. 우리가 수학공부를 하는 것은 앞서도 언급했듯이 논리적 사고력, 문제해결력, 서술력, 학습집중력, 추상적 개념 이해력 등 다양한 사고력과 학습력을 키우기 위함이기 때문입니다.

2016년에 알파고가 처음 등장해서 이세돌 등 당대 최강의 프로 기사들을 모두 이겼을 때 사람들은 큰 충격을 받았고, 많은 사람들이 AI 때문에 바둑의 인기가 급락할 것이라고 걱정했지만 실제는 그런 일이 일어나지 않았습니다. 사람들이 느끼는 바둑의 가치와 재미는 바둑 AI의 등장과는 무관하다는 것이 드러났지요. 자전거나 자동차를 타면 더 빨리 더 멀리 달릴 수 있지만 사람들이 굳이 달리기를 하는 것도 이와 유사한 예라 하겠습니다.

두 번째 질문에 대한 답을 생각해 봅시다. 과연 AI는 수학자들을 능가할 수 있을까요? 이것에 대해 첫 번째 질문같이 간단히 답하기는 어렵습니다. 우선, AI가 언젠가 세상의 모든 수학자들을 능가할 날이 올 것은 분명합니다. 다만 그것이 100년 이상이 걸릴 것인지 아니면 그리 멀지 않은 미래에 이루어질 것인지가 문제가 되겠지요. 하여간 미래 언젠가 그런 날이 온다면 이 세상의 수학자들은 더 이상 필요 없거나 아주 소수만 남아 있으면 될 것입니다.

결론부터 말하자면 AI가 수학자들을 능가하는 것은 사람들의 일반적인 예상보다 훨씬 더 어려운 일입니다. 수학에서는 **순수한 논리적인 과정**을 통해 답을 구하는 데다가 계산이 수반되며 **분명한 답**이 존재하기 때문에 AI의 접근성이 다른 분야보다 더 좋을 것이라고 예상하는 사람들이 많습니다. 게다가 Mathematica, Matlab 등이 이미 놀라운 성과를 보여 주고 있고, AIMO에서도 AI가 곧 천재 고등학생들의 수준을 뛰어넘을 것이 분명하기 때문에 수학자들의 수준에 이르는 것도 머지않았을 것이라고 생각하기 쉽습니다.

그러나 그런 생각들은 오해입니다. 우선, 수학자들이 연구하는 고급의 전문적인 수학에서는 **순수한 논리적 과정**을 통해서만 답을 구하지 않습니다. **합리적인 통찰과 경험적인 지식**도 수학문제의 풀

이와 증명에 중요하게 작용하는 경우가 많습니다. 논리란 완벽을 추구할 뿐 완벽성을 항상 발휘하는 것은 불가능하고 실효성도 떨어집니다.

또한, “수학에서는 분명한 답이 있다”라고 말하는 분들이 많은데요, 그것은 수학을 배우는 과정에 있는 학생들이 접하는 수학에서는 맞는 말이지만 전문적인 수학 연구에서는 맞지 않는 말입니다. 분명한 답이 있는 경우도 있지만 대개는 “여기까지는 옳다” 또는 “이러한 조건이 있다면 맞는 말이다”와 같은 결과를 얻습니다. 심지어는 “P라는 추측이 맞다면 본 문제도 성립한다”와 같은 결과를 얻기도 합니다.

수학자들에게는 논리적 사고력이나 문제해결력보다는 여러 가지의 정리, 개념, 이론들 사이에서 어떤 새로운 것을 보는 **통찰력**이 더 중요할 때가 많습니다. 어떤 문제를 풀 때도 좋은 증명은 주로 좋은 추측으로부터 나옵니다. 대가일수록 뛰어난 통찰력을 가지고 있습니다. 소위 ‘감’이 좋아야 합니다. 수학에서는 문제를 푸는 것보다 좋은 문제를 찾아내는 것이 더 중요할 경우도 많습니다. 간혹 보통의 수학자가 좋은 문제라고 생각해서 풀고 그것을 논문으로 썼을 때 일부 대가들은 이미 그 문제를 알고 있고 그것이 왜 성립하는지도 알고 있는 경우가 있습니다. 그래서 좋은 문제들은 대가들이 제시하고 다른 수학자들은 그 문제를 풀려고 노력하는 상황이 흔히 벌어집니다.

그런데 이런 것들조차 AI가 수학자들을 능가하기 어려운 핵심적인 이유는 아닐 것입니다. 그동안 AI는 우리가 미처 상상하지 못한 능력을 발휘해 왔기 때문이지요. AI의 상상력과 통찰력이 인간보다 더 나아질 수도 있을 것입니다.

AI가 수학에서 가지는 핵심적인 한계는 바로 **개념의 숙지**(개념 장착) 부분입니다. AIMO에서 구글의 알파프루프가 보여 준 치명적인 한계도 바로 이 부분입니다.

개념 이해가 많이 요구되는 수학은

AI가 접근하기 매우 어렵다!

제가 어느 모임에서 IMO의 조합론 문제를 AI가 접근하지 못했다고 하니까 어느 공대 교수가 저에게 그동안 AI가 가짓수 증폭과 같은 문제를 해결하지 못했는데 그런 이유로 조합론 문제를 풀지 못한 것이냐고 물어봤습니다. 그 질문에 대해 저는 가짓수 증폭과 같은 어려움은 기술적인 문제에 가까워서 그래도 AI가 접근할 수 있는 가능성이 있지만 어려운 개념을 장착하는 문제는 AI가 갖는 좀 더 본질적인 문제로 보인다고 답해 주었습니다.

AI의 수학 점령? 아직 요원하다

오픈 AI사는 2024년 9월에 새로운 AI 모델인 ChatGPT o1을 출시하면서 이것은 그 이전 모델인 ChatGPT 4o에 비해 수학이나 언어 이해 능력에서 큰 강점을 가지고 있다고 발표하였습니다. 그리고 그 전 모델이 국제수학올림피아드 예선 문제에서 13%밖에 풀지 못한 것에 반해 이 새 모델은 83%를 푼다고 했습니다. 그런데 이 놀라운 성과에도 불구하고 지금까지 보아 온 AI의 특성으로 볼 때 우리는 AI가 풀지 못하는 17%에 더 주목해야 할지 모릅니다. 예전에 알파고가 프로바둑기사와의 시합에서 이길 때 세상 사람들이 다 깜짝 놀랐습니다. 이것이 프로기사를 능가할 실력을 갖추자마자 금세 이보다 더 강한 바둑 AI들이 등장했고 지금은 그들의 실력이 인간 수준과는 비교할 수 없을 만큼 엄청납니다.

수학에서도 수학문제를 최고 수준의 영재들만큼 풀 수 있는 AI가 나온다면 금세 모든 인간을 앞질러야 하는데 현재 상황은 그렇지 않습니다. 그것은 AI가 전문적인 수학에 대해서는 원초적인 약점을 가지고 있기 때문입니다. 수학은 바둑과 달리 아주 복잡한 게임 규칙을 가지고 있습니다.

수학에는 아주 많은 분야가 있습니다. 수백 개 분야가 있고 그 내용과 성격도 아주 다양합니다. 그래서 그중에는 AI가 비교적 쉽게 접근할 수 있는 분야가 있고 접근하기 힘든 분야가 있을 것입니다. 쉬운 분야는 계산 위주로 구체적인 답이나 근삿값을 구하는 분야일 확률이 높고 어려운 분야는 추상적인 수학 개념이 많이 등장하는 분야일 것입니다.

저의 전공 분야인 대수적 위상수학은 어려운 개념 이해가 많이 요구되는 대표적인 분야인데요, 이 분야의 논문에 등장하는 개념들을 이해하기 위해서는 대학원 입학 후에도 다년간의 학습과 경험이 필요합니다. 그런 지식이 없이는 논문에서 풀겠다고 하는 문제가 무엇인지조차 이해하기 어렵습니다. 그런데 그 많은 복잡한 개념들이나 정리들은 대개 어느 문서에 정확하게 정리되고 서술되어 있지 않습니다.* 개념이나 정리 자체가 추상적이고 모호한 경우도 많습니다. 그래서 그렇게 개념 이해가 많이 요구되는 수학 분야는 AI가 접근하기 매우 어렵습니다.

관건은 문제해결력이 아니라 이해력

세계적인 젊은 수학자인 옛 제자가 'AI와 수학'이라는 제목의 저의 신문 칼럼에 대하여 다음과 같은 댓글을 SNS에 올렸습니다. "교수님께서 칼럼에 말씀하신 대로 수학자는 문제를 풀기도 하지만 문제를 던지기도 하며, 다른 이들에게 다양한 종류의 감동을 주기도 합니다. 저자의 고뇌와 인내, 그리고 깨달음을 얻었을 때의 환희가 느껴지는 논문도 많습니다. AI가 수학자들을 능가하는 것은 수학자들이 만들어 놓은 수리 언어 체계를 이해할 수 있어야 가능할 것입

* 문서에서 찾기 어려운 이유는 정리(theorem)로 서술해 놓기에는 그 정리가 정확하게 어떤 최소한의 조건하에 성립하는지 모호한 경우가 대부분이기 때문입니다. 자신의 논문에 적용하는 데에는 전혀 문제가 없으므로 적용은 하지만 그 정리의 정확한 (최소한의) 조건과 결론을 정리하여 쓰는 것은 쉽지 않습니다.

니다. 오늘 오전에도 한 연구원과 토의하는데 그분이 사용하는 용어의 정의가 제가 그 용어를 통해서 전달하려는 의미와 달라서 서로 이해하는 데 조금 시간이 걸렸습니다. 그분이 사용한 용어는 예전의 개념이고 요즘에는 그 개념이 조금 달라졌기 때문입니다."

수학은 수천 년 동안 발전해 오면서 수많은 개념과 지식을 생산해 왔습니다. 미적분학이 발견된 지도 350년이나 되었고 그 이후에 수학적 지식은 폭발적으로 증가하였습니다. 지금은 세계 최고의 수학자도 수학 지식 전체의 1%도 알지 못합니다. 그런데 정작 AI가 겪는 어려움은 너무 많은 수학 지식의 양에 있지 않습니다. 진정한 어려움은 여러 추상적인 수학 개념의 복잡성과 불명확성에 있습니다. AI가 수학 정복을 하는 데에 관건은 우수한 프로세싱 능력을 통하여 어려운 수학문제를 잘 푸는 것이 아닙니다. 수학자들이 만들어 낸 수학문제들이 묻는 바를 이해하는 것과 그 문제들의 해결이 무엇을 시사하는지를 이해하는 것입니다.

AI가 수학 정복을 위해 넘어야 할 산

1. 수학문제들이 묻는 바를 이해하는 것
2. 그 문제들의 해결이 무엇을 시사하는지 이해하는 것

AI는 영역을 넓히며 그동안 인간들이 차지하고 있던 곳곳을 침범할 것입니다. 학문 분야에 앞서서 우선 변호사, 판사, 회계사, 세무

사, 정치인들의 직업을 위협할 것입니다.* 소설, 시와 같은 문학이나 음악, 미술과 같은 예술도 위협을 받을 수 있습니다. 학문 분야도 언젠가는 모두 다 점령당하겠지만 그래도 AI가 수학을 점령하는 데에는 다른 대다수의 분야보다는 더 오랜 시간이 필요할 것이라고 생각합니다.

지금까지의 이야기를 간단히 정리하면 다음과 같습니다. 수학에는 두 가지 종류가 있습니다. 하나는 초등학교부터 대학교까지의 학생들이 수행하는 **학습하는 수학**이고 또 하나는 전문적인 수학자들이 수행하는 **연구하는 수학**입니다. AI는 학습하는 수학은 어느덧 거의 다 점령해 가지만 연구하는 수학은 점령하려면 아직 갈 길이 멉니다. 두 종류의 수학이 서로 완전히 다른 성격을 가지고 있기 때문입니다.

AI 개발과 수학

AI와 빅데이터 등에서 새로운 기술과 아이디어의 개발의 필요성이 점점 커져 가는 상황에서 수학의 중요성도 같이 커지고 있습니다. 몇 년 전에 일본에서 경제산업성과 문부과학성이 공동으로 펴낸 '수리자본주의의 시대: 수학의 힘이 세상을 바꾼다'라는 제목의 보고서는 매우 획기적입니다. 이 보고서에는 "AI, 빅데이터 등을 중심으

* 법 또는 정치에 몸담은 사람들이 인간들의 사회에서 가장 힘이 센 사람들이기 때문에 그들이 선두에서 AI의 침범을 막는다면 나머지 직업들의 생존 기간이 더 길어질지도 모릅니다.

로 일어날 4차 산업혁명의 승자가 되기 위해 필요한 것은 첫째도 수학, 둘째도 수학, 셋째도 수학"이라고 하는 대목이 나옵니다.

AI의 개발에 참여하고 있는 전문 인력이나 AI라는 도구 플랫폼의 특성과 능력을 활용하는 법을 연구하는 사람들에게는 수학적 소양이 필요합니다. 고차원적이고 전문적인 수학적 지식보다는 수학적 사고 능력과 문제해결 능력이 더 필수적인 소양일 것입니다. 현재 AI 및 머신러닝 기술의 주요한 접근법은 원하는 문제의 해결을 위해 수학적 최적화 문제를 만들고, 그 최적화 문제를 해결하는 알고리듬을 설계해서 수행하는 방식입니다. 이러한 최적화 문제를 합리적으로 설계하는 데에, 그리고 설계된 최적화 문제를 해결하는 알고리듬을 디자인하는 데에 심도 있는 수학적 이해가 요구됩니다.

수학 영재였던 저의 옛 제자 한 명이 현재 AI를 연구하고 있습니다. 그에게 AI와 수학의 연관성에 대해 질문을 했더니 다음과 같은 답을 보내 주었습니다. "지금까지 나온 머신러닝이나 딥러닝의 수많은 기법들은 그 이론적 토대를 전부 수학에 두고 있고, 새로운 방향을 제시하려면 항상 그 방향성을 수학적으로 뒷받침하는 과정이 필요합니다. 수학을 멀리했던 사람들의 경우에는 이런 부분에서 어려움을 겪지만 수학적 배경이 있는 사람들은 아무래도 유리합니다. 또한 자신이 갖고 있던 수학적인 개념을 이용해 AI 연구 문제를 해결하는 경우도 있습니다."

AI와 연관하여 수학이 중요하다고 하니까 교육부는 발 빠르게 움직여 2022년 고등학교 개정교육과정에 이미 '인공지능 수학'이라는 수학 과목을 미적분II, 기하 등과 함께 선택 과목으로 편성해 놓았습니다. 그 교과내용을 살펴보면 AI와 연관된 유익한 것들이 들어가 있기는 하지만 그런 과목은 수학교육의 본연의 목적에 부합하지 않을 뿐 아니라 우수한 AI 개발자를 양성하는 데에도 별 도움이 될 것 같지 않습니다. 게다가 교육부는 충분한 준비도 없이 주요 과목들에 대해 디지털 교과서를 도입했습니다. 우수한 소프트웨어 개발자들을 많이 양성해야 한다며 초등학생들을 대상으로 코딩을 필수 과목으로 만든 것도 이와 유사한 정책인데 이러한 일련의 성급한 결정에 찬성하기 어렵습니다. 실용과 시류를 좇는 것보다는 기초소양교육에 충실한 편이 더 낫다는 게 합리적인 교육철학이 아닐까요?

2부

실수

8

1+1은 2일 수도 있고 아닐 수도 있나요?

사람들이 간혹 "1 더하기 1은 2일 수도 있고 2가 아닐 수도 있지요"라는 말을 합니다. 물론 이것이 꼭 논리적인 말은 아닐 것이고 그렇게 말하는 사람조차 "그것은 수학적으로도 그렇다"고 주장하려는 것은 아닐 것입니다. 그저 '세상 모든 것에 꼭 한 가지만의 정답이 있는 것은 아니다'라든가 '상황에 따라 해법은 달라질 수 있다'라는 이야기를 할 때 비유적으로 하는 말일 뿐일 것입니다.

그런데 어느 수학 유튜브에서 1 더하기 1이 2인 것은 당연하지 않고 그것을 증명해 보이는 것은 매우 어려운 일이라고 설명하는 것을 본 적이 있습니다. 실제로 사석에서 진지하게 "정말 1 더하기 1이 꼭 2여야 하나요?"라고 물어보는 제자들도 가끔 있습니다. 아마도 이에 대해 특별히 관심이 있는 사람들은 어느 정도의 수학적 지식을 가진 사람일 확률이 큽니다. 왜냐하면 그들은 120년 전에 있었던

"왜 1 + 1 = 2인가?"에 대한 러셀과 화이트헤드*의 증명에 대한 이야기를 들어 본 적이 있을 것이기 때문입니다. 이 등식이 성립한다는 것에 대한 증명은 러셀과 화이트헤드가 공동으로 저술한 명저 《수학원리》에 여러 쪽에 걸쳐 실려 있고 그 내용이 난해한 것으로 유명합니다. 이 간단한 등식의 증명에 대한 이야기가 워낙 유명하다 보니 대중은 그저 '1 더하기 1이 2와 같다는 것을 그렇게 유명한 수학자들이 어렵게 증명한 것을 보니 그것이 당연히 성립하는 것이 아닌가 보다'라고 여기게 된 것 같습니다.**

결론부터 말하자면 "1 더하기 1이 왜 2인가요?"라는 질문에 대한 답은 아주 간단합니다. 그 답은 **"2의 정의가 1 더하기 1이기 때문"**입니다. 즉, 1 + 1이라는 수를 2라는 기호와 이름으로 나타낸 것일 뿐입니다. 3이라는 수도 마찬가지입니다. 3은 그저 1 + 1 + 1, 즉 2 + 1을 나타내는 수일 뿐입니다. 그래서 1 더하기 1은 2여야 하지 다른 수가 될 수 없습니다.

알프레드 화이트헤드(왼쪽)와 버트런드 러셀(오른쪽)
(Public domain | Wiki Commons)

* 러셀(Bertrand Russell, 1872-1970)은 현대논리학, 수학기초론(Foundation of Mathematics), 분석철학 등의 발전에 크게 기여한 수학자이자 철학자입니다. 그는 동료 화이트헤드(Alfred Whitehead, 1861-1947)와 1903년경부터 《수학원리》를 저술하기 시작하여 1911년부터 1913년까지 매년 한 권씩 세 권의 책을 출간하였습니다.

** 오래전 드라마인 〈형수님은 열아홉〉에서 남자 주인공이 수학 천재로 설정되어 있는데 그가 1+1=2가 왜 성립하는지 증명하자 여자 주인공이 그에게 반하는 장면이 나옵니다.

그러면 왜 러셀과 화이트헤드는 이 간단한 사실을 그렇게 어렵게 증명한 것일까요? 그것에는 그럴 만한 배경과 이유가 있습니다. 우선 역사적 배경에 대해 간단히 알아보겠습니다.* 19세기 후반, 당대의 유럽 최강국은 독일이었고 수학, 물리학 등의 발전을 독일이 주도하고 있었습니다. 2천 년이 넘는 세월 동안 기본이 되어 오던 아리스토텔레스의 논리학에서 벗어나서 새롭고 체계적인 현대적 논리학이 19세기 말에 독일의 프레게, 칸토어 등에 의해 시작됩니다. 현대적인 논리학은 (철학자들보다는) 아무래도 논리의 정확함을 따지는 데에 집중하고, 완벽한 해를 찾는 것을 추구하는 수학자들에 의해 시작됩니다. 그들은 수학의 좋은 기초를 다지기 위한 새로운 논리학을 연구하였고 그래서 현대논리학을 당시에도 지금도 수학기초론이라고 부르기도 합니다. 현대논리학의 특징으로는 기호의 사용을 본격화하였다는 점과 집합론을 근간으로 한다는 점을 들 수 있습니다.

새로운 논리학이 유럽의 거의 모든 수학자들의 관심을 끌 때, 이탈리아에도 논리학의 발전에 크게 기여한 수학자가 나왔는데 그는 바로 페아노Giuseppe Peano, 1858-1932입니다. 그는 1889년에 유명한 '자연수'에 대한 공리를 발표하였습니다. 페아노 공리계라 불리는 이 공리계는 후에 러셀·화이트헤드, 괴델 등 많은 논리학자의 연구 대상이 되었습니다. 이 체계는 데데킨트Julius Dedekind, 1831-1916

* 좀 더 자세한 이야기는 저의 책 《수학자가 들려주는 진짜 논리 이야기》를 참조해 보세요.

와 그라스만Hermann Grassmann, 1809-1877의 '산술의 형식화'에 대한 발상을 확장하여 만든 산술 체계입니다. 그의 체계는 집합론을 출현시킨 독일의 칸토어에게서 영향을 받았을 것으로 추측됩니다.* 여기서 말하는 체계란 수나 어떤 개념들에 대해 성립한다고 미리 가정한 공리axiom들의 모임을 말합니다.

페아노의 자연수 체계는 5개의 공리를 만족하는 것으로 정의됩니다. 페아노 공리계에서는 '어떤 수number의 바로 다음수successor'라는 개념이 핵심적인 역할을 합니다. 러셀과 화이트헤드가 수학원리에서 증명한 것은 바로 이 페아노의 자연수 체계 내에서 "1 + 1이 **1의 바로 다음수**가 된다"는 것을 증명한 것입니다. 그러니까 현재 우리가 배우는 수학에서 말하는 "1 더하기 1은 2다"라는 말과 그들이 증명한 말은 전혀 다른 의미를 가지고 있습니다.

현대의 수학에서는 페아노의 수 체계를 그대로 쓰지는 않습니다. 현대적 수의 체계에서는 '바로 다음수'라는 개념 대신 '연산'이라는 개념과 '1'이라는 개념이 핵심이 되고 있습니다. 여기서 1은 '곱셈에 대한 항등원'입니다. (이에 대한 자세한 설명은 잠시 뒤 0에 대해 이야기할 때 나옵니다.)

독자들은 앞으로 누군가가 1 더하기 1에 대한 이야기를 꺼내면 자신 있게 "그건 그냥 2예요. 왜냐하면 2의 정의가 바로 1 + 1이기 때문

* 집합론에 등장하는 합집합 기호(∪)와 교집합 기호(∩)도 페아노가 고안한 기호입니다.

이죠"라고 알려 주거나 "그건 그냥 2로 정해진 것이니까 (말하시려는 의도와 부합하는) 다른 예를 고르시죠"라고 말하면 됩니다.

보충 설명

혹시 궁금해할 독자를 위해 보충 설명을 조금 해 보겠습니다. 페아노가 자연수의 정의에서 **다음수**라는 개념에 주목한 것은 모든 수에 대하여 그 다음수가 존재한다는 것이 자연수가 갖는 가장 중요한 성질임을 알아차렸기 때문입니다. 그래서 이것을 정의적 성질로 규정하고 이를 통하여 자연수의 집합을 정의한 것입니다. 참고로 실수의 집합이나 유리수의 집합은 어떤 원소에 대해서도 그 다음수가 존재하지 않습니다.

수의 체계를 논리적으로 구성하려고 시도하던 19세기 말, 20세기 초의 수학자들은 먼저 자연수를 정의하고 그것을 통하여 유리수, 실수 등으로 수의 정의를 확장해 나가는 것이 자연스러운 것이라고 여겼던 것 같습니다. 하지만 20세기 초중반 이후의 현대 수학(논리학)에서는 실수의 집합을 먼저 정의하고 난 후에 그것의 특별한 부분집합으로 자연수의 집합을 정의하는 것이 더 자연스러운 것으로 받아들여지고 있습니다. 실수, 자연수, 유리수 등에 대한 현대적인 정의에 대해서는 뒤에서 조금 더 설명을 하겠습니다.

9

그래서 $\sqrt{2}$란 무엇인가요?

$\sqrt{2}$는 간단한 듯하면서도 헷갈립니다. 이것의 정의는 **'제곱해서 2가 되는 양수'**입니다. 이렇게 10개밖에 되지 않는 음절로 이루어진 말이 처음에는 머리에 입력이 잘되지 않지만 반복적으로 접하다 보면 금방 제곱근이라는 기호에 대해 익숙해집니다. 그런데 이 $\sqrt{2}$가 헷갈리는 점은 바로 이것의 부호입니다. 양수만을 의미하는지 아니면 양수, 음수를 다 의미하는지 헷갈립니다. 물론 교과서에는 '제곱근'에 대한 정의가 명확하게 나와 있고 학생들이 제대로 잘 이해한다면 헷갈리지 않겠지만 처음 배울 때 헷갈린 학생들은 계속 헷갈리는 법입니다. 교과서에는 다음과 같이 나와 있습니다.

정의 **2의 제곱근**이란 제곱해서 2가 되는 수, 즉 $\sqrt{2}$와 $-\sqrt{2}$ 이다.

교과서의 정의에 따르면 2의 제곱근이란 방정식 $x^2=2$의 근이란 뜻입니다. 그러니까 제곱근은 양수일 수도 있고 음수일 수도 있습니다. 그런데 한편, 우리는 $\sqrt{2}$라고 쓴 실수를 '루트2'라고 읽습니다. 영어로는 'square root of 2'라고 읽는 것을 우리는 간단히 루트2(또는 제곱근2)라고 읽지요. 물론 둘 다 같은 뜻입니다. 즉, 영어로 square root of 2란 $\sqrt{2}$를 뜻합니다. 영문 백과사전 위키피디아에도 다음과 같이 나와 있습니다.

The square root of 2 (approximately 1.4142) is the positive real number that, when multiplied by itself or squared, equals the number 2.

그런데 말입니다. 'square root of 2'를 우리말로 직역하면 '2의 제곱근'입니다. 즉, 우리 교과서와 위키피디아의 정의가 서로 다른 것입니다. 우리 교과서에서는 2의 제곱근이 $\pm\sqrt{2}$를 의미하고 위키피디아는 $\sqrt{2}$만을 의미하니 말이죠.* 이러한 실정이니 제곱근을 처음 배우는 학생들이 헷갈리는 것은 당연합니다. 오죽했으면 옛날에 고등학교 입학시험이 있을 당시, 4지선다형 입학시험 문제 중에 다음

* 이처럼 수학적 정의가 나라나 지역에 따라 다른 경우가 종종 있습니다. 예컨대 자연수(natural number)를 한국과 영미권에서는 '1 이상의 정수'로 정의하지만 프랑스 등의 유럽에서는 '0 이상의 정수(음이 아닌 정수)'로 정의합니다.

문장이 맞는지 여부를 묻는 문제가 나온 적이 있습니다.

"2의 제곱근은 양수이다."

교과서적으로 따지면 이 문장은 틀린 말입니다. $-\sqrt{2}$도 제곱근이니까 말입니다. 그러나 학생들에게는 아리송합니다. 4의 제곱근은 2와 -2를 둘 다 의미하고 '제곱근 4'는 2만을 의미하니 말이죠.

설명이 너무 길면 더 헷갈릴 수 있으니 제곱근에 대해서는 다음 몇 가지만 기억하면 될 것 같습니다.

- $\sqrt{2}$는 양수이다. $\sqrt{2}$의 정의는 '제곱해서 2가 되는 양수'이다.
- 루트 기호 $\sqrt{\ }$안에 들어가는 수는 항상 양수(또는 0)여야 한다.
  또한 임의의 양수 x에 대하여 $\sqrt{x}$는 무조건 양수이다.
- '2의 제곱근'이라는 말이 나올 때만 양수, 음수를 모두 의미한다.

우리가 실수를 복소수까지 확장한다면 루트 기호 $\sqrt{\ }$ 안에 음수가 들어갈 수도 있지만 실수 내에서는 $\sqrt{\ }$ 안에 들어가는 수는 **무조건 양수**여야 합니다. 그리고 루트 기호 $\sqrt{\ }$가 붙은 수도 무조건 양수입니다.

$\sqrt{2}$에 대하여 좀 더 알아볼 것이 있습니다. 이 수는 대표적인 '무리수'이고 이것이 왜 무리수인지에 대한 증명은 교과서에도 나오는

유명한 증명입니다. 이 증명에는 '귀류법'이 사용됩니다. 즉, "$\sqrt{2}$가 무리수가 아닌 유리수라 하자"로 시작하여 결국 이 가정이 모순임을 보이는 것입니다. 그런데 이 무리수에 대한 또 다른 오해가 있는 것 같습니다.

어느 유튜브 채널에는 $\sqrt{2}$에 대한 이상한 설명이 나옵니다. "$\sqrt{2}$는 '제곱해서 2가 되는 양수'와 같이 추상적인 말로 정의해서는 안 되고 이 수는 무리수이기 때문에 엄밀하게는 1.4142…와 같이 무한소수 표현을 통해서 정의해야 한다"고 주장합니다. 그래서

$$\sqrt{2}\times\sqrt{3}=\sqrt{6}$$

과 같은 등식이 성립함을 증명하는 것도 쉬운 것이 아니라고 주장합니다. 왜냐하면

$$1.414\cdots\times 1.732\cdots=2.449\cdots$$

를 보여야 하기 때문이라고 합니다. (그러면서 정작 이 등식의 좌변을 제곱하면 6이 된다는 것을 보이고는 이 등식이 증명되었다고 합니다. 물론 이게 맞는 증명이지요. 하지만 이렇게 증명할 필요까지 있는 등식인지 잘 모르겠습니다.) 저는 이 유튜버가 왜 이런 이상한 이야기를 했는지 추측할 수 있을 것 같습니다. 그것은 아마도 대학교 전공 수업 등에서 '데데킨트

절단Dedekind cut'이라는 것을 배웠기 때문일 듯합니다.

역사적으로 독일의 데데킨트는 약 150년 전에 무리수를 정의하기 위해 '절단'이라는 것을 고안해 냈습니다. 당시에는 독일의 프레게, 칸토어와 같은 논리주의자들이 채택한 "모든 명제는 참 아니면 거짓"이라든가 "유리수가 아니면 무리수"와 같은 배중률排中律, law of excluded middle에 대하여 부정적인 시각을 가진 수학자들이 많았습니다. 그래서 어떤 대상을 정의할 때 "~가 아닌 것"이라는 식으로 정의해서는 안 되고 그것이 구체적으로 무엇인가를 '구성하여' 정의해야 한다고 주장하는 수학자들이 꽤 있었습니다. 이런 사조를 '구성주의'라고 불렀습니다.* 당시에 구성주의는 직관주의자들이 주장하던 것입니다. 그들은 무리수를 정의할 때도 "유리수가 아닌 수"와 같이 정의해서는 안 되고 무리수를 구성주의에 입각하여 구체적으로 구성하여 정의해야 한다고 주장했습니다. 이러한 주장에 부응하기 위해 데데킨트가 무리수의 정의를 새로 고안해 낸 것입니다. 데데킨트 절단은 그 내용이 다소 복잡한 데다 전문적인 수학자들조차 굳이 이것을 통해 무리수를 정의할 필요를 느끼지 않습니다. 그러니 일반

* 19세기 말, 20세기 초에는 직관주의와 논리주의가 대립했습니다. 당시의 직관주의자들은 배중률의 문제점을 지적하고 구성주의를 지지했습니다. 대표적인 논리주의자로는 현대논리학의 아버지 프레게(Frege, 1848-1925)와 칸토어(Cantor, 1845-1918), 러셀(Russell, 1872-1970) 등이 있고 직관주의자로는 크로네커(Kronecker, 1823-1891), 푸앵카레(Poincare, 1854-1912), 브라우어(Brouwer, 1881-1966) 등이 있습니다. 이 외에도 힐베르트(Hilbert, 1862-1943) 등이 추구하는 형식주의가 강력하게 대두되었습니다.

학생들에게 가르칠 필요는 더욱 없습니다. 그냥 "무리수는 유리수가 아닌 실수"로 정의해도 (수학자들까지 포함하여) 누구에게나 충분합니다. 물론 그 이전에 '실수'가 무엇인지는 엄밀하게 정의할 필요가 있겠죠. 실수에 대한 이야기는 뒤에서 이어서 하겠습니다.

10

0은 왜 그렇게 중요한 수인가요?

독자들은 0의 발견이 역사적으로 매우 중요한 사건이었다는 말을 한 번쯤은 들어 보았을 것입니다. 영零은 물건의 개수를 셀 때는 등장하지 않기 때문에 자연스럽게 생각할 수 있는 숫자는 아닙니다. 없는 것을 굳이 수로 나타내야 한다고 생각하기는 쉽지 않았을 것입니다. 우리는 수학을 배우며 일찍이 0을 접하게 되고 10, 20 같은 숫자에서 흔히 써 왔기 때문에 0의 중요성을 실감하는 것은 쉽지 않습니다. 그럼 왜 0이 그렇게 중요한 수일까요? 우선적으로 꼽을 수 있는 이유로는, 정수를 진법으로 나타낼 때 자릿수라는 개념이 필요한데 바로 이때 0이 있어야 하기 때문입니다. 또한 자릿수라는 개념에는 0이라는 숫자가 있어야 '자릿수를 이용한 계산'이 가능해집니다.

역사적으로 세계의 많은 문화권에서 (아마도 손가락이 10개이기 때문에) 십진법을 써 왔지만 20진법이나 60진법을 쓴 문화권도 있습니다. 그것은 아마도 0의 사용법을 몰라서 진법이라는 것을 활용하기가 불편했기 때문에 10보다 더 큰 수를 이용한 진법을 쓰는 것이 일상생활에 더 편했기 때문일 것입니다. 그다지 크지 않은 수에 대해서는 두 자리 또는 세 자리 수를 쓰지 않아도 되니까 말입니다.

인도의 바스카라 I Bhaskara I, 600?-680?*가 처음으로 0(작은 동그라미로 나타냄)과 10진법의 사용을 기록(629년)에 남긴 것으로 알려져 있습니다. 아라비아를 중심으로 한 이슬람 세계는 9세기 초부터 고대 인도의 발달된 대수학을 받아들인 후 이를 더욱 발전시킵니다. 그리고 이 이슬람 수학은 13세기 초에 피보나치Leonardo Fibonacci, 1170?-1250? 등에 의해 유럽에 전파됩니다. 이때 아라비아 숫자와 함께 0이 유럽에 들어오게 됩니다. (그래서 아라비아 숫자는 인도-아라비아Hindu-Arabic 숫자라고 부르는 것이 좀 더 정확한 표현입니다.)

0이라는 기호 자체가 중요하다

0의 역사적 중요성은 0이라는 '개념'보다는 그 '기호' 자체에 있을

* 인도의 위대한 수학자 브라마굽타(Brahmagupta, 598-668)와 동시대의 수학자입니다. 인도 역사상 바스카라라는 이름의 유명한 수학자가 두 명 있습니다. 또 다른 이는 바스카라 II(Bhaskara II, 1114-1185)로 그가 1150년에 쓴 《싯단타 시로마니(Siddhānta Shiromani)》는 네 권으로 이루어져 있고 그중 제1권이 유명한 《릴라바티(Lilavati)》입니다. 이 책에는 방대한 수학과 천문학 내용이 담겨 있는데 그 수준은 유럽의 17세기 초 수학 수준과 비슷하다고 할 수 있습니다.

것입니다. 0의 발견이 중요한 이유는 '없다'는 것을 숫자로 나타낸 철학적인 의미 때문이라는 어느 유튜버의 주장을 들은 적이 있습니다만, 0에 대한 역사적 의미와 활용의 방법을 고찰해 보면 그 기호의 채택 그 자체의 의미가 더 크다는 것을 깨달을 수 있습니다. 1~9까지의 기호로 숫자를 나타내고, 0이라는 기호를 통하여 자릿수 계산을 하게 된 것은 당시 유럽의 수학에 혁신적인 발전을 가져오게 됩니다. 인도-아라비아 숫자의 도입은 유럽 수학사에서 가장 획기적인 사건이라고 봐도 될 것입니다. 이런 숫자 외에도 새로운 수학적 기호의 발명과 사용은 수학 발전에서 가장 중요한 요소가 되어 왔습니다. 그리스 시대에도 그리고 그 이후에도 유럽의 대수학의 수준이 높지 못했던 것은 기호의 사용법에 대한 이해가 부족했기 때문입니다. (물론 중국도 마찬가지입니다.) 우리가 요즘에 흔히 쓰는 덧셈, 뺄셈 기호인 +, −조차도 사용하기 시작한 지 400년 정도밖에 되지 않았습니다.*

우리는 어릴 때부터 수학 기호를 사용해 왔기 때문에 옛날에 그렇게 위대했던 천재들이 수학 기호 사용법을 왜 몰랐을까 이해가 가지 않을 수 있습니다. 사실 옛날에는 수학자들 사이의 교류의 장과 공동의 커뮤니티를 구성하는 것 등이 모두 매우 어려웠기 때문에 누

* 이 기호들은 독일의 요하네스 비드만(Johannes Widmann, 1489)과 네덜란드의 헤케(Vander Hoecke, 1514)가 처음 소개한 것으로 알려져 있습니다. 매우 중요한 기호인 등호 기호 '='는 영국의 로버트 레코드(Robert Recorde, 1510?-1558)가 쓴 책(1557)에서 처음 등장합니다. 그가 만든 기호는 요즘 우리가 쓰는 등호 기호보다 훨씬 더 옆으로 길쭉하게 생겼습니다.

군가가 새로운 공용의 기호를 만들어서 그것을 표준 기호로 만드는 것이 쉽지 않았을 것입니다. 실은 비단 수학에서가 아니더라도 원래 문자나 기호를 만드는 것 자체가 그리 쉽지 않습니다. 우리의 한글은 전 세계의 수많은 문자 중에 알려진 한 사람(또는 소수집단)에 의해 독립적으로 발명된 유일한 문자일 뿐 아니라 현재 세계에서 쓰고 있는 문자의 수는 아주 적습니다. 대한민국이 세계에 내세울 가장 자랑스러운 문화유산을 꼽으라 한다면 그것은 바로 한글일 것입니다.

0의 역사적인 의의는 그렇다 치고, 이제 현대 수학에서는 왜 0이 그렇게 중요한 것인지 알아보겠습니다. 우선 0은 1과 더불어 가장 중요하고 모든 수의 중심이 되는 수입니다. 그 이유로 두 가지를 들 수 있겠습니다. 첫 번째, 이진법을 사용하면 0과 1로 모든 수를 나타낼 수 있습니다.* 더구나 디지털 시대의 중심에 있는 컴퓨터는 모든 작업을 0과 1의 선택이라는 기초과정을 통하여 수행합니다.

두 번째로는 현대 수학에서 0이 갖는 수학적인 중요성입니다. 지금까지 제가 한 0에 대한 이야기는 0의 배경을 소개하는 이야기이고 이제부터가 진짜 중요한 이야기입니다. 우선 0이라는 실수의 수학적 정의는 다음과 같습니다.

정의 0은 실수의 덧셈에 대한 항등원이다.

---

* 무리수의 경우에는 무한소수로만 나타낼 수 있는데, 이에 대해서는 뒤에서 다시 자세히 설명할 것입니다.

이 말이 무슨 말인가 하면, 임의의 실수 x와 0이 더해지면 그 값이 그냥 x라는 뜻입니다. 즉,

0은 임의의 실수 x에 대하여 $x+0=x$가 되도록 하는 유일한 실수이다.

는 뜻입니다. 여기서 0이 그러한 '유일한' 실수라는 뜻은

어떤 실수 x, y에 대해서도 만일 $x+y=x$라면 $y=0$이다. ★

는 뜻입니다. 이것이 성립하는 이유는 간단합니다. $x+y=x$의 양변에 $-x$를 더하면 $x+y+(-x)=x+(-x)$가 됩니다. 이 등식은 $y+0=0$이 되고 ($\because x+(-x)=0$) 이로부터 $y=0$이 됨을 알 수 있습니다. 즉, 0의 유일성은 정의가 아니라 증명 가능한 사실입니다.

$x \times 0=0$인 이유

0이 덧셈과 관련된 수라고 말했지요. 그러면 왜 (0은 곱셈과는 상관없이 정의되었는데도) 어떤 수 x와 0이 곱해지면 0이 될까요? 이것은 그냥 정의일까요, 아니면 우리가 0의 정의로부터 유도해 낼 수 있는 0의 성질일까요? 이 질문의 정답은 바로 후자입니다. 즉, 우리가 증명할 수 있는 성질입니다. 그러면 한번 $x \times 0=0$을 증명해 보겠습니다. 우선, 실수의 집합에는 덧셈과 곱셈이 있고, 이 두 가지 연산

은 교환법칙, 분배법칙* 등을 모두 만족한다고 가정합니다. (이것은 실수의 정의의 일부분입니다.) 그러면 다음과 같은 결과를 얻을 수 있습니다.

임의의 실수 x에 대하여,

$$x \times x = x \times (x+0)$$
$$= x \times x + x \times 0 \ (\because \text{분배법칙})$$

이므로 (앞에 서술한) 0의 정의 (★)에 의해 $x \times 0 = 0$이 된다.

지금까지 0에 대하여 이야기했지만 실은 1도 0 못지않게 중요한 수입니다. 1은 수학적으로 엄밀하게 정의한다면 어떤 수일까요? 1은 0과 유사하게 다음과 같이 정의됩니다.

정의 1은 실수의 곱셈에 대한 항등원이다.

즉, 1이란 0이 아닌 실수로서, 임의의 실수 x에 대하여 $x \times 1 = x$가 되도록 하는 유일한 실수입니다. 1의 유일성도 앞에서 보인 0의 유일성과 유사하게 증명하면 됩니다. 즉, $x \times y = x \Rightarrow y = 1$을 증명하면 되는데, $x \times y = x$의 양변에 $\frac{1}{x}$를 곱하면 $x \times y \times \left(\frac{1}{x}\right) = x \times \left(\frac{1}{x}\right)$

* 교환법칙이란 $x+y=y+x$, $xy=yx$가 성립하는 것이고 분배법칙이란 $x(y+z)=xy+xz$가 성립하는 것입니다.

이 되고 이로부터 $y=1$을 얻을 수 있습니다.

덧셈에 대한 항등원인 0이 정의되고 난 후에는 모든 실수 x에 대하여 $-x$가 정의될 수 있습니다.* 그것의 정의는 다음과 같습니다.

임의의 실수 x에 대하여 $-x$는 x의 **덧셈에 대한 역원**이다.

즉, $-x$는 $x+(-x)=0$이 되도록 하는 (유일한) 실수이다.

참고로, 양수 x에 대하여 $-x$는 음수입니다. 즉,

$$x>0 \Leftrightarrow -x<0$$

입니다. 또한 $-(-x)=x$입니다. 왜냐하면 등식 $x+(-x)=0$으로부터 $-x$의 덧셈에 대한 역원이 바로 x임을 알 수 있기 때문입니다.

곱셈에 대해서도 곱셈에 대한 항등원인 1이 정의되고 난 후에는, 0이 아닌 모든 실수 x에 대하여 $\frac{1}{x}$이 정의될 수 있습니다. 그것의 정의는 다음과 같습니다.

0이 아닌 임의의 실수 x에 대하여 $\frac{1}{x}$은 x의 **곱셈에 대한 역원**이다.

* 역사적으로는 음수라는 개념이 나오는 데까지 오랜 세월이 걸렸고 실수라는 개념을 수학적으로 정의하는 것은 더욱 어려운 일이었습니다. 하지만 현대의 우리는 연산이라는 개념과 덧셈이라는 연산의 항등원, 역원 등의 개념을 통하여 음수를 정의할 수 있습니다. $x>0 \Leftrightarrow -x<0$은 쉽게 보일 수 있습니다.

즉, $\frac{1}{x}$은 $x \times \frac{1}{x} = 1$이 되도록 하는 (유일한) 실수이다.

실수에는 소위 사칙연산이라고 불리는 덧셈, 뺄셈, 곱셈, 나눗셈이라는 4개의 연산이 있습니다. 초등학교 때 학년이 올라가면서 순차적으로 자연스럽게 사칙연산을 배웁니다만, 수학적으로 엄밀하게 말하자면 실수에 대하여 연산은 덧셈과 곱셈 두 가지만 있다고 할 수 있습니다. (실수가 덧셈과 곱셈이라는 연산을 갖는다는 것은 실수의 정의입니다.) 그러면 뺄셈과 나눗셈은 무엇일까요? 그것은 다음과 같습니다.

- 뺄셈 : 실수 x, y에 대하여 뺄셈 $x-y$란 덧셈 $x+(-y)$를 의미한다.
- 나눗셈 : 실수 x, y ($y \neq 0$)에 대하여 나눗셈 $x \div y$란 곱셈 $x \times (\frac{1}{y})$을 의미한다.

즉, 뺄셈과 나눗셈은 덧셈과 곱셈의 특수한 형태일 뿐입니다. 따라서 실수에는 사칙연산이 있는 것이 아니라 **양칙연산**만이 있는 셈이지요.

곱셈의 의미 새롭게 보기

지금까지 0과 1에 대해 알아봤습니다. 끝으로 우리가 초등학교 때부터 배웠던 '곱셈'이란 것이 과연 무엇일까 잠시 생각을 좀 해 볼까요? 앞에서 어떤 수에 0을 곱하면 0이 된다는 것을 보였습니다. 그러면 0을 곱한다는 게 무슨 의미를 가지고 있는 것일까요?

두 자연수를 곱한다는 것의 의미는 초등학교 때부터 배워서 잘 알고 있습니다. 예를 들어

$$3\times4\text{란 3을 4번 더한 것, 또는 4를 3번 더한 것}$$

이란 뜻입니다. 즉 $3\times4=3+3+3+3=4+4+4$입니다. 좀 더 일반적으로 어떤 수 x에 대하여 자연수 n을 곱한 것은 x를 n번 더한 것이란 뜻이죠. 자연수 대신에 '유리수'를 곱하는 것도 초등학교 때 배웁니다. 어떤 수 x에 대하여 유리수 $\frac{n}{m}$을 곱한다는 것은

$$x\times\frac{n}{m}=x\times n\times\frac{1}{m}$$

로 정의됩니다. 여기서 잠깐! 자연수가 아닌 수 $\frac{1}{m}$을 곱한다는 것은 무슨 뜻이죠? $\frac{1}{m}$을 곱한다는 것과 초등학교 때 배운 'm으로 나눈다'는 것은 당연히 같은 의미이겠죠. 그것을 잠시 살펴보겠습니다. 예를 들어 $12\times\frac{1}{5}$의 경우,

$$\begin{aligned}12\times\frac{1}{5}&=(5+5+2)\times\frac{1}{5}\\&=5\times\frac{1}{5}+5\times\frac{1}{5}+2\times\frac{1}{5}\ (\because\text{분배법칙})\end{aligned}$$

$$= 2 + \frac{2}{5}$$

가 됩니다. $12 \times \frac{1}{5}$은 결국 12를 5로 나누면 몫이 2이고 나머지가 2가 된다는 초등학교 때 배운 것과 같습니다.

그러면 유리수가 아닌 무리수를 곱한다는 것은 무슨 의미일까요? 예를 들어 어떤 수 x에 무리수 $\sqrt{2}$를 곱한다는 것은 무슨 뜻이죠? 이것을 x에 자연수를 곱하는 것과 같이 x를 반복적으로 더하는 것과 같은 뜻으로 이해할 수는 없겠죠. 두 실수 x와 y가 둘 다 무리수일 때는 x와 y를 곱한 것의 의미를 초등학교 때 배운 개념으로 이해하는 것은 불가능합니다. 간단히만 설명하자면 우리는 실수의 집합 $\mathbb{R}$에 '덧셈과 곱셈이라는 2개의 잘 어울리는 **좋은 연산**이 존재한다'는 공리를 먼저 수용하면 됩니다. 그리고 난 후 공리

$$x < y,\, z > 0 \Rightarrow x \times z < y \times z$$

(즉, 부등식 $x < y$ 의 양변에 양수를 곱하면 부등식 방향이 변하지 않는다)로부터 우리가 상식적으로 생각하는 무리수의 곱의 값을 얻을 수 있습니다. 예를 들어 $1.41 < \sqrt{2} < 1.42$이므로 어떤 양수 x에 대하여 우리는 다음을 얻습니다.

$$1.41x < \sqrt{2}x < 1.42x$$

따라서 실수의 정의에 의해 실수 $\sqrt{2}x$는 이미 존재하는 것이고, 그 값의 크기는 $\sqrt{2}$와 유리수가 곱해진 값들과의 비교와 **극한**의 개념을 통하여 알 수 있게 됩니다.

11

음수 곱하기 음수는 왜 양수인가요?

앞에서 0과 1이 왜 중요한 수인가에 대해 알아보았습니다. 이제 음수 곱하기 음수는 왜 양수이고 음수와 양수를 곱하면 왜 음수가 되는지에 대해 알아보고자 합니다. 대다수 독자들은 이런 것이 으레 성립하는 것이라고 배웠지 왜 그것이 성립하는지를 생각해 본 적은 없을 것입니다. 제가 이것에 대해 설명하려는 것은 독자들의 수학적 사고의 폭을 넓히고 수학적 호기심을 자극하기 위해서입니다. 그리고 이런 이야기를 통하여 여러분들은 우리가 학교 수학공부에서 접했던 가장 기초적인 개념들을 분명하게 이해하게 되고 논리적으로 사고하는 힘을 늘리는 데에도 도움이 될 것이라 믿습니다.

또 유튜브 얘기를 하자면,* 한 수학 크리에이터는 "음수 곱하기 음

* 유튜브를 자주 언급하는 것에 대해 양해 바랍니다. 유튜브가 이미 대중에게 가장 영향력 있는 매체로 자리 잡은 터라 자주 언급할 수밖에 없네요.

수가 양수가 되는 것은 **정의입니다. 우리가 증명할 수 있는 것이 아니에요**"라고 말하는 것을 보았습니다. 그런데 이 말은 현대 수학에서 일반적으로 받아들이는 실수의 정의에 따른다면 틀린 말입니다. 두 음수의 곱이 양수라는 것은 우리가 증명할 수 있는 성질입니다.

현대 수학에서 일반적으로 받아들이는 실수의 정의에 대해 이해한다면 (음수)×(음수)=(양수)와 (음수)×(양수)=(음수)를 증명하는 것은 그리 어렵지 않습니다. 우선 실수의 정의에 대해 알아보겠습니다. 실수의 집합 ℝ은 다음과 같이 정의됩니다.

실수의 정의 실수의 집합 ℝ은 다음 4개의 공리를 만족하는 집합이다.

1. 실수에는 아주 좋은 2개의 연산 덧셈(+)과 곱셈(×)이 존재한다. 이때 '아주 좋다'는 뜻은 덧셈의 항등원 0과 곱셈의 항등원 1을 가지고 있고 교환법칙, 결합법칙, 분배법칙을 모두 만족한다는 뜻이다. 그리고 모든 원소는 덧셈에 대한 역원을, 모든 0이 아닌 원소는 곱셈에 대한 역원을 갖는다. 이때, 0과 1은 서로 다르다.*

2. 집합 ℝ은 순서관계를 갖는다. 즉 임의의 서로 다른 두 원소 x, y에 대하여 $x<y$ 또는 $x>y$이다.

3. 순서관계는 덧셈, 곱셈과 잘 어울린다. 즉,

   $x<y$라면 임의의 원소 z에 대해, $x+z<y+z$ 이다.

* 이 1번 조건을 만족하는 집합을 고등수학에서는 체(field)라고 부릅니다. 그리고 0과 1이 서로 다르다는 가정이 없다면, 즉 만일 0=1이라면 모든 실수는 0이 되어 버립니다.

$x<y$라면 임의의 원소 $z>0$에 대해, $x \times z<y \times z$이다. ★

4. 집합 $\mathbb{R}$은 최소상계공리*를 만족한다.

실수의 집합 $\mathbb{R}$에서 덧셈의 항등원 0과 곱셈의 항등원 1은 유일하다는 것은 앞 단원에서 보였습니다.

이제 실수의 연산에서 우리가 성립한다고 알고 있는 중요한 성질들을 이 실수의 정의로부터 증명할 수 있습니다. 당연한 말이지만 '음수'란 0보다 작은 실수, '양수'란 0보다 큰 실수를 뜻합니다. 앞에서, 모든 실수 x에 대하여 $x \times 0=0$임은 이미 증명하여 알고 있는 사실입니다. 앞으로는 기호 단순화를 위해 곱하기 기호 $\times$는 생략해서 $x \times y$ 대신 xy로 쓰겠습니다. 이제 (음수)$\times$(음수)$=$(양수)임을 보이겠습니다. (실은, 이 단원에서 증명해 보이고자 하는 것들은 30년 전쯤에는 학교에서 배우고 각자 증명해 보고 했던 것입니다. 그런데 안타깝게도 이러한 내용들이 집합과 함수의 주요 개념, 복소평면, 극좌표, 행렬 등이 없어진 것과 마찬가지 이유로 모두 교과서에서 사라졌습니다.)

정리1 실수 x, y에 대하여, $x<0$, $y<0$이면 $xy>0$이다.

* 이것은 "모든 상계를 갖는 부분집합은 반드시 최소상계(상계 중 최솟값)를 갖는다"는 뜻입니다. $\mathbb{R}$의 부분집합 A에 대하여 A의 상계란 A의 어떤 원소보다 더 크거나 같은 원소를 말합니다. 이 공리는 유명한 선택공리(axiom of choice)와 동치임이 잘 알려져 있습니다. 이 부분은 조금 어려우니 여기서는 이 정도로 설명하고 넘어가겠습니다.

이 정리를 증명하기 전에 다음과 같은 몇 가지 기본적인 사실들을 증명해 보겠습니다. 쉽지만 재미있는 연습문제이니 관심 있는 독자들은 스스로 증명해 보는 것도 좋을 것 같습니다.

사실1 $-0=0$

(증명) 등식 $0+0=0$은 0의 (덧셈에 대한) 역원인 -0이 0과 같음을 의미한다.

사실2 $-(-x)=x$

(증명) 등식 $x+(-x)=0$은 $-x$의 역원인 $-(-x)$가 x와 같음을 의미한다.

사실3 $x<y \Leftrightarrow -x>-y$

(증명) $x<y$의 양변에 $(-x)+(-y)$를 더하면

$x+(-x)+(-y)<y+(-x)+(-y)$가 되고 이것으로부터

$-y+0<-x+0$, 즉, $-x>-y$를 얻는다.

마찬가지로 역도 성립한다는 것을 알 수 있다.

사실4 $x(-y)=-xy=(-x)y$

(증명) 왼쪽 등식 $x(-y)=-xy$가 성립하는 것만 보이면 되는데

$x(-y)=-xy$란 뜻은 $x(-y)$가 xy의 역원과 같다는 뜻

이다.

그리고 이 말은 등식 $x(-y)+xy=0$이 성립한다는 말이고

이 등식은 $x(-y)+xy=x((-y)+y)=x0=0$ (∵분배법칙)

이므로 성립한다.

사실5 $x<y$라면 임의의 원소 $z<0$에 대해, $xz>yz$이다.

(증명) 사실1과 2에 의해 원소 $z<0$에 대해 $-z>0$이다.

따라서 앞서 소개한 실수의 정의에 나오는 공리 3번,

즉 ★에 의해 $x(-z)<y(-z)$가 된다.

이것은 사실4에 의해 $-xz<-yz$와 같으며

이것은 사실3에 의해 $xz>yz$를 의미한다.

〈정리1의 증명〉

사실5로부터 이 정리는 쉽게 증명된다.

$x<0$, $y<0$이라고 하자. $x<0$의 양변에 y를 곱하면

사실5에 의해 $xy>0y=0$이 된다. 즉, $xy>0$이다.

이로써 음수 곱하기 음수는 양수가 된다는 것의 증명은 완성되었습니다. 그다음에 (음수)×(양수)=(음수)가 되는 것은 실수의 공리 3번인 ★에 의해 성립함을 쉽게 알 수 있습니다. 이것을 정리2라 부르겠습니다.

정리2 실수 x, y에 대하여, $x<0$, $y>0$이면 $xy<0$이다.

1이 0보다 큰 이유

1이 0보다 큰 수인 것은 누구나 알고 있습니다. 실은 이 당연한 사실이 실수가 가지는 성질 중 가장 기본적이면서도 중요한 성질입니다. 1이 0보다 크다는 말은 다시 말하면 '곱셈의 항등원이 덧셈의 항등원보다 크다'는 말입니다. 이 사실을 실수의 정의와 앞에 증명한 사실들로부터 쉽게 보일 수 있습니다.

정리3 $0<1$ 이다.

이 정리는 물론 $-1 < 0 < 1$과 같은 말입니다. 이 정리는 다음과 같은 사실로부터 쉽게 증명됩니다.

사실6 모든 실수 $x \neq 0$에 대하여 $x^2 = xx > 0$이다.

(증명) 다음 두 가지 경우로 나누어 보일 수 있다.

(i) $x > 0$인 경우,

양변에 x를 곱하면 ★에 의해 $xx > 0x = 0$이므로

$x^2 > 0$이다.

(ii) $x < 0$인 경우,

양변에 x를 곱하면 사실5에 의해 $xx > 0x = 0$이므로

$x^2 > 0$이다.

〈정리3의 증명〉

$1 \neq 0$이고 $1^2 = 1$이므로 사실6에 의해 $1 = 1^2 > 0$이 성립한다.

우리는 1이 0보다 크다는 사실을 증명했습니다. 이 증명에는 사실5가 핵심적인 역할을 하고 있는데 사실5는 그 이전의 사실1~4로부터 유도되므로 1이 0보다 크다는 사실은 그리 쉽고 단순하게 증명되는 것은 아니라고 볼 수도 있습니다. 독자들 중에는 이미 '당연한 사실들을 왜 이렇게 어렵게 증명해야 하지?'라는 분들도 있을지 모르겠습니다만, 논리적 사고법의 좋은 예제로 받아들여 주면 좋겠습니다. 논리적 사고법이라는 것은 알고 보면 별것 아닙니다. 두 단계만 유념하면 됩니다. 첫 번째 단계는 주어진 정의나 가정을 이해하고 그것을 머릿속에 넣는 것이고 두 번째 단계에서는 머릿속에 있는 개념을 이용해 (기계적으로) 아주 조그만 스텝을 밟는 것입니다. 아주 복잡한 논리적, 수학적 풀이들도 실은 모두 이 단순한 단계를 반복하는 것에 불과합니다.

실은 $0 < 1$이라는 사실을 증명하는 방법은 여러 가지가 있을 수 있습니다. 간단한 증명을 하나 더 소개해 보겠습니다. 귀류법을 이용한 증명입니다. 즉, $0 < 1$이 아니라면 모순임을 보이는 증명입니다.

증명 $0>1$이라고 가정하자. (실수의 정의에 따라 $0 \neq 1$이다.) 이제 실수 $a>0$를 잡자. $0>1$의 양변에 a를 곱해 주면 ★에 의해 $0a>1a$가 되고, 이것은 사실1에 따라 $0>a$를 의미한다. 그런데 이것은 $a>0$이라는 사실에 모순이 된다. 그러므로 $0>1$일 수 없다. 따라서, $0<1$이다.

그런데 이 증명에는 생각해 볼 거리가 하나 있습니다. 독자들 중에 혹시 이 증명에서 좀 석연치 않은 점이 있다고 느낀 분이 있을까요? 그 석연치 않은 점은 바로 실수 $a>0$을 잡는 부분일 것입니다. 그런 $a>0$이 존재한다면 문제가 없는데요, 만일 0이 실수 중에 가장 큰 수여서 0보다 더 큰 실수 a가 존재하지 않는다면 문제가 생기겠죠? 그런데 다행히도 0보다 큰 수는 반드시 존재합니다. 왜냐하면

$$x>0 \Leftrightarrow -x<0$$

라는 사실로부터 1과 -1 중 하나는 0보다 커야 하기 때문입니다.

12

분모의 유리화는 꼭 해야 하나요?

중학교 3학년이 되자마자 학생들은 제곱근의 개념과 함께 분모의 유리화에 대하여 배웁니다. $\frac{\sqrt{3}}{\sqrt{2}}$과 같은 수는 분모, 분자에 $\sqrt{2}$를 곱하면 분모가 유리화가 되고 결과적으로 $\frac{\sqrt{6}}{2}$이 됩니다. 학생들은 분모의 유리화는 반드시 해야 한다고 배웁니다. 그래서 $\sin 45°$의 값도 $\frac{1}{\sqrt{2}}$로 쓰면 틀리고 $\frac{\sqrt{2}}{2}$로 써야 한다고 배웁니다. 그러다가 고등학교에 진학한 후에는 그 엄격함이 다소 완화되는 분위기이긴 하지만 그래도 분모의 유리화는 지켜야 할 원칙으로 간주됩니다.

고등학교에서 복소수를 배울 때에도 분수 꼴인 복소수의 경우에 반드시 분모를 실수로 나타내야 한다고 배웁니다. 소위 분모의 실수화입니다. 몇 년 전에 고등학교 수학 교사로 있는 제자로부터 질문을 받은 적이 있습니다. 그 학교 시험에서 단답형 문제의 답을 $\frac{2}{i}$로 쓴 학생들이 있는데 그 답을 맞게 할 것이냐 아니면 분모를 실수화한 $-2i$만 맞게 할 것이냐를 놓고 그 학교 선생님들끼리 논의를 했으나 양쪽의 의견이 팽팽하다면서 저의 의견을 물어보는 것이었습니다. ($\frac{2}{i}$의 분모, 분자에 i를 곱하면 $\frac{2i}{i^2} = \frac{2i}{-1} = -2i$가 됩니다.) 복소수에서 분모의 실수화를 해야 하는 이유는 모든 복소수는 표준적인 형태인 $a+bi$로 나타내는 것이 여러모로 좋기 때문입니다. 저는 선생님들의 고민이 이해가 갑니다만 그래도 맞는 답을 (표현법이 비표준적이니) 틀리다고 할 수는 없지 않겠느냐는 제 의견을 주었습니다. 그러나 나중에 들으니 그 답을 틀린 것으로 채점하기로 결정했다고 합니다. 수학에도 보수적인 관점과 진보적인 관점이 있나 봅니다.

다시 실수에서의 분모의 유리화 이야기로 돌아가 봅시다. 분모의 유리화에서 자주 사용하는 공식이 하나 있습니다. 그것은 바로

$$(a+b)(a-b) = a^2 - b^2$$

입니다. 예를 들어 $\frac{1}{\sqrt{3}+\sqrt{2}}$의 경우, 분모, 분자에 $\sqrt{3}-\sqrt{2}$를 곱해 주면

$$\frac{1}{\sqrt{3}+\sqrt{2}} = \frac{\sqrt{3}-\sqrt{2}}{(\sqrt{3}+\sqrt{2})(\sqrt{3}-\sqrt{2})} = \frac{\sqrt{3}-\sqrt{2}}{3-2} = \sqrt{3}-\sqrt{2}$$

가 됩니다.

그럼 왜 분모의 유리화를 꼭 해야 한다고 가르칠까요? 세 가지 이유를 들 수 있겠습니다. 첫째는 **통분이 용이**해지기 때문입니다.

예를 들어 다음과 같은 2개의 분수를 더할 때 통분할 수 있습니다. $\frac{1}{\sqrt{2}-1}+\frac{\sqrt{2}}{\sqrt{2}+1}$ 의 경우에 $(\sqrt{2}+1)(\sqrt{2}-1)=(\sqrt{2})^2-1^2$을 이용해서 통분을 하면

$$\frac{1}{\sqrt{2}-1}+\frac{\sqrt{2}}{\sqrt{2}+1}=\frac{(\sqrt{2}+1)+\sqrt{2}(\sqrt{2}-1)}{2-1}=\frac{\sqrt{2}+1+2-\sqrt{2}}{1}=3$$

과 같은 간단한 답을 얻을 수 있습니다. 이것은 아주 특별한 예이지만 하여간 분모를 유리화하면 두 분수의 덧셈이 좀 더 용이해지는 경우가 많습니다.

두 번째 이유는 분모를 유리화하면 그 **수의 크기를 짐작**하기 조금이라도 더 용이하기 때문입니다. 예를 들어, $\frac{\sqrt{2}}{\sqrt{3}-\sqrt{2}}$ 와 같은 수의 경우에 분모를 유리화하면

$$\frac{\sqrt{2}}{\sqrt{3}-\sqrt{2}}=\frac{\sqrt{2}(\sqrt{3}+\sqrt{2})}{3-2}=\sqrt{6}+2$$

가 되고 $\sqrt{6}\approx 2.4$ 정도 되므로 $\frac{\sqrt{2}}{\sqrt{3}-\sqrt{2}}\approx 4.4$ 정도 된다는 것을 알 수 있습니다. 물론 분모의 유리화가 그 수의 크기를 아는 데에 반드시 큰 도움이 되지는 않을 수도 있습니다. 예를 들어 $\frac{3}{\sqrt{10}}$과 같은 수는 (3이 $\sqrt{10}$보다 조금 작으니까) 1보다 조금 작은 수일 텐데 이 수를 분모 유리화해서 $\frac{3\sqrt{10}}{10}$로 바꾸어도 이 수의 크기를 가늠하는 데에 별다른 도움이 되지는 않습니다.

세 번째 이유는 분모를 유리화하지 않으면 한 수를 **두 가지 이상으로 표현 가능**하기 때문입니다. 유리화하지 않으면 두 수가 같은 수인데도 같은 수인지 모를 수도 있습니다. 예를 들어 $\frac{\sqrt{2}}{\sqrt{5}-\sqrt{3}}$와 $\frac{1}{2}(\sqrt{10}+\sqrt{6})$은 같은 수인데도 다른 표현으로 나타나 있어 혼란스러울 수 있습니다. 복소수의 경우에도 $\frac{2}{1+i}$와 $1-i$는 같은 수인데도 같은 수처럼 보이지 않는다는 문제점이 생길 수 있습니다.

분모를 유리화하면?

1. 통분이 좀 더 쉬워진다.

2. 그 수의 크기를 짐작하기 쉽다.

3. 같은 수인데 다르다고 착각할 가능성이 줄어든다.

이상 언급한 것과 같이 분모의 유리화는 여러 가지 장점이 있기 때문에 가능하면 해 주는 것이 좋습니다. 그러나 저뿐만 아니라 대다수의 수학자들은 그것이 답이 맞고 틀리고를 좌우할 정도로 심각한 문제는 아니라고 생각합니다. 그래서 대학 입시의 논술시험 같은 데에서는 분모의 유리화를 그다지 중시하지는 않습니다.

끝으로, 분모의 유리화가 모든 무리수 분모에 대해 이루어질 수는 없습니다. 예를 들어 $\frac{1}{\pi+2}$와 같은 수는 분모를 유리화하기 어렵습니다. 불가능한 이유는 π가 '초월수'이기 때문이지요. 초월수가 무엇인지에 대해서는 뒤에서 자세한 설명을 하겠습니다.

13

저는 90°가 $\frac{\pi}{2}$보다 더 편한데요?

각의 크기를 수로 나타낼 때 초등학교 때부터 중학교 때까지는 90°, 180°와 같이 도degree로 나타내다가 고등학교에 올라가면 라디안radian을 씁니다. 라디안을 쓰는 것을 **호도법**이라고 부르는데요, 왜 육십분법*이 오랫동안 사용해서 익숙한데 굳이 정의하기도 어려운 호도법을 쓰라고 할까요? 저도 예전에 고등학교 진학 후에 우리에게 익숙한 정수가 아니라 π라는 무리수를 써서 각의 크기를 나타내는 것이 생소하고 불편했던 기억이 납니다.

직각을 이루는 각도를 90°라고 하면 직선을 이루는 각도가 180°, 한 바퀴 완전히 돌면 360°인데 이것은 60진법을 사용했던 고대 메소포타미아 문명으로부터 유래되었다는 것이 정설입니다. (1년을 대략

* 육십분법은 각도의 단위를 정하는 법입니다. 직각의 $\frac{1}{90}$을 1도, 1도의 $\frac{1}{60}$을 1분, 1분의 $\frac{1}{60}$을 1초로 합니다.

360일로 간주했던 것이 그 이유가 되었을 것이라고 추측됩니다.) 호도법은 한 원에서 **각의 크기와 호의 길이는 비례한다**는 사실로부터 나온 것입니다. 반지름의 길이가 1인 원에서 반원의 호의 길이가 π이므로

$$180^\circ = \pi\text{라디안}$$

이 성립합니다. 이때 '라디안'이라는 단위의 표시는 생략하는 것이 보통입니다.

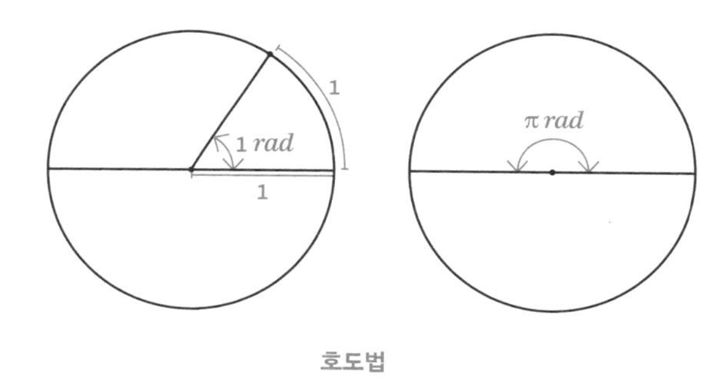

호도법

일단 $180^\circ = \pi$라는 등식을 머리에 넣고 나면 나머지 각의 값은 이 식으로부터 비례관계를 통해 얻을 수 있게 됩니다. 즉, $1^\circ = \frac{\pi}{180} rad$과 $\frac{180}{\pi}^\circ = 1rad$이 성립합니다.

생소하고 불편한데 왜 굳이 호도법을 쓰는가에 대한 답으로는 "육십분법은 인위적이지만 호도법은 자연스럽다"거나 "호도법은 원에 대한 기하를 좀 더 직접적으로 나타낸다"라고 말할 수 있겠습니다. 그렇게 말할 수 있는 첫 번째 이유로는 호도법은 호의 길이를 기

준으로 하고 있어서 부채꼴의 넓이와 호의 길이를 간단한 식으로 나타낼 수 있기 때문이라는 것을 들 수 있습니다. 반지름의 길이가 r인 원에서 내각의 크기가 θ 라디안 인 부채꼴의 호의 길이는 $r\theta$이고 넓이는 $\frac{1}{2}r^2\theta$입니다. 반면에 육십분법으로 넓이와 호의 길이를 나타내면 각각 $\frac{\pi}{180}r\theta$와 $\frac{\pi r^2\theta}{360}$가 되므로 호도법보다 훨씬 더 복잡합니다. 부채꼴의 넓이가 $\frac{1}{2}r^2\theta$인 이유는 다음과 같이 생각하면 쉽습니다.

부채꼴의 넓이는 라디안(호의 길이)과 비례한다.

반원의 넓이는 $\frac{1}{2}\pi r^2$ (내각이 π) ⇒ 부채꼴의 넓이는 $\frac{1}{2}r^2\theta$ (내각이 θ)

이와 같이 반원에 대한 공식에 대하여 π가 들어간 자리에 θ를 대신 넣으면 일반적인 공식을 얻을 수 있는 경우가 많습니다.

삼각함수의 미분

삼각함수의 미적분에서 "사인함수의 미분은 코사인"임을 배웁니다. 즉, 미분 공식

$$\frac{d}{dx}\sin x = \cos x,\ \frac{d}{dx}\cos x = -\sin x$$

이 성립하는 것인데요, 이 공식들은 호도법상에서만 성립합니다. 즉, 여기서 x의 값은 라디안으로 주어져야지 도(°)로 주어지면 등식

이 성립하지 않습니다. 그 이유는 이 공식의 증명에 필수적으로 사용되는 극한

$$\lim_{\theta \to 0} \frac{\sin\theta}{\theta} = 1$$

이 호도법에서만 성립하기 때문입니다. 이 극한이 성립함을 보일 때 반지름의 길이가 1인 원에서 내각의 크기가 θ라디안인 부채꼴의 넓이는 $\frac{1}{2}\theta$라는 사실을 씁니다.

그러면 여기서 극한 $\lim_{\theta \to 0} \frac{\sin\theta}{\theta} = 1$을 한번 증명해 볼까요? 이 증명을 익히 잘 알고 있는 독자도 있을 것입니다만, 워낙 중요한 증명이니 여기서 해 보겠습니다. 증명을 하기 위해 다음 그림과 같이 반지름의 길이가 1이고 내각의 크기가 θ인 부채꼴을 살펴보겠습니다.

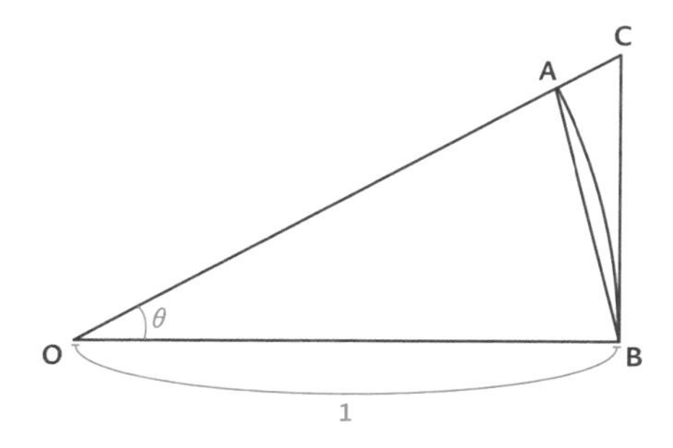

이 그림으로부터 다음 부등식이 성립하는 것을 알 수 있습니다.

($\triangle OAB$의 넓이) < (부채꼴 OAB의 넓이) < (직각삼각형 OCB의 넓이)

이 부등식을 구체적인 식으로 나타내면 다음과 같습니다.

$$\frac{1}{2}\sin\theta < \frac{1}{2}\theta < \frac{1}{2}\tan\theta$$

이 부등식의 각 변을 $\frac{1}{2}\sin\theta$로 나누면 ($\frac{1}{2}\sin\theta$가 음수이면 부등호 방향이 바뀌지만 결과는 같음)

$$1 < \frac{\theta}{\sin\theta} < \frac{1}{\cos\theta}$$

을 얻습니다. 이제 각 변에 대해 극한 $\lim_{\theta\to 0}$를 취해 주면 샌드위치 정리(또는 압축정리)에 의해 $\lim_{\theta\to 0}\frac{\theta}{\sin\theta}=1$을 얻게 됩니다. 이것은 $\lim_{\theta\to 0}\frac{\sin\theta}{\theta}=1$이 성립한다는 것과 같습니다.

삼각함수의 극한과 미분에서 중요한 또 하나의 극한 $\lim_{\theta\to 0}\frac{1-\cos\theta}{\theta}=0$이 성립하는 이유도 한번 살펴보겠습니다. 우선 주어진 식을 변형해 보면,

$$\frac{1-\cos\theta}{\theta}=\frac{1-\cos\theta}{\theta}\frac{1+\cos\theta}{1+\cos\theta}=\frac{1-\cos^2\theta}{\theta(1+\cos\theta)}=\frac{\sin^2\theta}{\theta(1+\cos\theta)}=\frac{\sin\theta}{\theta}\frac{\sin\theta}{1+\cos\theta}$$

가 되고 가장 오른쪽 변에 대해 극한 $\lim_{\theta\to 0}$를 취해 주면 극한값이 0이

됨을 알 수 있습니다. ($\lim_{\theta \to 0} \frac{\sin\theta}{\theta} = 1$, $\sin 0 = 0$, $\cos 0 = 1$이므로)

이제 미분 공식 $\frac{d}{dx}\sin x = \cos x$도 왜 성립하는지 살펴볼까요? 머리가 아프다고요? 조금만 더 힘내 봅시다. 미분의 정의에 따라 극한값을 구해 보면 그것은 다음과 같습니다.

$$\begin{aligned}
\frac{d}{dx}\sin x &= \lim_{h \to 0} \frac{\sin(x+h) - \sin x}{h} \\
&= \lim_{h \to 0} \frac{\sin x \cos h + \cos x \sin h - \sin x}{h} \\
&= \lim_{h \to 0} \frac{\sin x(\cos h - 1)}{h} + \cos x \frac{\sin h}{h} \\
&= \lim_{h \to 0} \cos x \frac{\sin h}{h} \\
&= \cos x
\end{aligned}$$

(여기서 사인함수의 덧셈 공식은 $\sin(\alpha + \beta) = \sin\alpha\cos\beta + \cos\alpha\sin\beta$입니다.)

삼각함수에서는 호도법 사용이 필수입니다. 그런데 호도법이 필수적인 것은 삼각함수에만 해당되는 것이 아닙니다. 원래 삼각함수는 지수함수, 로그함수와도 직접적인 연관이 있고 대학 수학에 등장하는 중요한 함수 푸리에급수Fourier series도 삼각함수로 정의됩니다. 또한 이런 함수들은 다른 다양한 함수들과 연관이 있습니다. 따라서 호도법은 수학에서 **선택이 아니라 필수**라고 할 수 있습니다.

3부

집합과 함수

✦

모든 것을
담는 상자

14

집합은 꼭 필요한 개념인가요?

집합이 수학에서 매우 중요한 개념이라는 것은 우리 독자들도 익히 알고 있을 것입니다. 하지만 논리적으로 사고하고 서술하는 것보다는 계산해서 답을 구하는 것을 더 중시하는 우리나라 수학교육에서 집합은 너무 개념적이어서 부담된다고 느끼는 모양입니다. 그래서 수십 년 동안 중학교 1학년 수학 교과서 첫 단원이었던 집합이 교과과정을 바꾸는 과정에서 어느 날 슬쩍 없어졌습니다. '수학을 쉽게 하자'는 취지인데요, 어려운 수학을 따라가기 힘들어하는 학생들을 위해 그냥 공식과 전형적인 문제 형식을 외워서 답을 구하는 수학, 논리적 사고와 풀이 과정은 무시하고 답만 맞으면 되는 수학 위주로 가르치겠다는 것입니다. 개념이나 논리가 부족하더라도 답을 구할 수 있다면 수학 부진아들도 어느 정도는 따라올 수 있다는 생각입니다.

논리적 사고 대신 계산을 통해 답을 내는 것만을 추구하다 보면 그것이 당장은 어느 정도 효과가 있을지 모르지만 결국 이것은 수학 교육 본연의 목적과 부합하지 않습니다. 또한 그렇게 공부한 학생들은 나중에 언젠가 (고등학교 졸업 이전에) 논리적 사고를 요구하는 진짜 수학을 만났을 때 좌절하게 됩니다.

중학교 교과과정에서 집합, 함수라는 용어가 등장하기는 하지만 실제로는 제대로 된 개념을 다루지 않습니다. x와 y의 관계식으로서 일차함수, 이차함수를 식과 그래프라는 개념으로 다룰 뿐입니다. 이차함수와 그것의 그래프인 포물선에 대해 배울 때도 그래프의 개형, 이차식의 근 등만을 주로 배우다 보니 정작 학생들은 함수의 개념은 잘 모릅니다. 고등학생들 중 상당수가 함수와 그래프의 차이를 구별하지 못하고 헷갈려 하는 주요 원인은 처음부터 함수의 개념을 제대로 배우지 않고 고등학교 진학 후에 갑자기 어려운 함수와 그것들의 그래프를 배우게 되기 때문입니다.

계산을 통해 답을 내는 공부만 하다 보면
논리적 사고를 요구하는 '진짜 수학'을 만났을 때
좌절하게 된다.

집합은 사실 어려운 개념이 아니죠. 그냥 **어떤 특정한 성질을 갖는 원소들의 모임**을 지칭하는 것에 불과하고 이것은 수학에서 어떤 사실이나 개념을 서술할 때 사용하는 용어일 뿐입니다. 그런데 이 쉽고 간단한 개념이 의외로 아주 유용합니다. 모든 논리적, 수학적 추론은 그것이 아무리 복잡한 것일지라도 자세히 들여다보면 단순한 과정들이 한 단계씩 쌓이며 이루어지는 것이죠. 그런데 집합이라는 개념은 이런 단순한 과정들에 등장해서 전달하고자 하는 내용을 좀 더 분명하게 해 주는 개념입니다. 집합은 '수학이라는 언어'에서 사용되는 단어라 할 수 있죠. 아주 쓸모가 많은 단어입니다.

집합을 어려워하는 학생들이 있다면 그런 학생들은 대개 수학은 수식 조작이나 계산을 통해 답을 구하는 과목이라는 오해를 하고 있거나 문해력 또는 집중력이 부족한 학생일 것입니다.

저는 오랫동안 수학과 대학생 1, 2학년들을 위한 〈수학논리 및 논술〉이라는 과목과 〈집합론〉이라는 과목을 강의해 왔는데 대학생들인 그들에게도 예전 중학교 1학년 교과서에 나오던 간단한 정의들을 설명하는 것으로부터 수업을 시작해야 합니다. 저는 수학을 전공하는 대학생들조차 어떤 개념을 정의하고, 그것에 이름(또는 기호)을 붙이고, 그것을 머릿속에 저장하고 필요할 때 꺼내 쓰는 행위 자체를 잘하지 못한다는 것을 알게 되었습니다.

아주 쉬운 예를 하나 들어 보지요. 학생들은 실수의 부분집합으로 열린구간 (0, 1)이란 기호를 흔히 사용해 왔고 자신은 그것이 무엇인지 잘 알고 있다고 믿어 의심치 않습니다. 하지만 정작 학생들에게(대학생입니다) "x가 집합 (0, 1)의 원소라면 x는 무엇입니까?"라는 질문을 하면 이상하게도 대답을 잘 못 합니다. '교수가 뭔가 이상한 걸 물어본다'고 생각하고 대답을 못 하는 학생들도 있겠지만 상당수는 그냥 머릿속에 있는 (0, 1)의 정의와 개념을 꺼내서 그것을 말로 표현해 본 적이 없기 때문에 대답을 하지 못하는 것 같습니다. 이 질문에 대한 답은 물론 "x는 0보다 크고 1보다 작은 실수입니다"이고, 답은 알고 보면 너무나 쉽지요.

"(0, 1)이 무엇입니까?"와 같은 질문에 대해 학생들은 대개 머릿속에 다음 그림과 같은 구간을 떠올리지만 그것을 말로 잘 옮기지 못합니다.

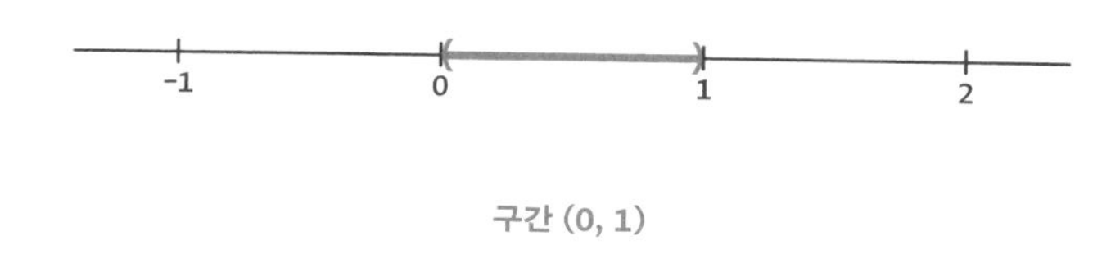

구간 (0, 1)

집합의 기본 개념들

기호 $a \in A$는 "a가 집합 A의 원소임"을 나타내는 기호이고 기호 $A \subset B$는 집합 A가 집합 B의 부분집합임을 나타내는 기호입니다. 이 부분집합의 정의는 매우 간단하지만 학생들은 그것을 숙지하고 활용하는 것에 미숙합니다. 부분집합의 정의부터 시작해 볼까요?

정의(부분집합) 집합 A가 집합 B의 부분집합이라는 것은 기호 $A \subset B$로 나타내고 다음과 같이 정의된다.

$A \subset B \Leftrightarrow A$의 모든 원소가 B에 속한다.

$\Leftrightarrow (a \in A \Rightarrow a \in B)$

만일 “(어떤 집합 P와 Q가 정의되어 있을 때,) $P \subset Q$임을 보이시오”와 같은 문제가 주어졌다고 합시다. 그러면 우리는 P와 Q의 정의가 무엇이든 상관없이 일단 ‘부분집합’의 정의에 따라 P의 원소 하나를 임의로 잡아 그것을 x라 하고, 그것이 Q의 원소임을 보이면 됩니다. 그런데 이런 증명 문제를 받으면 무엇부터 어떻게 시작해야 할지를 모르는 학생들이 많습니다.* 어떤 개념의 정의를 있는 그대로 받아들이고 그것을 적용하는 것이 수학적, 논리적 사고의 기본이자 출발점인데 이 부분이 익숙하지 않은 것 같습니다.

앞서 부분집합의 정의에 나오는 기호 ‘$\Leftrightarrow$’는 물론 ‘동치’라는 뜻입니다. 그리고 두 집합 A와 B에 대하여, “A와 B가 같다”라는 것은

“$A \subset B$이고, 또한 $B \subset A$이다”

라는 뜻입니다. 따라서 만일 “두 집합 A와 B가 같음을 보이시오”라는 문제가 나온다면 그것을 보이기 위해서는

* 다소 어렵지만 좀 더 구체적인 예를 들자면, “함수 $f: A \rightarrow B$와 $A_0 \subset A$에 대하여 $A_0 \subset f^{-1}(f(A_0))$임을 보이시오”와 같은 문제가 있습니다.

"모든 $a \in A$에 대하여 $a \in B$이고, 모든 $a \in B$에 대하여 $a \in A$이다"

임을 보이면 됩니다.

조건제시법이란?

집합에서 "~를 만족하는 원소들의 집합"을 나타낼 때 조건제시법을 씁니다. 조건 p를 만족하는 원소들의 집합을 A라고 한다면, A는 다음과 같이 나타냅니다.

$$A = \{x \mid x\text{는 } p\text{를 만족한다}\}$$

이와 같이 나타내는 것을 **조건제시법**이라고 합니다. 예를 들어 앞서 언급한 열린구간 (0, 1)을 조건제시법으로 나타낸다면

$$(0, 1) = \{x \in \mathbb{R} \mid 0 < x < 1\}$$

로 나타낼 수 있습니다. 이때 $\mathbb{R}$은 실수 전체의 집합이고 이와 같이 집합을 나타내는 기호로는 다음과 같은 것들이 있습니다. 외워 두면 편합니다.

기호	집합
$\mathbb{R}$	실수의 집합
$\mathbb{Q}$	유리수의 집합
$\mathbb{Z}$	정수의 집합
$\mathbb{Z}_+$ 또는 $\mathbb{N}$	자연수의 집합
$\mathbb{C}$	복소수의 집합

익히 알고 있겠지만 합집합union과 교집합intersection의 정의도 잠시 복습해 볼까요?

정의(합집합) 두 집합 A와 B에 대하여, 이것들의 합집합은 다음과 같이 정의한다.

$$A \cup B := \{x \mid x \in A \text{ 또는 } x \in B\}^*$$

즉,

$$x \in A \cup B \iff x \in A \text{ 또는 } x \in B$$

* 수학에서는 정의를 나타낼 때 단순한 등호 기호 '=' 대신 정의임을 강조하기 위해 콜론을 붙여서 ':='라는 기호를 쓰는 경우가 많습니다.

라는 뜻입니다. 여기서 '또는'이라는 의미가 국어적으로 다소 애매한 점이 있긴 합니다. 우리말에서 "이것 **또는** 저것"이라는 말은 보통은 양자택일적인 의미로 사용하기 때문입니다. 그러나 수학의 세계에서는 다릅니다. 수학에서 '또는'의 의미는 다음과 같습니다.

$x \in A$ 또는 $x \in B$ 또는 둘 다

정의(교집합) 두 집합 A와 B에 대하여, 이것들의 교집합은 다음과 같이 정의한다.

$$A \cap B := \{x \mid x \in A \text{ 이고 } x \in B\}$$

여러 개의 집합들에 대해서도 합집합과 교집합을 취할 수 있습니다.

정의(합집합) 집합 $A_1, A_2, \cdots, A_n$에 대하여, 이것들의 합집합은 다음과 같이 정의한다.

$$A_1 \cup A_2 \cup \cdots \cup A_n := \{x \mid \text{어떤 } i \in \{1, \cdots, n\}\text{에 대하여 } x \in A_i \text{ 이다}\}$$

즉, 다음과 같다는 뜻이지요.

$x \in A_1 \cup A_2 \cup \cdots \cup A_n \Leftrightarrow x$는 적어도 한 A_i의 원소

정의(교집합) 집합 $A_1, A_2, \cdots, A_n$에 대하여, 이것들의 교집합은 다음과 같이 정의한다.

$$A_1 \cap A_2 \cap \cdots \cap A_n := \{x \mid \text{모든 } i \in \{1, \cdots, n\}\text{에 대하여 } x \in A_i \text{이다}\}$$

즉,

$$x \in A_1 \cap A_2 \cap \cdots \cap A_n \Leftrightarrow x\text{는 모든 } A_i\text{의 원소}$$

라는 뜻입니다. 이 합집합과 교집합을 다음과 같은 기호로 나타내면 편합니다.

$$A_1 \cup A_2 \cup \cdots \cup A_n = \bigcup_{i=1}^{n} A_i = \bigcup_{i \in \{1, \cdots, n\}} A_i$$

$$A_1 \cap A_2 \cap \cdots \cap A_n = \bigcap_{i=1}^{n} A_i = \bigcap_{i \in \{1, \cdots, n\}} A_i$$

이때, 기호 $\bigcup_{i \in \{1, \cdots, n\}} A_i$에 나오는 집합 $\{1, \cdots, n\}$을 **인덱스집합**index set이라고 부릅니다. 그래서 이렇게 인덱스집합을 이용해 아주 일반적인 합집합, 교집합도 나타낼 수 있습니다.

$$\bigcup_{\alpha \in J} A_\alpha := \{x \mid \text{어떤 } \alpha \in J\text{에 대하여 } x \in A_\alpha \text{이다}\}$$

$$\bigcap_{\alpha \in J} A_\alpha := \{x \mid \text{모든 } \alpha \in J\text{에 대하여 } x \in A_\alpha \text{이다}\}$$

합집합은 $\bigcup_{\alpha \in J} \mathrm{A}_{\alpha} := \{x \mid x \in A_{\alpha}$인 $\alpha \in J$가 적어도 하나 존재한다$\}$로도 나타낼 수 있습니다. 이와 같이 다음의 두 표현은 늘 같은 말입니다.

- "어떤 α에 대하여- ~이다."
- "~인 α가 존재한다."

이것들은 논리적인 문장에서 매우 자주 등장하는 표현이고 이 둘이 같은 말이라는 것은 당연해 보이지만 의외로 학생들은 어려워합니다. '논리적인' 내용을 만나는 순간 뇌정지 현상이 일어나는 학생들이 많은 실정이지요. 만일 이 글을 읽는 독자 중에 이 두 표현이 같다는 것이 자연스럽고 당연한 것으로 받아들여지는 분이 있다면 수학에 소질이 있는 분입니다.

원소의 개수를 어떻게 표현할까?

어떤 집합 A에 대하여 A의 '모든 부분집합들의 집합'을 **멱집합** power set이라고 부르고 $P(A)$로 나타냅니다. 즉, 정의는 다음과 같습니다.

정의(멱집합) $P(A)$:= 집합 A의 모든 부분집합들의 집합

멱집합이라는 이름은 $n(A)=n$일 때, 즉 A의 원소의 개수가 n일 때, $n(P(A))=2^n$이기 때문에 붙은 이름입니다. 원래 멱冪이라는 한자는 원래 중국 북방 유목민족의 이동식 가옥 '파오'를 의미하는 글자이고 멱은 바로 영어 power의 발음을 딴 것입니다. 영어의 power는 '제곱' 또는 '승'이라는 뜻으로* 예를 들어 2^n을 영어로는 "two to the power n"이라고 읽습니다. 우리말로 "2의 n승"이라고 읽는 이유는 '승(乘)'이 '올라타다'라는 뜻으로 글자 n이 2에 올라탄 형태이기 때문입니다. 멱을 쓰는 다른 수학용어로는 멱급수power series, 방멱정리power theorem 등이 있습니다.

이제 A의 원소의 개수가 n일 때, 멱집합 $P(A)$의 원소의 개수는 왜 2^n인지 알아봅시다. 일단 두 가지 증명이 있는데 그중 고등학교 교과서에는 이항정리를 쓴 증명이 나와 있습니다. 이항정리의 공식

$$(1+x)^n={}_nC_0+{}_nC_1x+\cdots+{}_nC_nx^n=\sum_{k=0}^{n}{}_nC_kx^k$$

에 대하여 $x=1$을 대입하면, 유명한 등식

$$2^n={}_nC_0+{}_nC_1+\cdots+{}_nC_n=\sum_{k=0}^{n}{}_nC_k$$

* 지수 2^n을 예전에는 '2의 n승'이라고 읽었으나 최근에는 교과서에서 '2의 n제곱'으로 읽는 것으로 바뀌었습니다.

을 얻습니다. 이때 $_nC_k$ 란 '서로 다른 n개 중 k를 선택하는 방법의 수' 라는 뜻으로 이것은 바로 집합 A의 부분집합 중 '원소의 개수가 k개인 부분집합들의 개수'와 같습니다.* 그래서 앞의 식에 의해 $P(A)$의 원소의 개수는 2^n이 되는 것입니다.

이렇게 복잡한 수식을 이용한 증명보다 좀 더 간단한 증명법이 있습니다. 어떤 부분집합 하나를 결정하는 방법의 수를 생각해 본다면, n개의 원소 $a_1, a_2, \cdots, a_n$ 각각에 대하여 어떤 한 부분집합에 속할지 아닐지 두 가지 선택이 있습니다. 따라서 한 부분집합을 결정하는 방법의 수는 $2 \times 2 \times \cdots \times 2 = 2^n$이 되는 것입니다.

수학자들은 대개 집합 A의 원소의 개수를 우리 고등학교 교과서에 나오는 $n(A)$라는 기호 대신 기호 $|A|$로 나타냅니다. 이 기호법을 쓰면

$$|P(A)| = 2^{|A|}$$

라고 쓸 수 있는데 이러한 표현은 A가 유한집합일 때뿐만 아니라 무한집합일 때도 쓸 수 있다는 장점이 있습니다.

끝으로, 멱집합 $P(A)$의 원소의 개수를 셀 때 우리는 공집합 $\varnothing$를 $P(A)$의 원소, 즉 A의 부분집합으로 간주합니다. 즉, 공집합 $\varnothing$는 모든

* $_nC_k = \frac{n!}{(n-k)!k!}$ 입니다.

집합의 부분집합입니다. 이것은 조건명제 "p이면 q이다"에서, 가정인 p가 거짓인 경우는 q가 참이든 거짓이든 상관없이 이 명제는 참이라는 논리 규칙을 따르는 것입니다. 이를 영어로는 vacuous truth(형용사로는 vacuously true)라고 하고 우리말로는 '공허한 참' 또는 '공허 참'이라고 합니다. 예전에는 이 규칙을 비판하는 사람들도 많았지만 (특히 배중률을 거부하는 직관주의자들) 대다수의 현대 수학자들은 이것을 당연한 규칙으로 받아들입니다. 이 규칙을 적용하면, 모든 집합 A에 대해서 $\varnothing \subset A$인 이유는 부분집합에 대한 명제

$$a \in \varnothing \Rightarrow a \in A$$

가 공허한 참이기 때문입니다.

15

집합은 어떻게 논리에 쓰이나요?

어떤 이로부터 '집합이라는 개념이 직장에서 하는 일의 내용을 체계적으로 정리하거나 프로젝트를 발표하는 일 등에 아주 유용하더라'고 얘기를 들은 적이 있습니다. 집합이 그렇게 실용적으로 잘 활용될 수 있는 이유는 집합이 **논리적인 사고와 표현**에서 사용하기 좋은 언어이기 때문입니다. 논리적인 사고는 수학공부만이 아니라 우리가 하는 모든 일에 사용될 수 있는 강력한 무기입니다.

집합을 다루는 데 있어서 영국의 논리학자 벤Venn, 1834-1923이 1880년에 고안한 벤다이어그램은 아주 유용합니다. 합집합, 교집합, 차집합 등 집합들 사이의 연산의 결과를 확인하는 데 특히 유용하게 쓰입니다. 일례로 집합의 분배법칙을 살펴보면 다음과 같습니다.

분배법칙 집합 A, B, C에 대하여 다음 등식이 성립한다.

$$A \cap (B \cup C) = (A \cap B) \cup (A \cap C)$$

$$A \cup (B \cap C) = (A \cup B) \cap (A \cup C)$$

여기서 첫 번째 공식은 교집합 ∩을 곱셈(×), 합집합 ∪을 덧셈(+)으로 간주하면 곱셈과 덧셈에 대한 분배법칙과 같아지기 때문에 외우기 쉽습니다. 두 번째 공식은 ∩과 ∪의 역할을 바꾸어도 성립한다는 것을 기억하면 됩니다. 분배법칙이 성립하는 것은 다음과 같은 벤다이어그램으로 쉽게 확인할 수 있습니다.

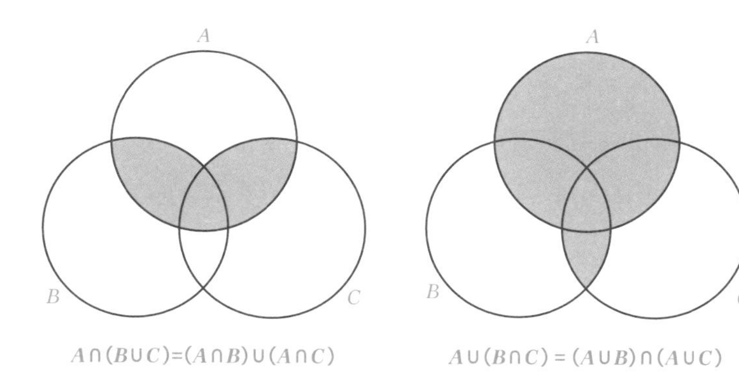

$A \cap (B \cup C) = (A \cap B) \cup (A \cap C)$　　$A \cup (B \cap C) = (A \cup B) \cap (A \cup C)$

명제란 참과 거짓을 판정할 수 있는 **객관성**을 갖는 문장을 말합니다. 그리고 **추론**이란 어떠한 명제나 판단을 근거로 삼아 다른 명제나 판단을 이끌어 내는 것을 말합니다. 논리학에서는 논증이라는 과정을 통하여 명제 또는 추론이 참인지 여부를 판정합니다. 어떤 문장을 서술하거나 그것의 진실 여부를 판정할 때 **기호**를 사용하면 편리하므로 현대적인 논리학에서는 기호를 주로 사용합니다. 핵심적인 기호는 다음과 같습니다.

기호	의미
$\forall x$	For all x (모든 x에 대하여)
$\exists x$	there is x (x가 존재)
$\sim p$ (또는 $\neg p$)	not p (p가 아니다)
$\vee$	or
$\wedge$ (또는 &)	and

학생들에게 명제에 대한 내용을 가르치다 보면 학생들은 명제의 부정negation과 명제의 대우명제contrapositive를 많이 어려워합니다. 그것은 아마도 '모든'과 '어떤'이라는 말, 그리고 'or'와 'and'라는 말의 진정한 의미와 사용법에 대해 익숙하지 않은 탓이 아닐까 싶습니다.

명제 "p이다"의 부정은 "p가 아니다"입니다. 이때 '모든'이 들어가는 명제의 부정에는 '어떤'이 들어가고, 역으로 '어떤'이 들어가는 명제의 부정에는 '모든'이 들어갑니다. 예를 들어, 명제

"철수는 세 문제를 모두 풀었다"

의 부정은 다음과 같습니다.

"철수는 세 문제 중 어떤 문제는 풀지 못했다"

즉, 철수가 풀지 못한 문제가 적어도 하나는 있는 것이지요. 그런데 만일 세 문제가 주어진 시험에서 철수가 시험을 보고 난 후에 "다 풀지 못했어요"라고만 말한다면 부정확한 언어의 사용입니다. 세 문제 중에 풀지 못한 문제가 있다는 뜻인지, 아니면 한 문제도 풀지 못했다는 말인지 분간할 수 없기 때문입니다.

수학에서 등장하는 "p이면 q이다"($p \to q$) 꼴의 명제의 부정명제의 예를 하나 살펴보겠습니다. 명제

"$x^2 > 4$이면 $x > 2$이다"

의 부정에 대하여

"$x^2 > 4$이면 $x \le 2$이다"

와 같이 서술하는 학생들이 의외로 많습니다. 어떤가요? 이것은 틀렸습니다. 왜냐하면 "$x^2 > 4$이면"이라는 뜻은 "$x^2 > 4$인 모든 x에 대하여"라는 뜻이기 때문입니다. 따라서 "$x^2 > 4$이면 $x > 2$이다"의

부정은 "$x^2 > 4$인 **어떤** x에 대하여 $x \le 2$이다"입니다.

조건명제 "p이면 q이다"는 기호 $(p \to q)$로 나타내고 이 명제의 **대우명제**는 $(\sim q \to \sim p)$ 꼴의 명제입니다. 어느 조건명제 P가 참인 것은 그것의 대우명제가 참인 것과 동치이고 이것은 논리에서의 기본 규칙입니다. 이것을 집합의 포함관계를 통해 보면 자명하게 성립함을 알 수 있습니다.

조건명제 "p이면 q이다"의 대우명제는 "q가 아니면 p가 아니다"이고 이 두 명제는 동치이다. 이것을 집합으로 나타내면 다음과 같다.

$$P \subset Q \Leftrightarrow P^c \supset Q^c$$

이때, P와 Q는 각각 명제 p와 q를 만족하는 원소들의 집합이다. 그리고 P^c는 P의 **여집합**을 나타낸다.

조건명제 "$p \to q$"에서 화살표 "$\to$"는 조건 p와 q 중 어느 것이 필요조건이고 어느 것이 충분조건인지 기억하는 데 도움을 줍니다.

명제 $p \to q$에서 조건 p는 조건 q이기 위한 충분조건이고, q는 p이기 위한 필요조건이다. 왜냐하면 화살표 방향을 보면 p가 q로 주니까 p는 충분하고 q는 필요하다.

필요조건, 충분조건을 집합을 통해 외울 수도 있습니다. 다음과

같은 집합에 대한 그림을 통해서 **필요조건은 큰 집합이고 충분조건은 작은 집합**이라고 외우거나, "(밖에서 출발하여) 작은 집합에 이르려면 먼저 큰 집합을 통해 들어갈 '필요'가 있으니 큰 집합이 '필요'조건이다"라고 외웁니다.

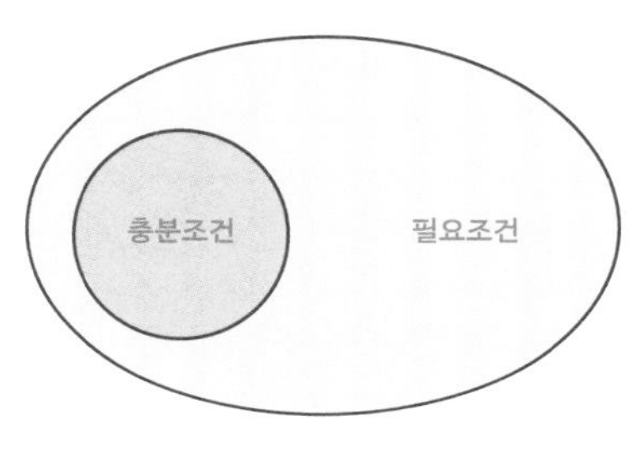

필요조건, 충분조건

다음과 같이 기억하면 좋겠습니다.

충분조건	필요조건
강한 조건	약한 조건
작은 집합	큰 집합
$p \to q$에서 p가 충분 (q에게 주니까)	$p \to q$에서 q가 필요 (받으니까)

또는or이나 그리고and가 들어가는 복합명제의 부정에 있어서 or와 and 사이의 관계는 '모든'과 '어떤' 사이의 관계와 유사합니다. 즉, 'or'가 들어가는 명제의 부정에는 'and'가 들어가고, 역으로 'and'

가 들어가는 명제의 부정에는 'or'가 들어갑니다. 이런 법칙을 집합론에서는 드모르간De Morgan정리라고 부릅니다. 이 정리를 집합 기호로 나타내면

$$(A \cup B)^c = A^c \cap B^c,\ (A \cap B)^c = A^c \cup B^c$$

입니다. 이때 A^c란 A의 여집합입니다. $(A \cup B)^c = A^c \cap B^c$는, "$x$는 A 또는 B의 원소는 아니다"와 "x는 A의 원소도 아니고 B의 원소도 아니다"는 같은 말이라는 뜻입니다. 이 정리는 2개의 집합의 합집합, 교집합에 대해서만이 아니라 여러 개의 집합의 합집합, 교집합에 대해서도 성립합니다. 예를 들어 "현우는 동아리 A, B, C 중 적어도 하나의 회원이다"라는 명제의 부정은 "현우는 동아리 A의 회원도 아니고, B의 회원도 아니고, C의 회원도 아니다"입니다.

수학적 명제의 예 하나만 더 들어 보겠습니다.

"정수 n은 100 이상이거나, 소수가 아니다"의 부정은 "정수 n은 100 미만인 소수이다"이다. 또한, "정수 n은 100 이상이고 소수가 아니다"의 부정은 "정수 n은 100 미만이거나 소수이다"이다.

이런 수학적인 명제의 부정명제를 생각할 때 드모르간정리를 떠올리는 것이 도움이 될 수 있습니다. 부정명제는 주로 귀류법을 사

용하여 문제를 풀 경우에 등장하지만 문제를 푸는 중간 과정에서 등장하는 경우도 많습니다.

16

집합끼리 곱한다고요?

실수의 집합 $\mathbb{R}$에 대하여 $\mathbb{R}^2$을 **좌표평면**이라고 부릅니다. 이때 $\mathbb{R}^2$ 은 $\mathbb{R}\times\mathbb{R}$로 집합 $\mathbb{R}$ 2개를 곱했다는 뜻입니다. 이렇게 두 집합을 곱한다는 것의 개념에 대하여 잠시 살펴보겠습니다.

두 집합 A와 B를 곱하면 새로운 집합 $A\times B$가 되고 이것은 다음과 같이 정의합니다.

$$A\times B := \{(a, b) \mid a\in A \text{이고 } b\in B \text{이다}\}$$

즉, $A\times B$의 각 원소는 **A의 원소와 B의 원소의 순서쌍***입니다. 이 개념을 완벽히 이해해야 좌표, 함수의 그래프, 벡터, 수열, 차원

* 순서쌍이란 (a, b)와 같이 수의 쌍은 쌍인데 '순서'가 있어서 (b, a)와는 다른 쌍이라는 말입니다.

등 수학에 등장하는 여러 가지 개념을 진정으로 이해할 수 있게 됩니다.

여러 개의 집합을 곱할 수도 있습니다. 즉,

- $A_1 \times A_2 \times \cdots \times A_n := \{(a_1, a_2, \cdots, a_n) \mid \text{모든 } i=1,\cdots,n\text{에 대하여 } a_i \in A_i\text{이다}\}$

와 같이 정의합니다.

$A=B=\mathbb{R}$일 때는 $A \times B$ 대신 $\mathbb{R}^2$로 나타내고 이것이 바로 우리가 알고 있는 좌표평면입니다. $\mathbb{R}^2$의 임의의 원소는 (x, y) 꼴로 나타냅니다. 즉, 집합으로 표현하면

$$\mathbb{R}^2 = \{(x, y) \mid x, y \in \mathbb{R}\}$$

입니다. 또한 $\mathbb{R}$을 세 번 곱한 $\mathbb{R} \times \mathbb{R} \times \mathbb{R} = \mathbb{R}^3$은 **3차원 공간**이라고 하고 이것의 원소는 (x, y, z) 꼴이 됩니다. 이렇게 2개 또는 여러 개의 집합을 곱하는 것을 정식적으로는 **카티션곱** Cartesian product 이라고 부릅니다. 이것은 좌표평면이라는 개념을 처음 생각해 낸 데카르트 Descartes, 1596-1650 의 이름을 딴 것인데요, 왜 데카르트곱이라고 부르지 않고 카티션곱이라고 부를까요? 그 이유는 데카르트의 이름을 띄어쓰기를 하면 'Des Cartes'인데 이때 주로 귀족의 성에만 붙이

는 전치사 des(영어의 of 또는 from에 해당, 복수형)를 생략한 후 나머지 이름을 형용사형으로 바꾸어 카티션cartesian이 된 것입니다.*

데카르트는 어려서부터 누워서 지내는 시간이 많았는데 성인이 되어서도 그러했습니다. 하루는 그가 누워서 천장을 보다가 좌표평면의 아이디어가 떠올랐다고 하지요. 뉴턴이 사과나무에서 사과가 떨어지는 것을 보고 만유인력을 발견했다는 이야기처럼 이것이 실제 있었던 이야기인지는 알 수 없습니다. 하여간 좌표라는 것을 생각해 낸 순간은 인류 역사상 가장 중요한 발견 중 하나가 이루어진 순간입니다.

데카르트
(Public domain | Wiki Commons)

함수가 수열과 같다? 수학 개념의 유연성

$\mathbb{R}^2$의 부분집합 중에서 $A \times B$ 꼴로 나타낼 수 있는 집합은 대개 '직사각형'과 유사한 형태여야 합니다. 예를 들어 열린 직사각형

$$Q = \{(x, y) \mid 1 < x < 3,\ 2 < y < 3\}$$

는 두 열린구간의 곱인 $(1, 3) \times (2, 3)$과 같습니다.

$\mathbb{R}$을 n번 곱한 $\mathbb{R}^n$을 **n차원(유클리드) 공간**이라고 합니다. 수학에서

* 정관사 le 또는 la가 붙는 성을 가진 수학자들도 있습니다. 라그랑주(Lagrange), 라플라스(Laplace), 르장드르(Legendre), 로피탈(l'Hospital) 등입니다.

‘차원’이란 결국 이때의 n을 말합니다. $\mathbb{R}^n$은 차원에 대해서만이 아니라 벡터, 수열 등의 개념에 등장하고 (집합론적으로는) 함수의 개념에도 등장합니다.

n차원 공간 $\mathbb{R}^n$의 원소는 $(a_1, a_2, \cdots, a_n)$ 형태이다 보니까 $\mathbb{R}^n$은 다음과 같은 집합으로 간주할 수 있습니다. 다음 3개는 다 같은 말입니다.

1. $\mathbb{R}^n$은 항이 n개인 수열의 집합이다.
2. 함수 $f:\{1, 2, \cdots, n\} \to \mathbb{R}$은 항이 n개인 수열로 간주할 수 있다.

   왜냐하면 함수 f는 수열 $f(1), f(2), \cdots, f(n)$을 결정하고 이때,

   $f(1)=a_1, f(2)=a_2, \cdots, f(n)=a_n$과 같이 대응되는 것으로 간주하면

   함수 f와 수열 $(a_1, a_2, \cdots, a_n)$이 서로 대응되기 때문이다.

   즉, $\mathbb{R}^n$은 다음과 같은 집합이다.

   $$\mathbb{R}^n=\{f:\{1, 2, \cdots, n\} \to \mathbb{R}\}$$
3. $\mathbb{R}^n$은 n차원 벡터들의 집합이다.

   그러므로 $\mathbb{R}^n$을 n차원 벡터 공간이라고 부르기도 한다.

이 세 가지가 다 서로 같은 것이라니, 너무 어려운가요? “아니, 함수는 함수고 수열은 수열이지 함수가 수열과 같다고요?”, “그리고 갑자기 웬 벡터가 나오죠? 벡터란 크기와 방향을 가지는 양 아닌가요?”라는 독자도 있을 것입니다. 한 가지 개념에 대한 이런 여러 가

지의 정의와 해석이 낯설게 느껴질지 모르겠습니다. 수학적 개념이 라는 것은 유연하며 고정적이지 않아서 다양하게 해석될 수 있는 것이라는 점을 받아들이면 좋을 것 같습니다.

17

좌표가 왜 그렇게 중요한가요?

수학이 수천 년간 발전해 오는 동안 좌표coordinates는 가장 중요한 발견 중 하나입니다. 수학은 가히 좌표의 발견 이전의 수학과 그 이후의 수학으로 나눌 수 있습니다. 데카르트가 좌표를 생각해 낸 것은 400년이 채 되지 않았고, 수학의 긴 역사로 볼 때는 비교적 최근의 일입니다. 수학자이자 철학자인 데카르트가 수학에서 이룬 업적을 간단히 말하자면, 그는 좌표의 개념을 발견한 것 외에 3, 4차방정식의 해법을 완전히 정리하였으며 지금 우리가 사용하는 중요한 기호를 도입했습니다. 바로 미지수는 알파벳의 뒷부분에 나오는 x, y, z로 나타내고 상수(계수)는 알파벳의 앞부분에 나오는 a, b, c로 나타내는 것입니다.*

* 문자 계산이라는 혁신적인 방법을 그보다 먼저 도입한 사람은 비에트(François Viète, 1540-1603)입니다. 그는 미지수는 모음으로, 상수(이미 알고 있는 수)는 자음으로 나타냈습니다.

수학은 '좌표'의 발견 이전과

그 이후로 나눌 수 있다.

데카르트가 저술한 철학책 《방법서설》(1637년)이 그토록 유명한 이유는 그 책이 담고 있는 획기적인 철학적 내용 자체보다는 그 책 전반에 흐르는 새로운 **철학 정신** 때문입니다. 그의 가장 큰 학문적 공헌은 그가 (종교와 믿음에 의존하지 않고) 인간의 순수한 이성을 통하여 진리를 탐구한다는 새로운 철학 정신을 제시한 것이라고 할 수 있습니다. 그래서 수학은 (과학과 철학도 마찬가지로) 데카르트 이전과 이후로 나눌 수 있다고 해도 과언이 아닙니다. 17세기의 새로운 과학철학이 그에 의해서 갑자기 시작되었다고 하는 것보다는 북유럽을 중심으로 새로운 사상의 물결이 일어날 즈음에 그는 그러한 사조를 이끈 사람 중 한 명이라고 하는 것이 좋을 것 같습니다.

카티션 좌표평면 또는 **직교좌표** 평면이라고 불리는 $\mathbb{R}^2$은 두 실수의 쌍의 집합으로 x좌표와 y좌표로 이루어진 (x, y)들의 집합입니다. 우리는 좌표를 통하여 점들 간의 상대적 위치를 나타낼 수 있을 뿐 아니라 함수 또는 등식으로 나타낸 식을 **그래프**를 통해 표현할 수 있습니다. 예를 들어 함수 $f(x)=x^2$의 그래프란, $f(x)$를 y라 놓은 후, 등식 $y=x^2$을 만족하는 점 **(x, y)의 집합**을 말합니다. 즉, 집합 기호로는

$$\{(x, y) \in \mathbb{R}^2 \mid y = x^2\}$$

로 나타낼 수 있습니다. 이것을 평면상에 곡선으로 나타내고 이것을 **포물선**이라고 부릅니다. 함수뿐만 아니라 $x^2 + y^2 = 1$과 같은 등식도 그래프로 나타낼 수 있지요.

포물선이나 원은 원뿔을 평면으로 잘랐을 때 (단면에) 생기는 곡선으로, 고대 그리스부터 많이 연구되어 온 유명한 곡선입니다. 그런데 2천 년이 넘는 세월 동안 이러한 곡선들을 문자로 이루어진 수식으로 나타낼 수 있다는 것을 (좌표평면이 등장하기 전까지) 그 어떤 천재적인 수학자도 상상하지 못했습니다.

독자들도 경험을 통해 잘 알듯이 그래프는 수학에서 핵심적 개념입니다. 저는 미국에서 수학이 부진한 대학교 신입생들을 가르칠 때 그래프가 학생들의 수학공부에서 얼마나 큰 비중을 차지하는지 깊이 깨닫게 되었습니다. 당시 제가 가르친 과목은 최신형 TI 그래픽계산기를 가지고 진행하는 형식이었는데, 학생들은 수학적 내용은 잘 이해하지 못하더라도 계산기가 그려 주는 그래프를 분석하여 필요한 답을 구하는 법을 터득해 나갔습니다. 저는 의외로 많은 수학문제가, 올바른 그래프가 주어지면 풀기 쉬워진다는 것을 실감하였습니다. 그런 과목은 개념 이해와 논리적 사고력 제고라는 수학교육의 본질적 목표와는 잘 맞지 않고, 어떻게 하든 답만 구하자고 하는 것으로 수학교육의 올바른 방향이 아니라고 할 수 있지만 수학이 크게 부진한 학생들에게는 답을 구할 수 있다는 최소한의 자신감을 주고, 수학에 대한 두려움을 덜어 주는 효과가 있다는 점은 인정해야 했습니다.

대수와 기하의 놀라운 만남

우리는 함수와 그래프의 관계를 통해 대수와 기하의 만남을 경험합니다. 대수는 수식 조작을 핵심으로 하는 과목입니다. 대수代數라는 한자어는 '수를 대신한다'는 의미로, 숫자를 문자로 바꾸어 계산하는 것을 상징하는 말입니다. 영어에서 대수학을 뜻하는 **algebra**는 아라비아의 위대한 수학자 알콰리즈미al-Khwarizmi, 780?-850?*가 쓴 책의 제목에 나오는 단어 'al-Jabr'로부터 기원한 말입니다. 고전적인 대수학은 인도와 아라비아에서 발전하였고 그것이 13-15세기에 이탈리아를 통해 유럽에 전파됩니다. 당시의 대수학에서는 문자계산의 개념이 거의 없었습니다. 16세기 이탈리아에서는 3차방정식의 해법(근의 공식)을 구하기 위해 당대 최고의 수학자들이 서로 경쟁했는데 결국 타르탈리아, 카르다노, 페라리 등에 의해 3차, 4차방정식의 일반해가 구해집니다. 하지만 그들은 요즘에 우리가 쓰고 있는 $x^3+ax^2+bx+c=0$과 같은 기호의 사용법을 알지 못했습니다.

* 그(또는 그의 아버지)는 현재 우즈베키스탄 지역의 콰레즘 출신의 페르시아인입니다. 그의 이름은 이 지역 이름을 딴 것이지요. 그는 대수학의 아버지로 불리기도 하고, 그의 이름은 '알고리듬'이라는 말의 어원이기도 합니다.

(그러니 그들이 겪었을 어려움이 매우 컸을 것이라는 것을 쉽게 상상할 수 있습니다.)

비에트와 데카르트 등에 의해 문자 계산이 발전하면서 3, 4차방정식의 일반적인 해법을 표현하는 것이 훨씬 용이해졌습니다. 그 후 얼마 지나지 않아서 데카르트가 역사적인 그의 책 《방법서설》* 를 통하여 식을 이용한 기하를 소개하는데 이것은 좌표평면의 발견과 더불어 문자 계산법이 발전함에 따라 출현하게 된 것으로 볼 수 있습니다. 그가 찾은 새로운 방법론을 현대에는 **해석기하**analytic geometry라고 부릅니다.**

고대 그리스부터 유럽에서는 평면기하의 문제를 논증을 통해 푸는 것을 중시해 왔는데 평면기하 문제를 풀 때 논증 대신에 각 점의 좌표를 잘 설정하고 계산을 통하여 문제를 푸는 경우도 많습니다. 그러한 풀이도 해석기하를 이용한 풀이라고 합니다.

우리는 물건을 던지면 그것의 궤적이 포물선을 이룬다는 것을 물리 시간에 배웁니다. 이것을 처음으로 증명한 것은 갈릴레오Galileo Galilei, 1564-1642 입니다. 지금은 그것을 중력가속도를 이용한 간단한 계산을 통해 증명할 수 있지만 그가 활동하던 시기는 데카르트의

* 실은 이 책에 '직교좌표'에 대한 구체적 언급은 없습니다. 그는 프랑스어로 쓴 이 책에서 자세한 설명과 증명은 가급적 생략해 가며 수식을 이용한 기하에 대해 기술하였는데 후에 다른 수학자들이 이것을 좌표평면과 그래프라는 개념으로 정리했지요.

** 대수와 기하를 잇는다는 의미에서 대수기하(algebraic geometry)라고 부르는 것이 더 어울릴 테지만 대수기하는 이미 현대 수학의 다른 한 분야를 부르는 이름입니다.

해석기하와 뉴턴의 만유인력 및 힘과 가속도($F=ma$) 법칙을 모르던 때입니다. 그는 수많은 실험을 통해서 물체가 힘을 받지 않고 운동할 때 수직방향으로는 속도가 시간에 비례하고 수평방향으로는 속도가 일정함을 알게 되었다고 전해집니다. 좌표와 그래프라는 개념도 없고 벡터라는 개념도 없을 때인데도 갈릴레오는 수평방향과 수직방향으로 나누어 물체의 운동을 관찰하였으니 그는 대단한 천재입니다.

해석기하는 17세기 말에 뉴턴과 라이프니츠Leibniz, 1646-1716에 의해 이루어진 미분, 적분의 발견에 직접적인 영향을 미칩니다. 미적분학은 18세기 초에 급격한 발전을 이루게 되고 그에 따라 결국 18세기 후반에는 현대적인 모습을 갖추게 됩니다. 이 모든 것이 해석기하의 탄생 없이는 이루어질 수 없는 것입니다. 미분적분학으로부터 파생된 현대적 수학 분야를 해석학analysis이라고 합니다. 해석학은 현대의 순수수학에서 가장 큰 분야를 형성하고 있습니다.

극좌표, 알고 쓰면 수학이 편해진다

좌표평면의 임의의 점을 x좌표와 y좌표로 나타내는 직교좌표Cartesian coordinates만이 아니라 **극좌표**polar coordinates로 나타낼 수도 있습니다. 극좌표는 평면상의 점 P를 원점 O로부터의 거리 r과 반직선 OP가 x축의 양의 방향과 이루는 각 θ로 나타내는 방식입니다.

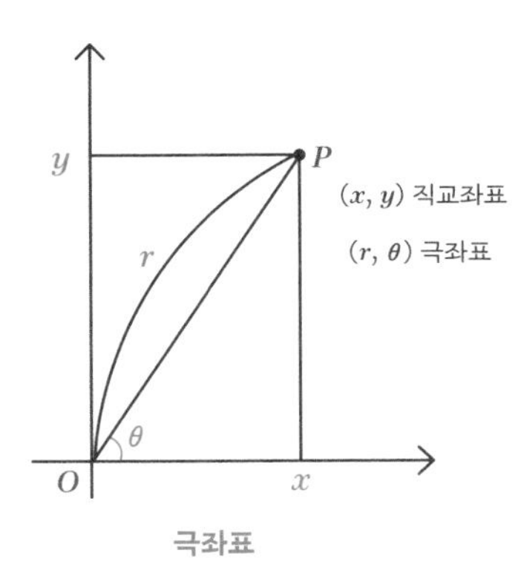

극좌표

그림에서 알 수 있듯이 극좌표와 직교좌표는 다음과 같은 관계를 갖습니다.

평면상의 점 P를 직교좌표 (x, y)로 나타낼 때와 극좌표 (r, θ) 로 나타낼 때에 성립하는 관계식은 다음과 같다.

$$r = \sqrt{x^2+y^2}$$

$$x = r\cos\theta, \ y = r\sin\theta$$

극좌표는 경우에 따라서 직교좌표보다 더 편리할 때가 많습니다. 특히 미분과 적분에서 도형과 영역을 나타낼 때 유용하게 쓰이는 경우가 많습니다. 우리는 상황에 따라 이 두 가지 좌표계 중 하나를 선택해서 쓰면 됩니다. 예를 들어, 원점을 중심으로 하고 반지름이 a인 원을 식으로 나타낼 때 직교좌표에서는 $x^2+y^2=a^2$이라는 식으로 나타내지만 극좌표에서는 $r=a$라는 좀 더 간단한 식으로 나타낼

수 있습니다. 원의 넓이를 적분을 통해 구할 경우에도 극좌표를 쓰면 치환적분을 써야 하는 직교좌표보다 좀 더 간단히 구할 수 있습니다.

극좌표는 좌표평면 대신 복소평면을 나타낼 때도 아주 편리합니다. 복소평면이란 복소수 $x+yi$들의 집합 $\mathbb{C}$를 말하는 것으로

$$\mathbb{C}=\{x+yi \mid x, y \in \mathbb{R}\}$$

로 나타냅니다.

우리는 복소수를 보통 기호 $z=x+yi$로 나타내지만 이것 대신 관계식 $r=\sqrt{x^2+y^2}$와 $x=r\cos\theta$, $y=r\sin\theta$를 이용하여

$$z=r(\cos\theta+i\sin\theta)$$

로 나타낼 수도 있습니다. 복소수를 극좌표로 나타내면 복소수의 여러 가지 성질을 이해하는 데 도움이 됩니다. 복소수의 경우에는 원점에서부터 z 까지의 거리를 기호 $|z|$로 나타냅니다.

18

함수는 input, output으로 이해하면 되는 것 아닌가요?

함수를 input, output의 개념으로 이해하면 된다고 하는 사람들이 많습니다. 인터넷상에서는 그렇게 가르치는 유튜브 강의나 블로그를 쉽게 찾아볼 수 있고 그렇게 설명해 놓은 책도 많습니다. 어차피 함수函數의 함函 자가 상자를 의미하는 한자어이기도 하고 함수란 상자에 어떤 물건을 넣으면 자동적으로 어떤 변형된 물건이 튀어나오는 것과 같은 개념이라고 설명합니다. 함수를 어떤 물건을 뽑아내는 자동기계와 같은 것으로 이해하면 된다고도 합니다.

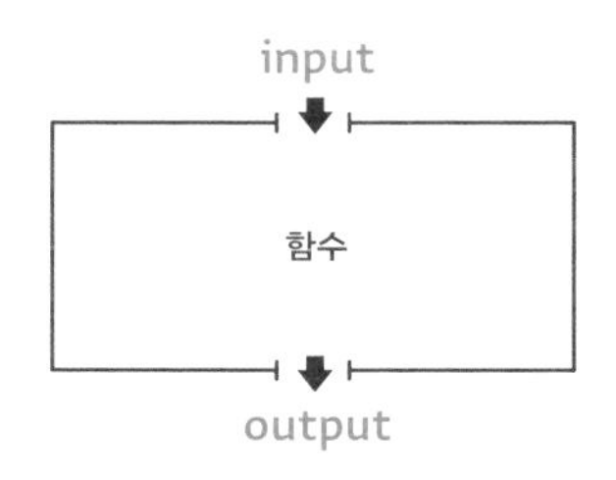

input, output 개념으로 이해하는 함수

하지만 저는 함수를 input, output의 개념으로 이해하라는 설명이 그리 마음에 들지 않습니다. 그 첫 번째 이유는, 함수란 정의역에 있는 원소에 대하여 어떤 새로운 원소를 어떤 규칙에 따라 '대응'시키는 것이지 뭔가를 뽑아내는 것이 아니기 때문입니다. 게다가 자동으로 뽑아낸다니요. 오히려 설혹 뭔가를 뽑아내는 기계를 상상하더라도 기계의 작동 원리에 더 신경을 써야 할 텐데요. 더구나 역함수와 같은 것을 다루기 위해서는 뭔가를 뽑아낸다는 개념보다는 대응시킨다는 개념이 더 어울린다고 생각합니다.

첫 번째 이유보다 더 중요한 것은 두 번째 이유인데 그것은 함수를 다룰 때에는 그 함수의 정의역, 공역, 치역을 살펴보는 것이라든가 그 함수가 일대일(단사)함수인지 전사함수인지를 따져 보는 게 매우 중요하므로 함수를 두 집합의 원소를 대응시키는 법칙이라는 형식적인 정의에 충실할 필요가 있습니다. 어차피 초등학교 때부터 학생들은 함수라는 개념을 대응을 통해 배웁니다. 초등학교 때는 함수라는 용어는 쓰지 않지만 **규칙과 대응**이라는 이름으로 함수의 개념에 대해 배웁니다.

이제 함수의 정확한 정의와 그것들의 기본적인 성질, 의미 등에 대해 복습해 볼까요? 함수는 원래 임의의 집합에서 정의할 수 있지만 학교에서 배우는 함수는 대개 실수의 집합에서 정의된 것입니다. 함수의 일반적인 정의와 개념은 (학교에서 배우는 함수보다) 좀 더 추상적이지만 그것들이 오히려 더 간결하고 정확하여 이해하기가 더 쉬울 수도 있습니다. 먼저 일반적인 함수의 정의는 다음과 같습니다.

정의(함수) 집합 X로부터 집합 Y로의 **함수**function란 X의 각 원소에 대해 Y의 원소 하나씩을 대응시키는 규칙이다. 이것을 기호 $f: X \to Y$로 나타낸다.

함수 $f: X \to Y$에 대하여 집합 X를 **정의역**domain, 집합 Y를 **공역**codomain이라 합니다. 그리고 함숫값들의 집합 $f(X) := \{f(x) \mid x \in X\}$를 **치역**range이라고 합니다. 이때 치역 $f(X)$를 집합

$$\{y \in Y \mid y = f(x_0)\text{인 } x_0 \in X\text{가 존재한다}\}$$

로 표현할 수도 있습니다.

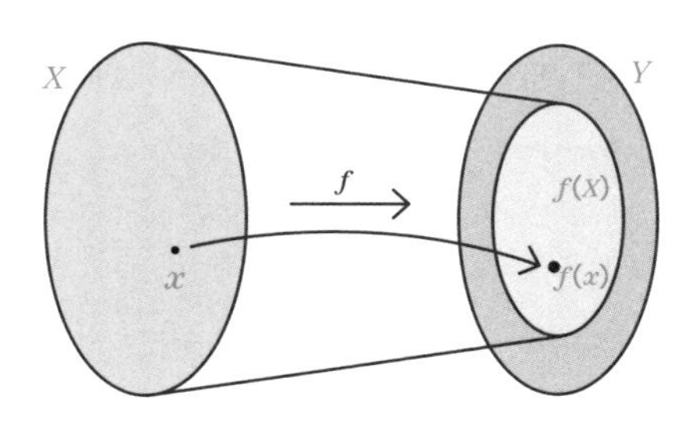

함수 $f: X \to Y$

함수의 정의인 'X의 각 원소에 대해 Y의 원소 하나씩을 대응시키는 규칙'이라는 말이 쉬운 우리말인데도 추상적인 말이라 금세 이

해가 안 될 수 있습니다. 함수의 정의에 나오는 '대응'이라는 개념을 '결혼'이라는 개념으로 비유해 보겠습니다.

X를 어느 마을의 **남자**들의 집합이라고 하고, Y를 이웃 마을의 **여자**들의 집합이라고 하고, 함수 $f:X \to Y$를 두 집합 사이의 '결혼 규칙'이라고 가정해 봅시다. 이때 이 (함수라는) 결혼의 규칙은 다음과 같은 두 가지입니다.

- X에 속한 남자들은 누구나 다 Y에 속한 여자들과 결혼한다.
- X에 속한 남자는 (Y에 속한) 단 한 명의 여자와만 결혼한다.

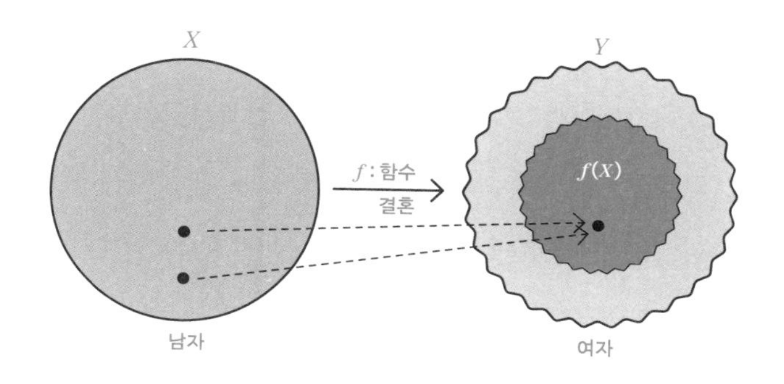

결혼이라는 함수

이 결혼 규칙(함수)에 따르면, 서로 다른 두 남자가 한 여자와 결혼할 수도 있습니다(일처다부제 용인). 극단적으로는 모든 남자가 한 여자와 결혼할 수도 있습니다. 이런 극단적인 함수를 상수함수 constant function 라고 부릅니다. 또한 함수의 정의에 따르면 X 마을의 남자는 누구나 결혼을 해야 하지만 Y 마을의 여자 중에는 결혼하지 않는 사람이 있을 수도 있습니다.

현대 사회의 규칙대로 일부일처제의 규칙을 따른다면 그런 결혼 규칙의 함수를 일대일함수 또는 단사함수라고 합니다. 이것을 논리적으로 정의하면 다음과 같습니다.

정의(일대일함수 또는 단사함수) 함수 $f : X \to Y$가 다음 규칙을 가지면 이것을 일대일함수 또는 **단사함수**라고 한다.

(규칙) $f(x_1)=f(x_2)$이면 $x_1=x_2$이다.

현재 고등학교 교과서에서는 예전에 오랫동안 써 왔던 단사함수라는 말을 없애고 대신 '일대일함수'라는 말을 씁니다. 그 이유는 교과내용을 (줄이라는 교육부의 요구에 따라) 줄이는 과정에서 **'전사함수' 라는 개념을 없앴기 때문에** 단사함수라는 어려운(?) 말 대신에 일대일함수라는 말을 채택한 것입니다. 하지만 전사함수라는 개념은 매우 중요해서 이 책에서 언급할 예정이므로 전사함수, 단사함수라는 용어를 쓰고자 합니다. **전사함수**란 공역과 치역이 일치하는 함수입니다. 단사함수이자 전사함수인 함수를 **전단사함수**(또는 일대일대응)라고 합니다.

함수와 변수에 대하여

학교 수학에서는 함수를 두 변수 사이의 대응관계로 이해하기도 합니다. 그래서 “두 변수 x, y에 대하여 x가 정해지면 그에 따라 y가 정해질 때 y를 x의 함수라 하고 $y=f(x)$로 나타낸다”라고 정의합니다.

중고등학교 과정에서 함수는 주로 실수의 집합 $\mathbb{R}$ 또는 그것의 부분집합에서 정의되고 함수의 공역도 $\mathbb{R}$인 경우만 주로 다룹니다. 이런 경우에는 실수 x에 대하여 그것의 함숫값 $f(x)$도 실수 y로 놓을 수 있지요. 이런 경우 우리는 함수를 단순히

$$y=f(x)$$

로 나타내지만 정의역 $D\subset\mathbb{R}$에서 정의된 함수 f는 엄밀하게 다음과 같은 기호로 나타내면 좋습니다.

$$f : D \rightarrow \mathbb{R}$$
$$x \mapsto f(x)$$

이 표현법은 좀 번거로운 면이 있어서 중고등학교 과정에서는 잘 쓰지 않지만 대학교 이상의 고등수학에서는 매우 유용하고 표준적인 표현법입니다. 예를 들어 우리는 $f(x)=\frac{1}{x}$과 같은 함수를 간단한

등식으로 나타내지만 이 등식이 내포하고 있는 엄밀한 의미는 함수 f가

$$f:\mathbb{R}-\{0\}\to\mathbb{R}$$
$$x\mapsto\frac{1}{x}$$

라는 뜻입니다. 이 함수의 경우 정의역은 $\mathbb{R}-\{0\}$이고 공역은 $\mathbb{R}$이며 치역은 $\mathbb{R}-\{0\}$이 됩니다.

정의역, 공역, 치역의 개념은 매우 중요합니다. 예를 들어 역함수를 다루어야 할 때 이것들을 꼭 따져 주어야 합니다. 함수 f가 역함수를 가질 필요충분조건은 f가 전단사함수(일대일대응)인 것입니다. (이것은 뒤에서 자세히 설명할 것입니다.) 그래서 어떤 함수의 역함수를 고려해야 할 필요가 있을 때에는 그 함수가 전단사함수가 되도록 함수의 정의역이나 공역을 제한할(줄일) 필요가 있습니다. 예를 들어, 함수 $f:\mathbb{R}\to\mathbb{R}$, $f(x)=e^x$는 전사함수가 아니어서 역함수를 갖지 않지만 공역을 축소한 함수 $f:\mathbb{R}\to(0,\infty)$, $f(x)=e^x$는 전단사함수이므로 역함수를 가집니다. 이 역함수가 바로 **자연로그함수** $h:(0,\infty)\to\mathbb{R}$, $h(x)=\ln x$입니다.

2개의 함수 $f:X\to Y$와 $g:Y'\to Z$에 대한 **합성함수** $g\cdot f:X\to Z$를 정의할 때도 함수 f의 공역 Y와 함수 g의 정의역 Y'이 서로 일치하도록 조정하거나 Y가 Y'의 부분집합이 되는지 확인해야 합니다.

한 가지 짚고 넘어갈 게 있습니다. 교과서나 수능에서 함수를 나타낼 때 간단히 기호 $f(x)$를 씁니다. 우리는

"~인 성질을 만족하는 함수 $f(x)$를 구하시오"

와 같은 문장을 흔히 봅니다. 그런데 $f(x)$는 함수 f의 함숫값을 나타내는 기호이지 (수를 대응시키는 법칙인) 함수를 나타내는 기호는 아니므로 '함수 $f(x)$' 대신 그냥 **'함수 f'**라고 하는 것이 더 정확한 표현법입니다. 유럽의 대다수 나라의 중고등학교에서 그렇게 쓰고 있고 그래서 국제수학올림피아드에서도 그렇게 씁니다.

'함수 $f(x)$' 대신 '함수 f'라고 하는 것이
더 정확한 표현법이다!

함수는 영어로 function이라고 하고 함수라는 용어는 중국의 리산란이 영국의 와일리와 함께 쓴 《대수학》(1859년)이라는 서양서 번역본에 처음 등장합니다. 이것은 영어 단어의 발음을 따서 만든 용어로 알려져 있습니다. 제가 많은 중국 수학자들에게 물어보았는데 모두 그렇다고 대답했습니다. 그러나 함수의 현대 중국 표준어 발음인 "한슈"와 영어 function의 발음이 너무 다르게 느껴지다 보니 그것은 음차한 것이 아니라고 주장하는 한국인, 일본인들이 꽤 많이

있습니다.[*] 그들은 케이스 또는 편지를 의미하는 함函이 function의 의미를 나타내기 위해 선택된 한자라고 해석하고 있습니다. 하지만 170년 전 중국 저장 지역의 발음이 지금의 북경어 발음과 같을 리가 없고 중국에서는 외래어를 음차하는 경우에 의미도 어느 정도 통하는 한자를 선택하는 경우가 많습니다.

* https://blog.naver.com/PostView.naver?blogId=xiaosa94&logNo=223061356583 또는 일본 블로그 http://kirara0048.blogspot.com/2018/09/blog-post_8.html에서 더 자세한 내용을 참고해 보세요.

19

함수와 그래프를 왜 구별해야 하나요?

함수와 그래프를 잘 구별하지 못하는 학생들이 간혹 있습니다. 대입 논술시험에서 학생들의 답안을 채점하다 보면 학생들이 함수와 그래프를 같은 것으로 여기고 풀이를 쓰는 것을 볼 수 있습니다. 심지어는 선생님들도 그런 경우가 있다 보니 가끔 오류가 발생합니다. 예를 들어 등식 $x^2+y^2=4$의 그래프인 원이나 등식 $x=y^2+1$의 그래프인 포물선 같은 곡선이 함수인지 아닌지 따지라

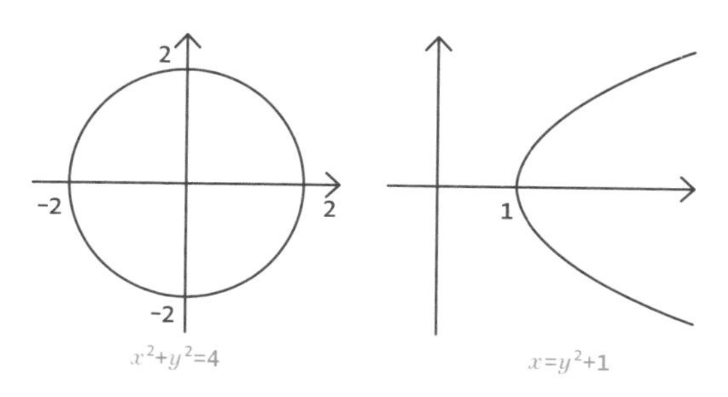

곡선 $x^2+y^2=4$와 $x=y^2+1$

는 이상한 문제가 등장하곤 합니다.

이런 곡선들은 함수가 아닌 예로 흔히 등장합니다. 한 수직선(y축과 평행한 직선)이 곡선과 만나는 점이 2개 이상이면 함수가 아니라고 가르칩니다. 두 번째 곡선 $x=y^2+1$의 경우에 그것이 함수의 그래프가 될 수 없다고 하는 이유는 예컨대 $x=2$에 대하여 y 값은 -1과 1, 2개가 대응되기 때문입니다. 하지만 좀 더 시야를 넓혀서 다르게 생각해 보면 그것이 $y=f(x)$ 형태의 함수, 즉 y를 함숫값으로 나타내는 함수의 그래프는 될 수는 없지만 x와 y의 역할(위치)을 바꾸면 함수의 그래프가 될 수 있습니다. 말하자면 함수 $g(y)=y^2+1$에 대하여 두 번째 곡선은 $x=g(y)$의 그래프가 될 수 있습니다.

함수는 함수이고 그래프는 그래프입니다. 함수는 정의역의 각 원소(실수) x에 대해 함숫값 $f(x)$를 대응시키는 **법칙**이고, 그래프는 주어진 함수나 등식에 의해 결정되는 좌표평면 $\mathbb{R}^2$의 **부분집합**입니다. 즉, 함수 $f:\mathbb{R}\to\mathbb{R}$의 그래프란 집합

$$\{(x, f(x)) \mid x \in \mathbb{R}\} \text{ 또는 } \{(x, y) \in \mathbb{R}^2 \mid y=f(x)\}$$

를 말합니다.

즉, 함수는 대수의 영역이고 그래프는 기하의 영역입니다. 함수에 대한 대수적인 문제를 풀 때 그래프라는 곡선(또는 직선)에 대한 관찰을 통하여 푸는 것일 뿐입니다.

함수나 부등식 등에 대한 문제를 풀 때 그것에 해당되는 그래프를 그린 후, 그것을 분석하는 것이 필요한 경우가 많다 보니 그래프의 중요성을 강조하고자 함수와 그래프를 동일시하는 경우가 많은 것 같습니다. 심지어는 엉터리 설명을 유튜브 강의에서 들어 본 적도 있습니다. 그래프는 그래프, 함수는 함수라고 잘못 알고 있는 학생이 많은데 방정식과 그래프는 모두 함수로 해석하여 푸는 것이 필수라고 말하더군요.

우리가 함수와 그래프를 구별해야 하는 예를 들자면, 두 함수

- $f : \mathbb{R} \to \mathbb{R}, f(x) = \sin x$
- $g : \mathbb{R} \to [-1, 1], g(x) = \sin x$

는 공역이 다른 함수이므로 다른 함수입니다. 특히 함수 g는 전사함수이지만 함수 f는 전사함수가 아닙니다. 그러나 이 두 함수의 그래프는 동일합니다.

모든 함수가 그것의 그래프를 통해 그것의 성질을 파악할 수 있는 것도 아닙니다. 예를 들어 $f(x) = e^{\sin x} \cdot \cos x$와 같이 복잡한 함수의 경우에는 그래프 자체를 다루는 것이 매우 어렵습니다.

끝으로 함수에 대한 용어 사용법에 대해 한 가지 더 언급하자면 "함수 $y = 2x^2 - 1$의 그래프를 그리시오"라는 표현도 적절하지 않습니다. $y = 2x^2 - 1$은 두 변수 x와 y 사이의 관계를 나타내는 등식일

뿐이므로 '함수 $y=2x^2-1$'이라는 표현 대신 '함수 $f(x)=2x^2-1$'이라는 표현을 쓰는 것이 좀 더 정확하다 하겠습니다.

함수와 방정식은 어떻게 다른가

함수란 앞서 말한 대로 두 집합 사이의 원소들을 대응시키는 법칙을 말합니다. 간단히 $y=f(x)$와 같은 등식으로 나타내지만 실은 이 등식은

$$f: X \to Y$$
$$x \mapsto f(x)$$

라는 대응관계를 의미합니다.

방정식이란 잘 알듯이 어떤 미지수의 값을 구하는 데에 등장하는 등식입니다. 미지수의 값에 따라 방정식을 이루는 등식이 참일 수도 있고 거짓일 수도 있습니다. 방정식의 등식을 참으로 만드는 미지수의 값을 '해'라고 합니다. 그러니까 통상적으로 방정식은 해를 구할 때 다루는 등식입니다. 방정식의 방정方程은 고대 중국의 산학서인 《구장산술》의 여덟 번째 장의 제목인 '방정'에서 유래되었습니다.

방정식의 대표적인 예로

$$x^2-x-6=0$$

과 같은 이차방정식을 들 수 있습니다. 이를 이차함수 $f(x)=x^2-x-6$의 근이라고 부르기도 하지요. 일반적으로 'n차방정식'이라고 하면

$$a_nx^n+a_{n-1}x^{n-1}+\cdots+a_0=0\ (a_n\neq0)$$

과 같은 형태의 다항방정식을 말합니다. 물론 $x+\sqrt{x-1}=0$, $e^x=x+2$ 등과 같은 방정식도 있겠습니다.

그런데 제가 여기서 굳이 방정식에 대해 설명하는 이유는 방정식과 등식을 그냥 같은 말로 간주해도 된다는 것을 말하기 위함입니다. 방정식을 영어로는 equation이라 하고 이것은 그냥 등식이라는 말이지요. 즉, 영어에서 방정식과 등식을 구별 없이 equation이라고 해도 수학적으로 혼동이 전혀 없듯이 이 두 단어는 같은 의미의 말로 봐도 됩니다. 방정식이라는 말을 쓸 때는 해를 구하는 것에 집중하지만 실은 모든 등식은 그 등식을 만족하는 **해 또는 해들의 집합**을 의미하기도 합니다.

독자들은 이런 의문을 가질 수 있을 것 같습니다. "$2x-3=x+1$과 같은 방정식은 해 $x=4$를 구할 수가 있지만 $2x-3=y+1$과 같은 방정식은 해를 구할 수는 없지 않나요?"와 같은 의문입니다. 등식 $2x-3=y+1$에는 미지수가 2개 등장하므로 등식이 2개 있어야 해를 구할 수 있는 것이라고 배웠을 것입니다. 그래서

$$2x - 3 = y + 1$$

$$3x + y - 1 = 0$$

과 같이 연립방정식의 형태로 주어져야 $x = 1$, $y = -2$와 같은 해를 구할 수 있는 것이라고 배웠지요. 그러나 $2x - 3 = y + 1$(즉, $y = 2x - 4$)과 같이 미지수가 2개를 가지는 등식의 경우에도 이것을 방정식으로 간주하고 이것의 해를 구할 수 있습니다. 해는 바로 집합

$$\{(x, y) \mid y = 2x - 4\}$$

가 되는 것입니다. 즉, 등식 $2x - 3 = y + 1$의 해는 바로 그것의 **그래프**가 되는 것이지요. 다른 말로는, 그래프는 등식의 해집합이라고 할 수 있습니다. 정리하면 다음과 같습니다.

- 방정식=등식
- 방정식의 해집합=등식의 그래프

보충 설명

수학에서 차원(dimension)은 매우 중요한 개념입니다. 앞서 언급했듯이 평면 $\mathbb{R}^2$은 2차원이고 공간 $\mathbb{R}^3$은 3차원입니다. 물론 직선 $\mathbb{R}$은 1차원이고요. 또한 좌표평면 $\mathbb{R}^2$에서 $y=2x+1$의 그래프와 같은 직선은 1차원 물건(object)입니다. $y=x^2+1$의 그래프와 같은 곡선도 1차원 물건입니다. 공간 $\mathbb{R}^3$ 안에서 보면 직선과 곡선은 1차원 물건이고, 평면과 곡면은 2차원 물건입니다. 그런데 **0차원** 물건도 있습니다. 그것은 바로 점(또는 점들)입니다.

2차원 공간 $\mathbb{R}^2$에서 등식이 하나 주어지면 그것의 해집합(그래프)은 1차원입니다. 등식이 2개가 주어지면 해집합은 0차원이 됩니다. 즉 하나 또는 둘 이상의 점이 해가 되지요. **등식이 하나 주어질 때마다 해집합의 차원은 하나씩 떨어집니다.** 그래서 등식을 제약조건(constraint)이라고 부르기도 합니다.

3차원 공간 $\mathbb{R}^3$에서도 마찬가지입니다. 등식 하나마다 차원이 하나씩 떨어집니다. 예를 들어 일차식 $ax+by+cz=d$의 그래프(해집합)는 평면이고 2차원입니다. 하여간 $f(x, y, z)=0$과 같은 하나의 등식에 대해서는 그것이 그래프가 2차원 물건인 곡면이 됩니다. 그래서 $\mathbb{R}^3$에서 1차원 물건인 직선을 등식으로 나타내려면 등식이 2개가 필요합니다. 그렇기 때문에 고등학교 공간도형에서 배우는 직선의 식은 2개의 평면의 식으로 이루어진 $\frac{x-1}{2}=y+2=\frac{z+3}{4}$와 같은 형태로 주어지는 것입니다. (두 등식 $\frac{x-1}{2}=y+2$와 $y+2=\frac{z+3}{4}$은 모두 $ax+by+cz=d$ 꼴로, 평면의 식입니다.)

20

일대일함수와 전사함수란 무엇인가요?

앞에서 일대일함수(단사함수)와 전사함수의 정의를 언급했지만 이 절에서 좀 더 자세히 알아보도록 하겠습니다. (일대일함수라는 말 대신 단사함수라는 말을 쓰겠습니다.) 먼저 단사함수 $f:X \rightarrow Y$는 "$f(x_1)=f(x_2)$이면 $x_1=x_2$이다"라는 규칙을 가지는 함수입니다. 단사함수가 가지는 이 규칙은 그것의 대우명제 "$x_1 \neq x_2$이면 $f(x_1) \neq f(x_2)$이다"와 같은 말입니다. 현행 고등학교 교과서에서는 후자 쪽 정의를 채택하고 있는데 그것은 후자가 좀 더 직관적이기도 하고 우리말 습관과도 어울린다는 생각 때문일 것입니다. 하지만 전문적인 수학에서는 전자인 "$f(x_1)=f(x_2)$이면 $x_1=x_2$이다"라는 것을 정의로 채택하는 편이 좀 더 많은데 그 이유는 어떤 함수 f가 일대일함수임을 증명하는 문제에서 이 정의에 따라 결론적으로 '$x_1=x_2$'임을 보이는 것이 $f(x_1)$과 $f(x_2)$가 서로 다르다는 것을 보이는 것보다 더 편한 경우가 많기 때문입니다.

단사함수의 경우, 앞에서 살펴본 것과 같이 '결혼 관계'에 비유하여 생각해 보면 단사함수란 일부일처제와 같습니다. 이 제도하에서는 서로 다른 두 남자($x_1 \neq x_2$)에 대하여 그들의 부인도 서로 다릅니다($f(x_1) \neq f(x_2)$).

함수 $f: \mathbb{R} \to \mathbb{R}$의 경우에 그것의 그래프를 통해 단사함수인지 여부를 판정할 수 있습니다. $y = f(x)$의 그래프인 곡선에 대하여 어떤 수평선(x축에 평행한 직선)도 이 곡선과 두 점에서 만나지 않아야 단사함수가 됩니다. 예를 들어 함수 $f(x) = x^2$은 단사함수가 아닙니다.

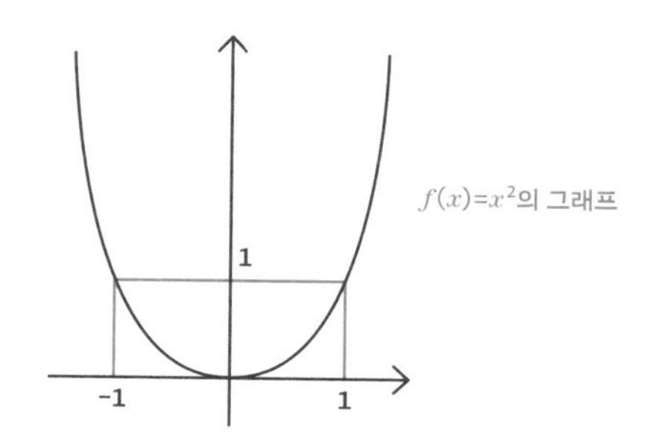

$f(-1)=f(1)=1$이므로 단사함수가 아니다

$f: \mathbb{R} \to \mathbb{R}$, $f(x) = x^2$은 단사함수가 아니지만 이것의 정의역을 $[0, \infty)$로 제한한 함수 $f: [0, \infty) \to \mathbb{R}$, $f(x) = x^2$은 단사함수가 됩니다.

2차 이상의 다항함수 외에도 삼각함수 $f(x) = \sin x$, $f(x) = \cos x$ 등은 단사함수가 아닌 대표적인 예입니다. 하지만 정의역을 일정 구간으로 제한한 두 함수

$f:[-\frac{\pi}{2}, \frac{\pi}{2}] \to \mathbb{R}, f(x)=\sin x$

$f:[0, \pi] \to \mathbb{R}, f(x)=\cos x$

는 모두 단사함수입니다. 좀 더 일반적으로 함수 $f:\mathbb{R} \to \mathbb{R}$에 대하여 (강하게) 증가하거나strictly increasing (강하게) 감소하는strictly decreasing 구간에서는 f가 단사함수입니다.

전사함수는 앞에서 언급했듯이 '공역과 치역이 일치하는 함수'입니다. 즉, 함수 $f:X \to Y$가 전사함수라는 것은 $f(X)=Y$라는 뜻이고 이 말은 Y의 모든 원소가 f의 치역에 속한다는 말입니다. 즉,

"$f:X \to Y$가 전사함수 $\Leftrightarrow$ 모든 $y \in Y$에 대하여,
$f(x)=y$인 $x \in X$가 존재한다"

라는 뜻입니다. 논리적인 문장이 나오니까 집중이 잘 안되지요? 그래도 조금 참고 함수를 앞에서 한 것과 같이 결혼에 비유한 설명을 보기 바랍니다. $f:X \to Y$가 전사함수라는 말은 "Y의 모든 여자가 결혼한다"는 말이고, 이 말은 Y의 모든 여자에 대하여 그 여자의 남편이 되는 남자가 존재한다는 말입니다. 그것을 "모든 $y \in Y$에 대하여, $f(x)=y$인 $x \in X$가 존재한다"는 말로 쓴 것입니다.

유한집합에 대한 단사함수와 전사함수

이제 정의역과 공역이 유한개의 원소를 갖는 집합일 경우에 대해 단사함수, 전사함수를 알아볼까요? 다음은 단사함수와 전사함수의 아주 간단한 예입니다.

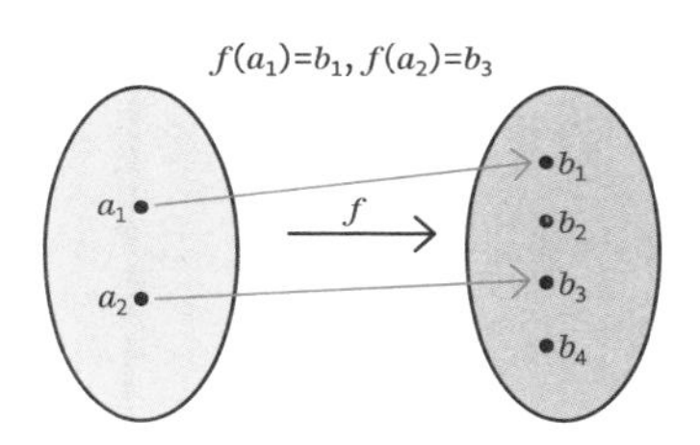

$A=\{a_1, a_2\}$, $B=\{b_1, b_2, b_3, b_4\}$일 때, 단사함수의 예

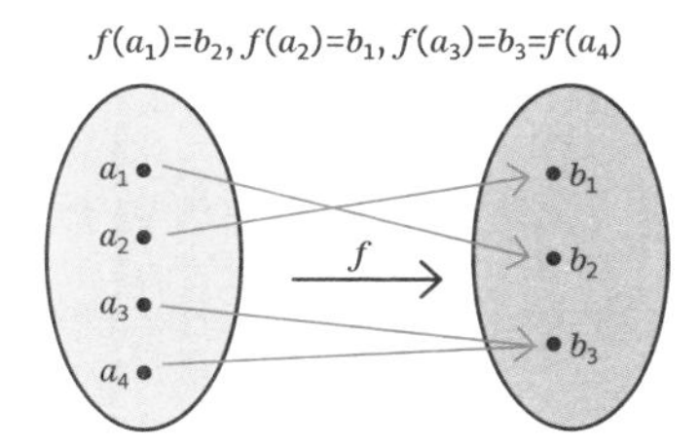

$A=\{a_1, a_2, a_3, a_4\}$, $B=\{b_1, b_2, b_3\}$일 때, 전사함수의 예

이러한 단사함수, 전사함수의 예를 통해 보았듯이, 다음과 같은 사실들은 자명합니다. (집합 A에 대하여 $|A|$는 A의 원소의 개수를 나타냅니다.)

- 단사함수 $f: A \to B$가 존재하면, A의 원소의 개수가 B의 원소의 개수보다 적거나 같다. 즉, $|A| \leq |B|$이다.

- 전사함수 $f: A \to B$가 존재하면, B의 원소의 개수가 A의 원소의 개수보다 적거나 같다. 즉, $|A| \geq |B|$이다.

이 두 가지 사실로부터 다음의 자명한 사실을 얻습니다.

- 전단사함수 $f: A \to B$가 존재하면, A의 원소의 개수와 B의 원소의 개수가 같다. 즉, $|A| = |B|$이다.

이러한 사실들이 중요한 이유는 이것들이 유한집합에 대해서만 성립하는 것이 아니고 무한집합에 대해서도 성립한다는 점입니다. 엄밀하게 말하자면 '성립'한다고 하기보다는 두 무한집합의 원소의 개수를 비교하는 데에 단사함수 또는 전사함수의 존재 여부가 쓰인다고 하는 것이 더 맞겠습니다. 무한집합에 대한 이야기는 아주 재미있기는 하지만 추상적이고 논리적인 내용이라 조금 어려워할 독자가 있을지 모르니 그 이야기는 이 책의 뒷부분으로 미루고 그곳에서 좀 더 이어 가겠습니다.

이제 두 유한집합 사이의 함수들의 개수를 살펴볼까요? $|A| = m$, $|B| = n$인 집합 $A = \{a_1, a_2, \cdots, a_m\}$, $B = \{b_1, b_2, \cdots, b_n\}$에 대하여 A에서 B로 가는 함수들의 개수가 n^m임은 쉽게 알 수 있습니다. 즉,

$$|\{f:A \to B\}| = n^m$$

입니다. 그 이유는 A의 각 원소 a_i에 대하여 $f(a_i)$가 될 수 있는 B의 원소가 n개 있어서 모든 경우의 수가 $n \times n \times \cdots \times n = n^m$이 되기 때문입니다. 그래서 우리는 A에서 B로 가는 함수들의 집합 $\{f:A \to B\}$를 기호 B^A로 나타냅니다. 수학자들이 이런 기호를 채택한 이유는 방금 봤듯이 $|\{f:A \to B\}| = |B|^{|A|}$이기 때문입니다.

그러면 $|A| = m$, $|B| = n$, $m \le n$인 경우에 A에서 B로 가는 단사함수의 개수는 몇 개일까요? 그것은 B의 n개의 원소 $b_1, b_2, \cdots, b_n$ 중에서 단사함수 $f:A \to B$의 치역에 속하는 m개의 원소를 먼저 선택한 후에 그것들을 배열하는 방법의 수와 같아야 하므로 답은 바로 ${}_nP_m = \frac{n!}{(n-m)!}$이 됩니다. 즉,

$$|\{f:A \to B \mid f\text{는 단사}\}| = {}_nP_m$$

입니다. 또한 이것의 특수한 경우로, $|A| = |B| = n$일 때 A에서 B로 가는 전단사함수들의 개수는 $n!$이 되겠습니다.

21

연속함수란 무슨 의미지요?

연속함수에 대해 배웠어도 그것의 정확한 정의를 기억하거나 그것의 중요성을 인식하는 사람은 많지 않은 것 같습니다. 그래도 우리는 아래 정도의 개념은 다 기억할 것입니다.

연속함수란 그래프가 끊기지 않는 함수!

실은 고급적인 수학으로 갈수록 연속이라는 개념은 중요해집니다. 그래서 연속함수의 의미에 대해 좀 자세히 짚고 넘어가 볼까 합니다. 우선 고등학교 교과서에 나오는 함수의 연속에 대한 정의를 그대로 적어 보면 다음과 같습니다.

정의 함수 $f(x)$가 실수 a에 대하여

(i) $x=a$에서 $f(x)$가 정의되어 있고

(ii) $\lim_{x \to a} f(x)$가 존재하며

(iii) $\lim_{x \to a} f(x) = f(a)$

일 때, 함수 $f(x)$는 **$x=a$에서 연속**이라고 한다.

함수 f의 그래프가 $x=a$에서 끊기지 않는다는 것을 이렇게 길게 정의하였는데 좀 복잡해 보이죠? 그래도 매우 중요한 부분이니 잠시 집중해서 읽어 주면 좋겠습니다.

- 이 정의의 (i)항에 따르면 함수는 정의역 밖의 모든 점에서 불연속이다.
- (ii)항에서 $\lim_{x \to a} f(x)$가 존재한다는 뜻은 좌극한과 우극한이 각각 존재하며 그것들이 서로 일치한다는 뜻이다. 다음 그림과 같은 경우를 배제한 것이다.

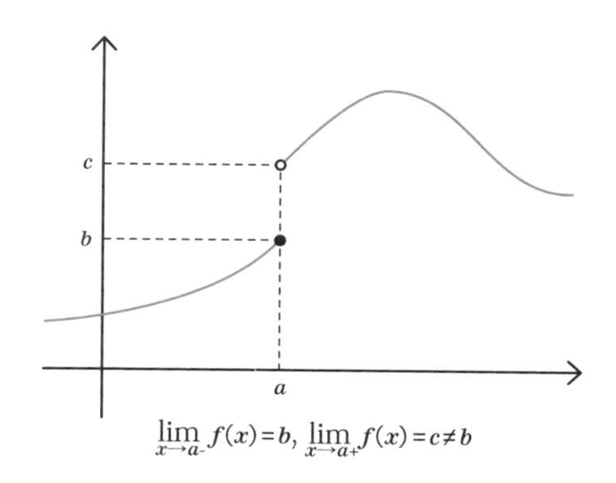

좌극한과 우극한이 존재하지만 서로 일치하지 않는 경우

- (iii)항에서 $\lim_{x \to a} f(x) = f(a)$란 뜻은 다음과 같은 경우를 배제한 것이다.

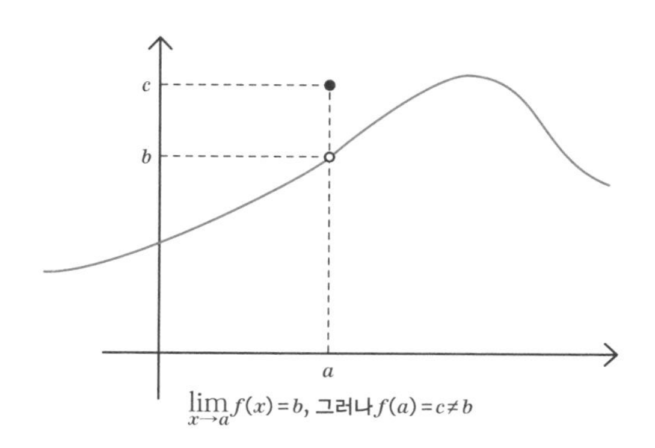

극한 $\lim_{x \to a} f(x)$가 존재하지만 그 극한값이 $f(a)$와 다른 경우

이상 살펴본 함수의 연속에 대한 정의는 "어떤 점 a에서 함수 f가 연속인가"에 대해 이야기하고 있습니다. 우리는 끊기지 않는 그래프를 갖는 함수를 연속함수라고 하지요? 그래서 우리는 모든 점에서 연속인 함수를 그냥 **연속함수**라고 부릅니다.

그런데 앞의 정의에서 ⅰ)항에 조금 문제가 있습니다. 정의역에 있지 않은 모든 점에서 함수가 불연속이라고 말하고 있는데 정의역 밖에 있는 점에 대해서는 굳이 연속이냐 아니냐를 따져 줄 필요가 없습니다. 예를 들어 함수 $f(x) = \sqrt{x}$의 경우, 이 함수의 정의역은 (별도의 언급이 없더라도 당연히) $[0, \infty) = \{x \in \mathbb{R} \mid x \geq 0\}$입니다. (다음 그림 참조.) 그런데 이 함수는 $(-\infty, 0)$에서는 그래프가 존재하지도 않는

데 그래프가 연속인지 아닌지 따지는 것은 의미가 없습니다. 정의역 밖의 점에서까지 함수의 연속성을 따질 필요는 없습니다.

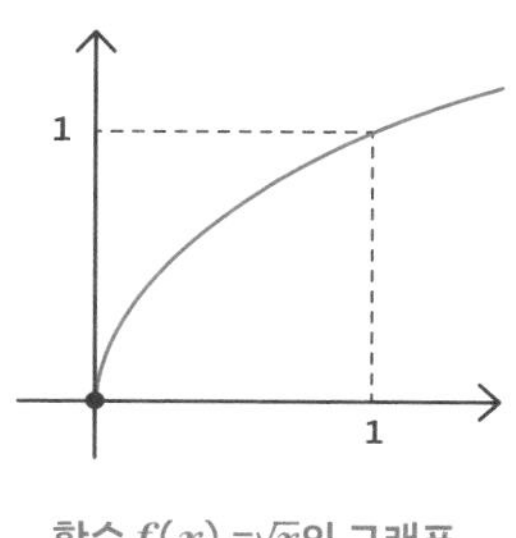

함수 $f(x)=\sqrt{x}$의 그래프

그래서 수학에서는 함수 $f:X\to Y$가 연속함수라는 것은 **정의역 X의 모든 점에서 연속인 것**으로 충분합니다. 그래서 교과서의 연속함수의 정의는 (정의역이라는 용어를 쓰면) 다음과 같이 단순화할 수 있습니다.

정의 $D\subset\mathbb{R}$이고 $a\in D$일 때 함수 $f:D\to\mathbb{R}$가 등식 $\lim_{x\to a}f(x)=f(a)$이 성립하면 f가 $x=a$에서 연속이라고 한다. 그리고 **정의역 D의 모든 점에서 연속일 때**, f를 **연속함수**라고 한다.

정의역에 있는 점에 대해서만 따지는 것이 연속함수의 정의를 명확히 하는 효과가 있습니다.

연속함수인지 아닌지 논란이 되는 함수가 하나 있는데 그것은 바로 함수 $f(x)=\frac{1}{x}$입니다. 이 함수는 방금의 정의에 따르면 연속함수입니다.

함수 $f(x)=\frac{1}{x}$은 연속함수이다. 왜냐하면 이 함수의 정의역은 $\mathbb{R}-\{0\}$인데 정의역의 모든 점에서 연속이기 때문이다.

다음 그래프가 끊어져 보이는 것은 정의역이 끊어져 있는 것이기 때문이지, 함숫값은 모든 점에서 연속적으로 변합니다.

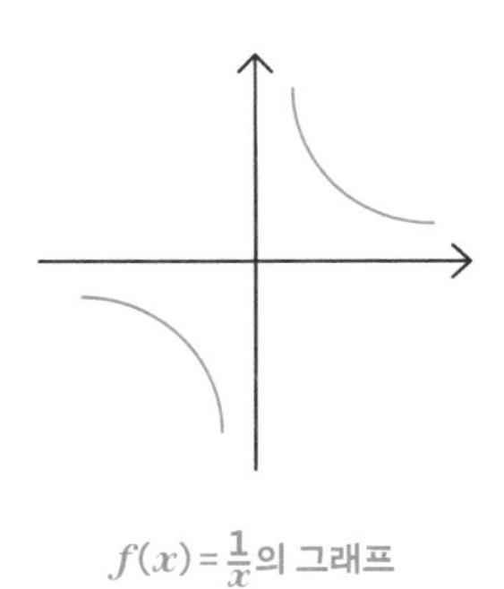

$f(x)=\frac{1}{x}$의 그래프

그래프가 $x=0$에서 끊겨 있지만 수학적으로는 정의역의 모든 점에서 연속이므로 연속함수라고 보는 것이 맞습니다.

연속함수의 의미와 중요성

연속함수라는 개념은 고등수학으로 갈수록 중요해집니다. 제가 전공하고 있는 위상수학에서는 연속함수만 다룹니다. 연속이 아닌 함수는 함수 취급을 하지 않지요. 하지만 해석학에서는 연속이 아닌

함수를 많이 다룹니다. 심지어는 모든 점에서 연속이 아닌 함수를 다루기도 합니다. 하여간 함수의 연속성 여부를 가리는 것은 매우 중요합니다.

고등학교 수학에서는 연속성이 중요한 역할을 하는 예로 중간값 정리를 들 수 있습니다. 어떤 구간에서 정의된 연속함수는 구간의 두 점에서의 함숫값 사이에 있는 값을 함숫값으로 가지는 점이 그 두 점 사이에 반드시 존재한다는 정리입니다. 2015년 개정교육과정부터는 이 정리를 사잇값정리로 부르고 있습니다. 이 정리를 정식으로 쓰면 다음과 같습니다.

사잇값정리 f가 $[a, b]$에서 연속함수일 때 $f(a)$와 $f(b)$ 사이의 임의의 값 k에 대하여 $f(c)=k$인 점 $c \in (a, b)$가 적어도 하나 존재한다.

이 정리가 성립하는 이유는 연속함수는 연결된connected 부분은 연결된 부분으로 보낸다는 성질 때문입니다. 이에 대한 더 자세한 설명을 이어 가고 싶지만 독자들이 지루해할 테니 여기서 멈추겠습니다.

어떤 함수의 근이 존재함을 보일 때 사잇값정리를 가장 흔하게 씁니다. 다음은 사잇값정리의 특수한 형태로서 볼차노정리라고도 합니다.

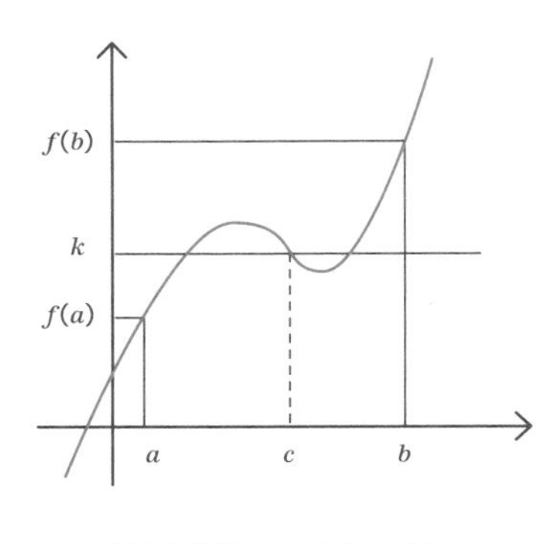

사잇값정리를 나타내는 그림

따름정리(볼차노정리) 함수 f가 $[a, b]$에서 연속함수일 때 $f(a)f(b)<0$이면 $f(c)=0$인 $c\in(a, b)$가 적어도 하나 존재한다.

가까운 점들을 가까운 점들로 보내는 함수

정의역의 모든 점에서 연속이라는 뜻은 이렇습니다. 각 점 $x=a$에서 $\lim_{x\to a}f(x)=f(a)$이 성립한다는 뜻이고 이것은 a 주변에서 함숫값이 연속적으로 변한다는 뜻입니다. 그 함수가 굳이 실수 집합에서 정의된 것이 아니어도 됩니다. 예를 들어 정의역 X가 3차원 공간 내의 어떤 영역이고 공역 Y도 유사한 것이어도 함수 $f:X\to Y$가 **연속**이라는 뜻은 X의 임의의 점 x에 대해서 그 점 주변에서 함숫값이 연속적으로 변한다는 뜻입니다. 그런데 $f(x)$가 실숫값이 아닌데 **연속적으로 변한다**는 말은 무슨 말일까요? X, Y가 n차원 공간 내의 어떤 영역이더라도 상관없이 다음과 같다는 뜻입니다.

함수 $f: X\to Y$가 연속함수라는 뜻은 f가 **서로 가까이 있는 점들을 가까이 있는 점들로 보낸다**는 뜻이다.

고등학교에서 다루는 함수 $f:\mathbb{R}\to\mathbb{R}$의 경우에도 불연속인 점 주변에서는 가까이 있는 점들이 멀리 떨어진 점으로 보내지는 것을 알 수 있습니다.* 대학교 수학에서는 다양한 함수를 다루게 되는데 예를 들어 곡면 S에서 곡면 T로 가는 함수 $f:S\to T$의 경우에도 f가 연속함수라면 f는 서로 가까운 점들을 서로 가까운 점들로 보내는 함수입니다.

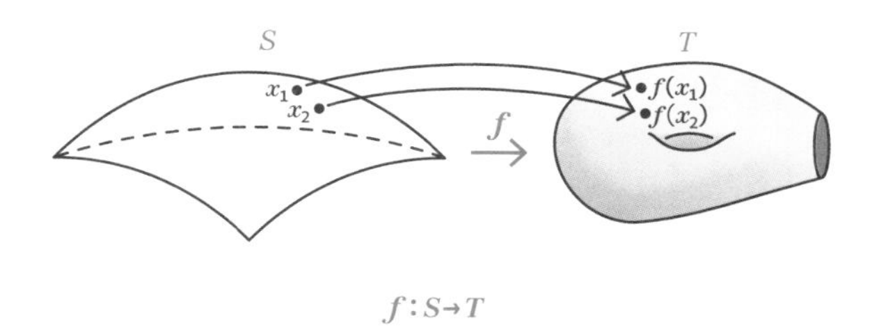

$f:S\to T$

앞서 함수의 의미를 '결혼'에 비유하여 설명했는데, 결혼의 개념으로 보면 연속함수란 '서로 이웃집에 사는 남자들은 이웃집에 사는 여자들과 결혼시킨다'는 규칙을 지키는 함수를 말합니다.

* 예리한 독자들은 앞서 말한 함수 $f(x)=\frac{1}{x}$의 경우, 연속함수인데 왜 서로 가까운 +ε과 -ε의 함숫값이 큰 차이가 나느냐고 물을 수 있습니다. 실은 정의역의 서로 가까운 두 점에 대한 이야기는 하나의 연결된(connected) 부분에 속하는 두 점에 대한 것입니다. +ε과 -ε의 사이가 (0이 정의역에서 빠짐에 따라) 끊어져 있기 때문에 이 두 점에 대한 함숫값은 서로 가깝다 멀다를 따지는 것이 의미가 없습니다.

끝으로 정의역이 $\mathbb{R}$이 아닌 경우에 사잇값정리를 이용하는 재미있는 문제 하나를 소개하겠습니다. (고등학교 과정을 살짝 벗어나지만 중요하면서도 그리 어렵지 않은 예입니다.) 먼저 지구 표면을 구면sphere S^2이라고 하겠습니다. 이때 S^2이란 3차원 단위벡터들의 집합으로 $S^2 = \{(x, y, z) \mid x^2 + y^2 + z^2 = 1\}$입니다. 이때, 함수 $f: S^2 \to \mathbb{R}$를 온도함수라고 정의합시다. 즉 $f(\boldsymbol{x})$는 지구 표면 위의 점 $\boldsymbol{x}$에서의 온도입니다. 그러면 이 함수는 (상식적으로) 연속함수일 것입니다. 이때 다음과 같은 질문의 답은 무엇일까요?

> 지구 표면 위에 그 점과 그 점의 대척점antipodal point에서의
>
> 온도가 동일한 점이 존재하겠는가?

여기서 점 $\boldsymbol{x} \in S^2$의 대척점이란 정 반대편에 있는 점으로 바로 $-\boldsymbol{x}$를 말합니다. 이 질문을 기호를 써서 다시 서술하면, 다음과 같습니다.

> S^2 위에 $f(\boldsymbol{x}_0) = f(-\boldsymbol{x}_0)$인 점 $\boldsymbol{x}_0$가 존재하겠는가?

이 질문의 답은 '존재한다'입니다. 그것은 사잇값정리를 쓰면 쉽게 증명할 수 있습니다.

증명 $h(x)=f(x)-f(-x)$라 하고 함수 h의 근, 즉 $h(x)=0$인 점 x_0가 존재한다는 것을 보이면 된다. (일반성을 잃지 않고) 어떤 점 x에 대해 $h(x)>0$이라고 하자.

그러면 $h(-x)=f(-x)-f(x)=-h(x)$이므로 $h(-x)<0$이 된다. 그러면 사잇값정리(볼차노정리)에 의해 $h(x_0)=0$인 점 x_0가 존재한다.

조금 어려운가요? 반복해서 읽다 보면 자연스럽게 이해되는 순간이 올 겁니다.

4부

극한과 미적분

아름다운
무한의 세계로

22

그래도 0.999…는 1보다 작은 수 아닌가요?

0.999…가 1과 같은 수라는 것은 누구나 어느 정도는 알고 있을 것입니다(맞겠지요?). 하지만 왜 그런지를 설명하라고 하면 잘하지 못합니다. 심지어는 설명을 들어도 납득하기 어렵다는 사람들도 있습니다. 예전에 중고등학교 수학 선생님들의 일정 연수(일급 정교사 연수) 강의 중에 0.999…에 대한 이야기가 나왔는데, 한 선생님이 저에게 "그래도 0.999…는 1보다 작은 수 아닌가요?" 하는 것이 아닙니까? 아마도 그분은 두 수가 같다는 것을 마음속 깊이 수긍하지는 못했거나 학생들에게 쉽게 설명할 방법이 있는지 궁금했던 것 같습니다.

사실 이 두 수가 같다는 것은 논리적인 문제인데, 논리적 사고의 출발은 **머리가 옳다는 것을 가슴으로 받아들이는 태도**로부터 이루어지는 것입니다. 다른 말로는, 논리적 사고는 인정할 것은 인정하는 태도로부터 출발하는 것입니다. 0.999…와 1이 왜 같은 수인가에 대한 설명은 여러 가지가 가능하겠지만 저에게는 다음과 같은 설명이 가장 직관적입니다. 그것은 바로 0.999…가 1보다 더 작은 수라고 하면 모순이기 때문에 두 수가 같다는 설명입니다.

편의상 0.999…를 α라고 합시다. 그러면 α는 1보다 더 작은 수라고 가정하였으므로 충분히 큰 자연수 N에 대하여 어떤 수 $\beta_N = 0.9 + 0.09 + 0.009 + 0.0009 + \cdots + \frac{9}{10^N} = 0.99\cdots9$는 α보다 더 커지게 됩니다. 즉, $\alpha < \beta_N < 1$이 되는데 이는 $\alpha = 0.999\cdots > \beta_N$라는 사실에 모순이 됩니다. 따라서 0.999…와 1은 같은 수입니다.

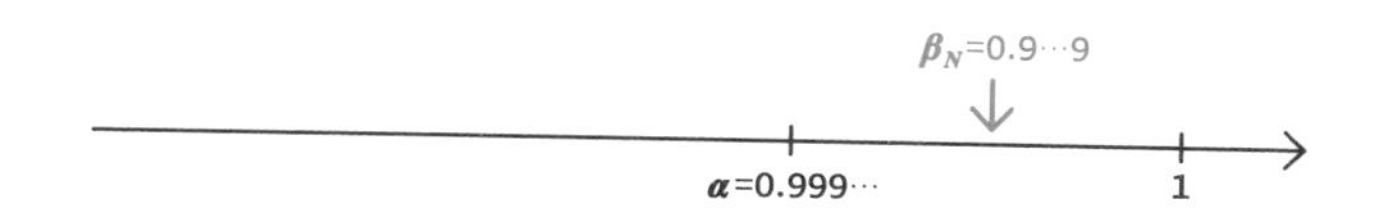

만일 α=0.999…가 1보다 작은 수라면 α보다 크고 1보다 작은 β_N=0.9…9가 존재한다

수열의 극한의 개념으로 이야기하자면 수열

$$S_n = 0.9 + 0.09 + 0.009 + 0.0009 + \cdots + \frac{9}{10^n} = 0.99\cdots9 \text{에 대하여}$$

$$\lim_{n\to\infty} S_n = 1$$

이므로 1보다 작은 어떤 수 α에 대해서도 $\alpha < S_N$ 인 자연수 N이 존재합니다.

귀류법을 이용한 논리적인 설명보다 수식으로 $0.999\cdots=1$임을 보여 주는 것을 더 선호하는 사람들이 많은 것 같습니다. 그래서 흔히 이렇게 설명합니다. 등식 $0.3333\cdots=\frac{1}{3}$이 성립하는 것은 잘 아는 사실입니다. 이제 이 등식의 양변에 3을 곱하면 좌변은 $0.999\cdots$가 되고 우변은 1이라는 등식이 성립한다는 것을 알 수 있습니다.

$0.999\cdots$에 대한 이야기는 고대 그리스(BC 5세기) 때 제기되었던 유명한 제논의 패러독스와 본질적으로 같은 이야기입니다. 궤변론자인 제논이 '어떤 물질이 운동하는 것은 우리의 환상일 뿐 실은 (매 순간) 멈춰 있는 것이다'라고 주장하며 제시한 패러독스인데 이것에 대해서는 세 가지 버전의 이야기가 있습니다. 그것은 달리기 선수가 목표점에 다다를 수 없다는 이야기, 화살을 쏘았을 때 화살이 과녁까지 날아가지 못한다는 이야기, 아킬레스가 거북이를 따라잡을 수 없다는 이야기인데, 여기서는 첫 번째인 달리기 버전으로 그 패러독스를 살펴봅시다.

아킬레스가 결승점까지 달리기를 할 때, 그는 결승점까지의 중간점을 지나야 하고, 그다음에는 또 남은 거리의 중간점을 지나야 하고, 또 그다음에는 나머지의 중간점을 지나야 하는 과정을 계속해서 반복해야 하므로 그는 결국 결승점에 가까워지긴 하지만 결승점에 이르지는 못한다.

이 패러독스는 이 과정을 '무한히' 반복하여야 결승점에 도달할

수 있는데 유한 번의 과정만 살펴보고는 결국 도달할 수 없다는 결론을 지은 것으로, 결국 유한적 사고로 무한적 현상을 설명하려고 한 것으로 인해 생긴 오류입니다. 또한 중간 지점에 이르는 과정을 반복하면서 아킬레스가 모든 과정마다 달리게 되는 거리가 줄어드는 것과 동시에 시간도 줄어든다는 사실을 간과하고 있습니다. 이 무수히 많은 토막 시간들의 총합은 유한한데, 그 유한한 시간이 다 지난 후에는 어떤 일이 벌어지는지 설명하지 못하고 있습니다. 이 이야기는 무한과 극한의 개념이 부족하던 시절에 만들어진 것이기 때문에 그 동시대의 철학자들이 대중에게 쉬운 답을 내놓지 못했던 것 같습니다.

한편, 제논의 패러독스를 수數를 이용하여 표현하면

"$\frac{1}{2}+\frac{1}{4}+\frac{1}{8}+\frac{1}{16}+\cdots$는 1에 가까워지긴 하지만
결국 1보다는 작은 수이다"

와 같은 말이 됩니다. 이 말은 앞서 다루었던 0.999…가 1보다 더 작다는 주장과 같은 말이죠. 참고로, $\frac{1}{2}+\frac{1}{4}+\frac{1}{8}+\frac{1}{16}+\cdots$를 2진법 소수로 나타내면 0.111…이 되고 이것은 1과 같은 수입니다.

실은 굳이 귀류법과 같은 형식적인 논법을 동원하지 않더라도 제논의 패러독스를 깰 수가 있습니다. 아킬레스는 달리면서 (남은 거리의 중간점을 계속 통과한다는 설정하에서도) **결승점 이전의 어떤 점이라도**

그 점을 결국 통과하게 됩니다. **그 이전의 모든 점을 통과한다는 것**은 결국 그가 결승점에 이른다는 것과 같은 말입니다.

23

극한이란 구체적인 수가 아니라 접근하는 상황 아닌가요?

우리는 학교에서 대개 두 가지 형태의 극한에 대하여 배웁니다. 하나는 수열에 대한 극한이고 또 하나는 함수에 대한 극한입니다. 수열의 극한은 $\lim_{n\to\infty} a_n = L$과 같은 형태로서, 앞서 다루었던 $0.999\cdots = 1$이 좋은 예가 됩니다. $0.999\cdots$는 바로 무한등비수열의 합에 대한 것이지요. 다시 정리해 보면 다음과 같습니다.

무한수열 0.9, 0.09, 0.009, ⋯을 일반항을 이용하여 표현해 보면 일반항이 $a_n = 0.9(0.1)^{n-1} = \frac{9}{10}(\frac{1}{10})^{n-1}$인 수열입니다. 즉, 이것은 첫째 항이 $a_1 = \frac{9}{10}$이고 공비가 $\frac{1}{10}$인 무한등비수열입니다. 이 수열의 합이 바로 $0.999\cdots$가 되는 것이고요.

한편, 첫째 항이 a이고 공비가 $r(|r| < 1)$인 무한등비수열의 합은 $\frac{a}{1-r}$입니다. (이것은 공식 $1-r^{n+1} = (1-r)(1+r+\cdots+r^n)$으로부터 쉽게 유도할 수 있습니다.) 이 공식을 $0.999\cdots$에 적용하면

$$0.999\cdots = \lim_{n\to\infty} S_n = \frac{\frac{9}{10}}{1-\frac{1}{10}} = 1$$

이 됩니다.

한편, 함수의 극한이란 앞서 함수의 연속성에서도 다루었습니다만, $\lim_{x\to a} f(x) = L$과 같은 형태를 말합니다. 유명한 극한값 몇 개를 복습해 볼까요?

- $\lim_{x\to 0}\frac{\sin x}{x} = 1$
- $\lim_{x\to 0}\frac{1-\cos x}{x} = 0$
- $\lim_{x\to 0}\frac{e^x-1}{x} = 1$
- $\lim_{x\to \pm\infty}(1+\frac{1}{x})^x = e$

대학교 이상의 고등수학에서는 함수의 극한을 ε-δ정의라 불리는 유명한 (그러나 학생들이 어려움을 많이 느끼는) 정의를 통해 정의합니다. 이 정의는 실은 함수의 극한에 대한 유일한 수학적 정의입니다만(즉, 다른 방법이 없습니다) 다소 어렵기 때문에 여기서는 생략합니다. 하지만 수열의 경우에는 극한에 대한 정의가 함수의 극한보다는 다소 이해하기 쉬우니 여기서 한번 소개해 볼까요? (고등학교 과정을 넘어설 수 있으니 너무 어려우면 이 정의는 그냥 건너뛰어도 좋겠습니다.)

정의 $\lim_{n\to\infty} a_n = L \Leftrightarrow$ 임의의 $\varepsilon > 0$에 대하여 다음을 만족하는 자연수 N이 존재한다: 모든 $n \geq N$에 대하여 $|a_n - L| < \varepsilon$이다.

이 정의가 의미하는 바는 아무리 작은 양수 ε을 잡더라도 수열 a_n의 어떤 꼬리 부분 a_N, $a_{(N+1)}$, …의 모든 항 a_n에 대해 a_n과 L의 차가 ε보다 작다는 뜻입니다.

극한값은 상수이다

극한값을 하나의 숫자로 받아들이는 것을 거북해하는 사람들이 많습니다. 극한값이란 구체적인 하나의 상수가 아니라 수열 또는 함수가 그 수로 접근해 가는 상황을 표현한 것일 뿐이라고 여기는 사람들이 뜻밖에 많습니다. 극한값은 상수라는 사실이 마음에 와닿아야 0.999…가 1과 같은 수라는 것이 완전히 납득될 수 있을 것 같습니다.

수학자들은 논란을 줄이기 위해서 유리수를 소수 형태로 나타내는 것을 꺼려 합니다. 유리수는 소수보다는 **분수 형태로** 나타내는 것이 좋습니다. 소수 표현은 불편하기도 하지만 하나의 유리수를 소수로 나타내는 방법이 **유일하지 않기 때문**입니다. 예를 들어,

$$0.12999\cdots = 0.13$$

이기 때문입니다.

참고로, 모든 실수는 '무한소수'로 나타낼 수 있습니다. 즉, 모든 실수는 무한소수와 대응됩니다. 예를 들어 $\sqrt{2}$는 무리수일지라도 1.414⋯와 대응됩니다. 다만 이 소수의 자릿수가 '무한히' 계속된다는 가정하에서 이 두 수가 같은 것이지요. 중간에 멈춘다면 그 소수는 $\sqrt{2}$와 같을 수가 없습니다.

소수를 반드시 십진법이 아니라 이진법으로 나타낼 수도 있습니다. 예를 들자면 0보다 크고 1보다 작은 모든 실수의 집합, 즉 구간 (0, 1)의 모든 실수는

$$0.10110100110\cdots$$

과 같은 형태의 무한소수와 대응됩니다. 이때도 0.101111⋯과 같은 소수는 0.11과 같은 수입니다.

수열에 대해 좀 더 설명하자면 고급수학에서는 수열sequence이라고 하면 으레 '무한수열'을 의미합니다(조합론, 확률론 등 일부 분야를 제외하고는). 유한개만의 항을 갖는 수열은 잘 다루지 않습니다. 왜냐하면 수열을 다룰 때의 주요 관심은 그것의 **수렴 여부와 극한값**에 있기 때문입니다. (무한)수열을 하나의 기호로 나타낼 때는 보통 기호 $\{a_n\}$ 또는 (a_n)로 나타냅니다.

(무한)수열의 기호는 그렇다 치고 수열은 과연 어떻게 정의하면

좋을까요? 그냥 a_1, a_2, a_3,…라고 나열법으로 쓰면 뭔가 좀 석연치 않은 느낌이 들죠? 그래서 앞서 집합과 함수 부분에서 언급한 대로 수열을 간단히 함수로 정의하면 좋습니다. 즉, 다음과 같아요.

정의 (무한)수열이란 함수 $f : \mathbb{Z}_+ \to \mathbb{R}$ 이다.

여기서 $\mathbb{Z}_+$는 자연수의 집합입니다. 함수 $f : \mathbb{Z}_+ \to \mathbb{R}$은 함숫값 $f(1)$, $f(2)$, $f(3)$,…을 결정하고, 결국 이것들이 모여 수열 하나를 결정하게 되는 것입니다. 이때 이 수열의 각 항은 물론 **실수**이죠.

함수 $f : \mathbb{Z}_+ \to \mathbb{R}$ 와 수열은 같은 것이다.

$$\begin{aligned} f : \mathbb{Z}_+ \to \mathbb{R} &\Leftrightarrow f(1), f(2), f(3), \cdots \\ &\Leftrightarrow f(1) = a_1, f(2) = a_2, f(3) = a_3, \cdots \end{aligned}$$

좀 더 일반적으로, 수열의 각 항이 반드시 실수가 아니라 복소수라든가 벡터라든가 어떤 다른 집합의 원소일 경우도 있습니다. 그런 경우, 임의의 집합 X에 대하여 X의 원소들로 이루어진 수열이란 함수 $f : \mathbb{Z}_+ \to X$를 말합니다. 예를 들어 각 항이 3차원 벡터인 (무한)수열이란 함수 $f : \mathbb{Z}_+ \to \mathbb{R}^3$을 의미합니다.

24

미분과 적분은 왜 쌍으로 다니나요?

우리는 미분을 배우고 난 후 이어서 바로 적분을 배웁니다. 미분과 적분을 거의 같이 배우는 셈입니다. 물론 그 이유는 적분 계산을 할 때 역도함수anti-derivative를 쓰고 그래서 미분법에서 배웠던 미분 공식을 활용해야 하기 때문이지요. 그래서 이 둘을 합쳐서 공부하는 과목을 영어로는 그냥 단순히 'Calculus'라고 부르고 우리말로는 '미적분학'이라고 부릅니다. 우리는 미적분을 공부할 때, 먼저 극한의 개념을 배우고 난 후 미분의 개념과 정의를 배우고, 그 다음에 바로 부정적분과 정적분에 대하여 배웁니다. 이것이 자연스러운 흐름일 테고 세상의 모든 교과서가 이렇게 구성되어 있을 것입니다. 세계적으로 유명한 미적분학 교재인 《Stewart Calculus》나 《Thomas' Calculus》도 이 순서로 되어 있어요.

전 세계적으로 미적분을 공부할 때

극한⇨미분⇨부정적분과 정적분 순서로 개념을 익힌다.

그런데 다른 한편으로 미분과 적분을 생각해 보면, **미분**이란 어떤 함수의 (한 점에서의) 함숫값의 순간변화율이고 그것은 그래프의 **접선의 기울기**로 나타나죠. 그리고 **적분**이란 원래 어떤 영역의 **넓이(또는 부피)**를 계산하는 것인데요, 미분과 적분 사이에는 전혀 연관성이 없어 보이지 않나요? 뭔가 잘게 쪼개서 살펴본 후 그것의 극한을 취한다는 점은 비슷하지만 구하고자 하는 값의 성격이 전혀 달라 보입니다.

역사적으로는 수학자들이 미분보다 적분의 개념을 먼저 생각했습니다. 어떤 대상의 넓이를 구할 때 (곡선의 길이나 물체의 부피도 유사하게) 그 대상을 작은 사각형들로 쪼갠 후에 이것들의 넓이를 더함으로써 구하고자 하는 전체 넓이의 근삿값을 구하는 노력(이것을 구분구적법이라고 합니다)은 고대 그리스의 수학자들부터 시작했습니다. 그 대표적인 수학자가 역사상 3대 수학자 중 한 명으로 꼽히는 아르키메데스Archimedes, BC 287-212 입니다. 그가 구의 부피와 원기둥의 부피를 (아마도 구분구적법을 통해) 정확하게 알고 있었다는 것은 유명한 이야기이죠.

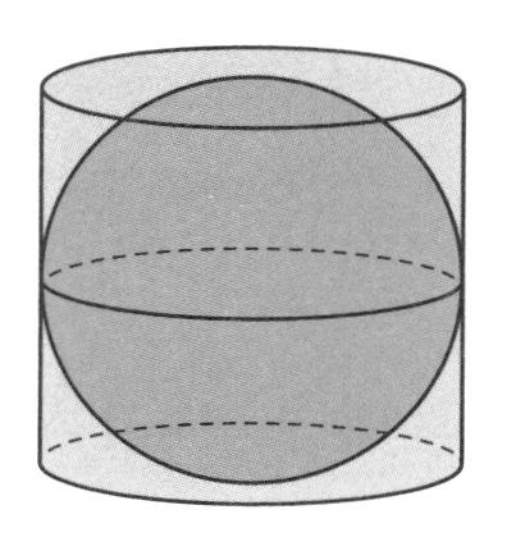

구의 부피는 원기둥의 부피의 $\frac{2}{3}$

아르키메데스의 묘비에 있다는 이 그림이 그의 수학적 업적을 대표합니다. 그는 여러 다른 부피, 넓이, 길이 등도 이와 같은 방법으로 구했을 것입니다. 그는 원주율 π의 값에 대해서도 n각형의 둘레 길이의 계산을 통하여 π의 근삿값을 상당히 정확하게 구했다고 합니다.

수학적인 표현으로 말하자면 미분은 국소적인local 성격의 값이고 적분은 전체적인global 성격의 값입니다. 우리는 그래프의 각 점에서의 미분값(접선의 기울기)을 통하여 그래프의 개형을 알 수 있고, 물리학적으로는 물리량의 각 점에서의 순간변화율을 미분을 통해 알 수 있습니다. 반면에 우리는 적분을 통하여 어떤 물건의 전체 넓이나 전체 부피를 계산합니다. 물리학적으로는 (속도는 매 순간마다의 값이지만) 속도를 적분해서 총 이동 거리를 얻기도 하고, 힘을 경로에 따라 적분해서 (힘이 한) 일의 총량을 얻기도 합니다.

이와 같이 미분과 적분은 성격이 전혀 다른 개념인데 어떻게 서로 연관이 되는 것일까요? (혹시 적분에는 부정적분과 정적분의 두 가지 종류가 있다고 생각하는 독자가 있을까요? 적분이라고 하면 으레 정적분을 의미합니다. 부정적분이란 실은 미분에 대한 이야기입니다.)

미적분의 기본정리

미분과 적분의 개념을 연결해 주는 것이 바로 미적분의 기본정리입니다.

정리(미적분의 기본정리) 정의역 $[a, b]$에서 연속인 함수 f에 대하여 다음 등식이 성립한다.

$$\frac{d}{dx}\int_a^x f(t)\,dt = f(x)$$

이 정리의 의미는 (정적분으로 정의된) 함수 $\int_a^x f(t)dt$가 $f(x)$의 역도함수가 된다는 뜻이지요. 여기서 잠시 복습해 보자면,

- 함수 $g(x)$가 $f(x)$의 도함수 $\Leftrightarrow$ $g(x) = f'(x) = \frac{d}{dx}f(x)$
- 함수 $g(x)$가 $f(x)$의 역도함수 $\Leftrightarrow$ $g'(x) = f(x)$

입니다. 또한, 주어진 함수 f*의 역도함수를 구하는 것을 부정적분이라고 하지요. f의 모든 역도함수들끼리는 '상수'만큼의 차이만 나

* 여기서는 함수를 나타낼 때 $f(x)$와 f를 혼용하겠습니다.

는데요(즉, g가 f의 역도함수라면 f의 모든 역도함수는 $g(x)+C$ 꼴), 그것은 모든 x에 대하여 $f'(x)=0$이라는 것과 f가 상수함수라는 것이 동치이기 때문입니다. 그것이 왜 그런지에 대해서는 다음 단원에서 다시 이야기를 이어 가겠습니다.

미적분의 기본정리는 미분과 적분 사이의 관계를 단 하나의 등식으로 나타내 줍니다. 이 정리는 "함수 $f(x)$의 적분을 미분하면 $f(x)$가 된다"는 것을 의미합니다. 이 정리는 적분과 미분의 의미를 잘 되새겨 본다면 직관적으로도 이것이 성립함을 알 수 있습니다.

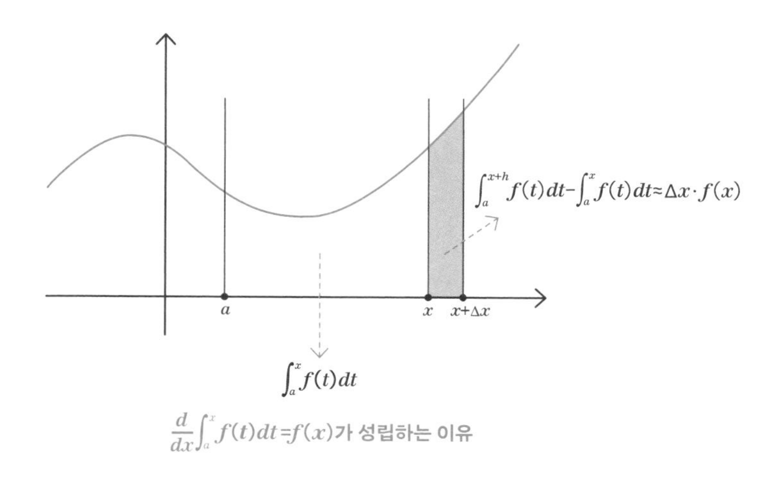

$\frac{d}{dx}\int_a^x f(t)dt = f(x)$가 성립하는 이유

이 그림을 보면 함수 $g(x)=\int_a^x f(t)dt$에 대하여 x에서의 $g(x)$의 순간변화율이 $f(x)$와 같다는 것을 쉽게 알 수 있습니다.

우리는 미적분의 기본정리로부터 정적분 계산에 필요한 필수적인 공식을 얻습니다. 다음은 미적분의 기본정리의 따름정리입니다.

정리(정적분의 계산) 연속인 함수 $f(x)$의 임의의 역도함수 $F(x)$에 대하여 다음 등식이 성립한다.

$$\int_a^b f(x)dx = F(b) - F(a)$$

이 정리가 성립하는 이유는 간단합니다. 미적분의 기본정리에 따르면 함수 $\int_a^x f(t)dt$가 $f(x)$의 역도함수이므로 $F(x) = \int_a^x f(t)dt + C$ 입니다. 따라서

$$F(b) = \int_a^b f(t)dt + C \text{ 이고 } F(a) = \int_a^a f(t)dt + C = C$$

입니다. 그러므로 $F(b) - F(a) = \int_a^b f(x)dx$가 성립합니다.

부정적분의 '부정'은 '꼭 정해져 있지 않은'이란 뜻으로 역도함수가 $F(x) + C$ 꼴로서 상수 C에 따라 함수가 달라짐을 의미하고, 정적분의 '정'은 값이 하나로 정해져 있다는 것을 의미합니다. 앞서 언급했듯이 우리가 보통 '적분'이라고 하면 그것은 어떤 넓이, 부피, 길이 등의 값을 적분값으로 나타내는 정적분을 의미합니다.

방금 언급한 정적분의 계산 정리를 현재 고교 교과과정에서는 **정적분의 정의**로 채택하고 있습니다. 원래 정적분은 주어진 도형의 넓이나 부피를 구하기 위해 도형을 작은 사각형(또는 사각기둥)들로 자른 후에 그것들의 넓이 또는 부피를 합한 것의 극한으로 정의하여야 합니다. 이것을 **구분구적법**이라고 부릅니다. 이것이 정적분의 진

정한 정의이자 국제적으로 표준화된 정의임에도 불구하고 우리 교육과정에서는 수학 교과내용 축소라는 미명하에 정적분을 이상하게 정의한 것입니다. 2022년 개정교육과정에서는 앞선 정적분의 계산 정리를 '부정적분과 정적분의 관계'라는 이름으로만 소개하고 있습니다. 현행 교과서에서 구분구적법을 통한 정적분의 올바른 정의를 없애고 이러한 비정상적인 정의를 채택한 것은 많은 우려를 낳고 있습니다.

미분과 적분의 개념을 마지막으로 한번 정리해 보겠습니다.

미분	적분
어떤 함수의 (한 점에서의) 함숫값의 순간변화율	원래 어떤 영역의 넓이 또는 부피를 계산하는 것
국소적 성격의 값	전체적 성격의 값
부정적분이란 실은 미분에 대한 이야기	적분이라고 하면 으레 정적분을 의미

25

평균값정리는 왜 자주 등장하나요?

평균값정리는 미분에 관한 한 가장 자주 등장하는 정리라고 할 수 있습니다. 바로 살펴봅시다.

정리(평균값정리) 함수 $f(x)$가 닫힌구간 $[a, b]$에서 연속이고 열린구간 (a, b)에서 미분가능할 때,

$$\frac{f(b)-f(a)}{b-a}=f'(c)$$

인 c가 열린구간 (a, b)에 적어도 하나 존재한다.

이 정리는 서술하는 형식에서 "~인 c가 존재한다"와 같이 우리가 평소에 잘 쓰지 않는 수학적 표현을 써서 그런지 학생들이 좀 낯설어하고 활용하는 것을 어려워하는 경향이 있습니다. 대다수의 학생들이 계산을 통해서 답을 내든지, 그래프를 통해서 함숫값을 구하거

나 함수의 성질에 대해 답하는 것에는 익숙하지만 평균값정리와 같이 추상적이고 논리적인 내용을 수학문제 풀이에 적용하는 것은 힘들어하는 편입니다.

이 정리가 의미하는 바는 다음 그림에서 보듯이 함수 f(의 그래프)가 구간 $[a, b]$에서 가지는 '평균 기울기'와 같은 기울기를 갖는 '접선'이 존재한다는 뜻입니다.

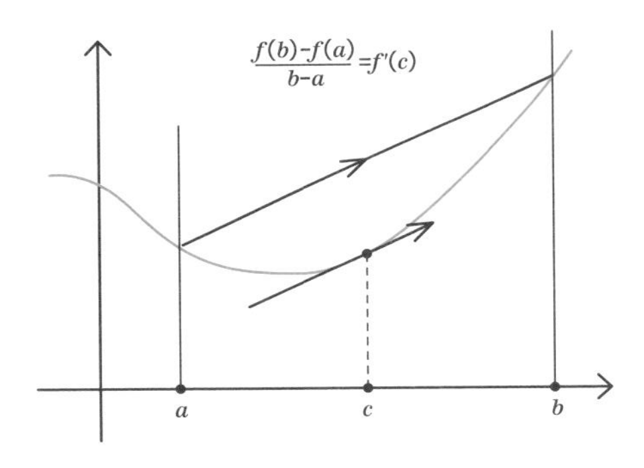

f의 평균 기울기와 같은 기울기의 접선이 존재한다

이 정리는 미분에서 우리가 다루는 주요한 내용을 증명하는 데에도 쓰이지만 수많은 미적분 문제를 이 정리를 통해서 논리적으로 증명할 수 있습니다. 정말 중요한 정리니까 꼭 알아야겠죠?

상수함수의 미분

평균값정리를 활용하여 증명할 수 있는 주요한 사실들 몇 개를 살펴보기로 하지요. 상수함수를 미분하면 미분값은 항상 0입니다.

이 사실은 미분의 정의를 살펴보면 당연히 성립한다는 것을 알 수 있습니다.

상수함수의 미분 $\mathbb{R}$에서 정의된 상수함수 $f(x)=c$에 대하여, 그것의 도함수는

$$f'(x)=\lim_{h\to 0}\frac{f(x+h)-f(x)}{h}=\lim_{h\to 0}\frac{c-c}{h}=0 \text{ 이다.}$$

그렇다면 역으로, 만일 모든 $x\in\mathbb{R}$에 대하여 $f'(x)=0$이라면 f는 상수함수일까요? 답은 '그렇다'입니다. 이것이 실은 미적분에서 매우 중요한 사실인데요, 이것을 증명하는 데에 바로 평균값정리가 쓰입니다. 증명은 다음과 같습니다.

증명 모든 $x\in\mathbb{R}$에 대하여 $f'(x)=0$이라 할 때, 서로 다른 두 $a, b\in\mathbb{R}(a<b)$를 잡자. 구간 $[a, b]$에 대해 평균값정리를 적용하면 어떤 $c\in(a, b)$에 대해 $\frac{f(b)-f(a)}{b-a}=f'(c)=0$이 되므로 $f(b)-f(a)=0$이다. 임의의 $a, b\in\mathbb{R}$에 대하여 $f(a)=f(b)$이므로 f는 상수함수이다.

방금 증명한 이 사실로부터 우리는 어떤 함수 f의 역도함수는 모두 서로 상수만큼의 차이만 난다는 것도 알 수 있습니다. 즉, 만일 g와 h가 둘 다 f의 역도함수라면 $k(x)=g(x)-h(x)$라는 함수의 미분값은 항상 0이기 때문에 방금 증명한 사실로부터 $k(x)$는 반드시 상

수함수여야 합니다. 결론적으로, 우리가 f의 역도함수 하나를 F라고 하면 f의 부정적분(역도함수)을 등식

$$\int f(x)dx = F(x) + C \ (C\text{는 상수})$$

로 나타내는 것이 타당하다는 것을 알 수 있습니다.

증가함수와 감소함수를 말로 설명하기

미분을 배워서 그것을 가장 먼저 활용하는 것은 그래프의 개형을 파악할 때일 것입니다. (미분가능인 함수에 대하여) "미분값이 양수이면 증가함수이고, 미분값이 음수이면 감소함수이다"라는 사실로부터 그래프의 증가, 감소를 알 수 있으니 그것을 토대로 그래프의 개형을 그릴 수 있지요. 우선 이 사실을 정리해 봅시다.

정리(미분가능인 함수의 증가와 감소) 함수 f가 구간 (a, b)에서 미분가능인 함수일 때,

(i) 모든 $x \in (a, b)$에 대하여 $f'(x) > 0$이면 f는 증가함수이고

(ii) 모든 $x \in (a, b)$에 대하여 $f'(x) < 0$이면 f는 감소함수이다.

이 정리도 평균값정리를 이용하여 증명하게 됩니다. 그것을 증명하기 전에 증가함수와 감소함수에 대한 정의부터 복습하고 넘어

가 봅시다. 우리가 그래프를 보고 증가냐 감소냐 하는 것을 시각적으로 파악하는 것은 간단하지만 그것을 말로 표현하면 다음과 같습니다.

정의 구간 $[a, b]$에서 정의된 함수 f에 대하여

(i) "$x_1<x_2$이면 $f(x_1)<f(x_2)$이다"가 성립하면 f를 증가함수라고 하고

(ii) "$x_1<x_2$이면 $f(x_1)>f(x_2)$이다"가 성립하면 f를 감소함수라고 한다.

즉, 증가함수는 '순서(크기)를 보존하는 함수'란 뜻입니다. 왜 제가 굳이 누구나 알고 있는 증가와 감소의 정의부터 언급하는가 하면, 여기에 좀 헷갈리는 용어들이 등장하기 때문입니다. 그것은 바로 '단조증가'와 '단조감소'인데요, 이것이 그냥 '증가'와 '감소'와 혼동될 수가 있습니다. 왜냐하면 단조증가monotone increasing라고 할 때 '단조'는 '계속 일관성 있게'라는 뜻이므로 '계속 커진다'는 의미처럼 들릴 수 있기 때문입니다. 원래 단조증가함수란

$$"x_1 < x_2 \text{이면 } f(x_1) \le f(x_2) \text{이다}"$$

가 성립하는 함수로 정의하는 것이 보통이지요. 극단적으로는 상수함수도 단조증가함수라고 할 수 있어요. 물론 상수함수는 단조감소함수이기도 하지요. 상수함수를 계속 커지는 함수라는 뜻인 '단조'증

가함수라고 부르는 것이 좀 이상하게 보이죠?

그래서 요즘에는 단조증가함수란 말에 대비되는 말로 '강한 증가함수'라는 말을 씁니다. 영어로는 'strictly increasing'이라고 하지요. 그래서 앞서 서술한 증가함수의 정의는 바로 강한 증가함수의 정의입니다. 앞으로는 누구나 이 용어를 이렇게 분명하게 사용하면 좋을 것 같습니다.

그럼 이제 앞에 언급한 정리를 평균값정리를 이용하여 증명해 볼까요? "모든 x에 대해 $f'(x) > 0$이면 f는 (강한) 증가함수이다"를 증명해 봅시다(감소함수의 증명도 이것과 유사).

증명 $a < x_1 < x_2 < b$라 하자. 이때 구간 $[x_1, x_2]$에 대해 평균값정리를 적용하면 어떤 $c \in (x_1, x_2)$에 대하여

$\dfrac{f(x_2)-f(x_1)}{x_2-x_1} = f'(c)$가 성립한다.

그런데 가정에 의해 $f'(c) > 0$이고 $x_2 - x_1 > 0$이라 했으므로 $f(x_2) - f(x_1) > 0$이다. 즉, f는 증가함수이다.

지금까지 살펴본 바와 같이 평균값정리는 미분을 배우기 시작할 때 등장하는 중요한 사실들을 증명하는 데에 활용됩니다. 그 외에도 아주 많은 미적분의 기본적인 원리들이 이 정리로부터 나옵니다.

한편, 적분의 평균값정리라는 정리도 있습니다.

정리(적분의 평균값정리) 구간 $[a, b]$에서 연속인 함수 f에 대하여

$$\frac{1}{b-a}\int_a^b f(x)dx = f(c)$$

인 $c \in (a, b)$가 존재한다.

이 정리는 영역의 넓이 $\int_a^b f(x)dx$ 같은 넓이를 가지는 직사각형이 존재한다는 뜻으로 미분의 평균값정리와 같이 직관적으로 당연히 성립하는 정리입니다.

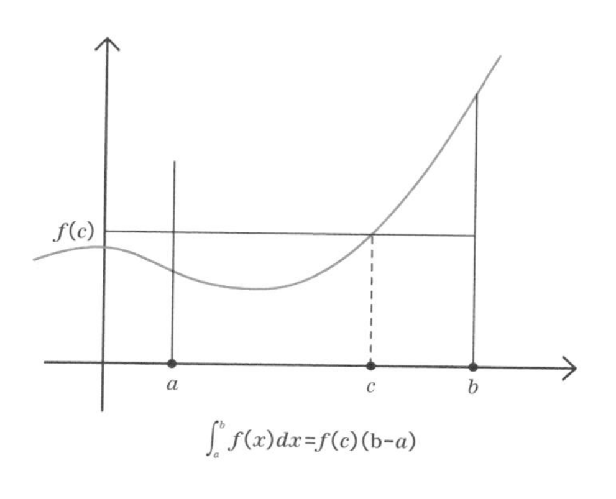

적분의 평균값정리

적분에 대한 평균값정리는 고등학교 교과과정에는 나오지 않지만 이해하기 어렵지 않고 활용도도 (미분의 평균값정리보다는 낮지만) 높은 편입니다. 제가 대학교 본고사 입학시험을 볼 때 수학 1번 문제가 적분의 평균값정리를 활용하는 문제여서 저와는 인연이 깊은 정리라고 할 수 있지요.

26

미적분을 왜 배워야 하나요?

미적분은 고등학교 수학의 꽃이라고 할 수 있습니다. 중고등학교 내내 배우는 수학의 최종 목적지라고도 할 수 있지요. 그런데 수학 교과내용 축소라는 교육부의 오랜 방침에다가 문이과 통합이라는 새로운 방침이 더해지면서 고등학생들이 배워야 할 미적분은 악화일로에 있습니다. 전에는 이공계 대학 진학생들이라도 미적분을 어느 정도는 제대로 배웠는데 대학수학능력시험에서 미적분 과목이 제외되면서 학교 교육 현장에서 이에 대한 교육이 소홀해질 것이 분명해졌습니다.

이공계 진학생들은 (미국처럼) 대학에 진학한 후에 미적분을 제대로 배우면 되지 않느냐고 하는 분들도 있지만 우리나라 대학생들의 학업 심리와 태도 등으로 볼 때 그것이 제대로 이루어지기는 매우 어렵습니다. 대학생들을 대상으로 수학을 가르쳐 본 교수들은 대개

다 공감할 것입니다. 대학교에 진학해서 고등학교 이상의 고등교육을 받고자 하는 학생이라면 최소한의 미적분은 알아야 하기에 현 교육과정에서는 수학2 교과에서 미적분의 기초적인 개념을 배우기는 합니다만, 문제는 이공계에 진학하는 학생들이 너무 기초 개념만 배우고 대학에 진학하고 있다는 점입니다. 이것은 최고 명문 대학들의 경우에도 예외가 아니어서 우리나라 미래의 과학기술 발전에 좋지 않은 영향을 미칠 것이 우려되는 실정입니다.

인류는 350년 전쯤에 그때까지는 모르던 중요한 사실 하나를 알게 되었습니다. 그것은 바로 수학을 통하여 우리가 살고 있는 자연과 우주의 작동 원리를 설명할 수 있다는 사실입니다. 뉴턴은 만유인력, 힘과 가속도 등의 원리에 그가 발견한 미적분학을 더하여 물체의 움직임을 설명하였으며 태양계의 비밀들도 알아냈습니다. 그는 행성의 움직임에 대한 3개의 케플러의 법칙을 미적분을 통하여 증명해 냈습니다. 만일 역사를 전문적으로 공부하고자 하는 사람이라면 데카르트, 뉴턴 등의 업적과 그것들이 인류에 미친 영향을 반드시 이해해야 할 것입니다. 수학과 과학에서 밝혀진 원리들이 그동안 이 세상을 얼마나 크게 바꿔 왔는지 이해해야 하기 때문입니다.

미적분이 중요한 이유는 세상 만물이 움직이고 변화하고 있기 때문입니다. 변화하는 세상은 미적분을 통하여 이해되고 설명될 수 있습니다. 경제 현상, 사회 현상 등을 설명하는 데에도 미적분이 쓰입니다. 반드시 이공계 전공자가 아니더라도 지성을 추구하는 자라면 누구나 미적분에 대해 알아야 하는 이유입니다. 미적분의 개념과 의의를 모르는 자는 지성인임을 자처할 수 없는 시대가 된 지 오래됐습니다.

세상의 변화들을 표현하는 (편)미분방정식

수학의 여러 분야 중에 가장 실용적인 분야는 해석학 분야라고 할 수 있고 미적분학은 해석학의 출발점이자 핵심을 이루는 분야입니다. 변화하는 물체, 변화하는 세상의 대부분은 미분방정식으로 표현됩니다. 아주 간단한 예를 하나 들어 보지요. 19세기 초에 나온 맬서스T. Malthus, 1766~1834의 《인구론》(1798년)은 '인구는 급격히 늘어나지만* 식량의 증산은 속도가 느려서 위기를 맞을 수 있다'는 내용인데요, 이때 인구가 증가하는 법칙을 단순히 "인구가 늘어나는 비율은 그때의 인구에 비례한다"라고 표현하기도 합니다. 이 법칙을 미분방정식으로 나타낼 수 있습니다. 시간을 t라 하고 인구를 $p(t)$라고 하면 인구가 늘어나는 비율은 $\frac{dp}{dt}$이므로 '$\frac{dp}{dt}$와 $p(t)$가 비례한다'는 이 인구 증가의 법칙은 $\frac{dp}{dt}=kp$로 나타낼 수 있습니다. 또는 통상적인 미분방정식 표현으로는 ($y=p(t)$라고 하고) 간단히 $y'=ky$로 나타낼 수도 있습니다. 이 미분방정식의 해를 구해 보면 다음과 같습니다.

* 예전에는 '기하급수적으로 늘어난다'는 표현을 많이 썼지만 이 말이 수학적으로는 문제가 있다 보니 요즘에는 '지수함수적으로 늘어난다'는 표현을 많이 씁니다.

$y'=ky$는 $\frac{y'}{y}=k$인데 이 등식의 양변을 적분하면 $\ln y=kt+C_1$이 된다.

이것의 양변에 지수함수를 취해 주면 해 $y=e^{kt+C_1}=Ce^{kt}$을 얻는다.

즉, 인구 y는 지수함수가 된다는 것을 알 수 있습니다.

편미분방정식(PDE)	상미분방정식(ODE)
변수가 2개 이상인 미분방정식	변수가 하나인 미분방정식

미분방정식에서 변수가 2개 이상인 경우에는 그 방정식을 **편미분방정식**Partial Differential Equations, PDE이라고 부릅니다. 아까 본 것과 같이 변수가 하나인 미분방정식은 상미분방정식Ordinary Differential Equations, ODE이라고 합니다. 물체의 운동, 기후의 변화, 경제 현상, 화학물질의 확산 등 세상에서 일어나는 많은 변화들은 그것들을 수식으로 표현하고자 하면 대개 편미분방정식(줄임말로 편미방)으로 표현됩니다. 그런 의미에서 편미방은 이 세상에서 일어나는 변화를 표현하는 데에 가장 좋은 언어라고 할 수 있지요. 그래서 편미방은 응용수학이나 여러 이공계 학분 분야에서 광범위하게 쓰이고 있습니다.

그런데 일반적으로 편미방의 해를 구하는 것은 쉽지 않습니다. 그래서 겉보기와는 달리 그 해의 범위, 성질 등을 밝히기 위해 깊은 순수수학적인 연구가 필요한 경우가 많습니다. 중요하기는 하지만 해를 구하기 어려운 편미방이 많다 보니 정확한 해를 구하는 것 대신에 컴퓨터 계산이나 다양한 계산적 아이디어를 통해 해의 근삿값을 구하고자 하는 분야도 있습니다. 전자를 수치해석학이라고 하고 후자를 계산수학이라고 합니다.

19세기에 영국의 패러데이Michael Faraday, 1791-1867가 발견한 전자기 유도의 기본적인 법칙은 후에 모터와 발전기의 기본 원리가 됩니다. 영구자석들 사이 공간에 구리판을 넣고 회전시키면 전기가 유도된다는 것과 그 반대도 가능하다는 것은 전기에 있어 가장 핵심적인 발견입니다. 그의 전자기 유도 법칙은 후에 물리학자이자 수학자인 맥스웰에 의해 이론적으로 정립이 됩니다. 그가 찾아낸 **4개의 편미분방정식**으로 이루어진 맥스웰 방정식Maxwell equations은 전자기학에서 가장 아름답고 중요한 공식입니다. 그래서 그는 뉴턴, 아인슈타인과 함께 역사상 가장 위대한 물리학자로 꼽히는 것이지요.

27

왜 자연상수 e가 중요한가요?

"수는 무한히 많지만 그중 가장 중요한 수는 무엇입니까?" 누군가 이런 질문을 한다면 어떨까요? 일견 너무 순진한 질문처럼 보이긴 하지만 그래도 한 번쯤은 생각해 볼 수도 있겠습니다. 아마도 중학교 과정까지는 0과 1, 그리고 원주율 π를 중요한 수로 꼽을 수 있겠고 정수 중에서는 소수prime number들이 중요한 수가 될 것입니다. 그럼 고등학교 진학 이후에 배우는 수학에서는 어떤 수가 가장 중요한 수일까요?

아마도 자연상수* e가 가장 중요한 수가 아닐까 싶습니다. 물론 수학자들은 각자 자신의 관심 분야에 따라서 더 중요하다고 생각하

* 일단 자연상수라고 부르겠습니다만, 이 책에서는 그냥 e라고 할 때가 많겠습니다. 다른 이름으로는 '오일러수', '자연로그의 밑' 등이 있습니다만, 요즘에는 자연상수라 부르는 것이 대세인 것 같습니다. 하지만 대다수 국가에서 별도의 이름으로 부르지 않습니다.

는 수들이 있을 수 있지만 적어도 고등학교의 미적분이나 대학교에서 배우는 미적분학, 공업수학, 고등미적분학, 복소해석학 정도의 수준까지는 e가 가장 중요한 수라는 것에 대해 대다수 수학자들이 동의할 것 같습니다. 그래서인지 e는 온라인 수학 크리에이터들이 가장 많이 다루는 수이기도 합니다.

뉴턴, 라이프니츠 등이 미적분을 발견한 다음 금방 e라는 실수가 매우 중요함이 드러났고(1683년) 그 이후에 이 수는 미적분학에서 가장 주목받는 수가 되었습니다. 특히 오일러Euler, 1707-1783가 복소함수(복소수에 대하여 정의되고 복소수 값을 갖는 함수)에 대한 이론을 정립할 때 그 중요성이 더욱 돋보이게 되었죠.

우선 교과서에 나오는 e의 정의를 복습해 볼까요? 교과서 정의는 (베르누이 형제 중에 형인) 야코프 베르누이Jakob Bernoulli, 1654-1705가 처음으로 제시한 정의로서 다음과 같이 극한값으로 정의됩니다.

정의1 $e := \lim_{x \to \pm\infty} (1+\frac{1}{x})^x$

또는 $e := \lim_{x \to 0} (1+x)^{\frac{1}{x}}$ 또는 $e := \lim_{n \to \infty} (1+\frac{1}{n})^n$ (n은 자연수)

이 정의에 나타나는 세 가지 극한값은 다 같은 수입니다. 또한

$$\lim_{n \to \infty}(1-\frac{1}{n})^n = 1/\lim_{n \to \infty}(1-\frac{1}{n})^{-n} = \frac{1}{e}$$

이 됩니다.

e는 다음과 같이 무한급수로 정의할 수도 있지요.

정의2 $e := \sum_{n=0}^{\infty} \frac{1}{n!} = 1 + 1 + \frac{1}{2!} + \frac{1}{3!} + \frac{1}{4!} + \cdots$

이 두 가지 정의가 동일한 수를 나타낸다는 것은 다음 절에서 지수함수를 다룰 때 다시 설명하겠습니다. e는 이 두 가지 정의 외에도 어떤 영역의 넓이를 통해서 정의할 수도 있고 연분수를 이용해 정의할 수도 있습니다. 하여간 e는 무리수로 크기가 2.7182818284⋯ 정도 되는 수입니다.

e가 무리수라는 것을 보이는 것은 여러 가지 방법이 있겠지만 정의2를 이용하면 쉽게 증명이 됩니다. $\sqrt{2}$가 무리수임을 보이는 증명과 유사하게 귀류법을 써서 $e = \frac{q}{p}$라 놓고 모순을 찾으면 됩니다. (힌트: $S_p = \sum_{n=0}^{p} \frac{1}{n!}$라고 놓고 $p!(\frac{q}{p} - S_p)$를 따져 봅니다.) 이 수 e가 얼마나 중요하고 할 얘기가 많은지 이 수에 얽힌 이야기만으로 이루어진 책도 있습니다.*

이제 e의 특징과 중요성을 좀 알아볼까요? 우선, 정의1의 등식 $e := \lim_{n\to\infty}(1 + \frac{1}{n})^n$의 우변은 은행에 A원을 저금하고 (연)복리가 α일 때 n년 후의 돈인

* 《e: The Story of a Number》, Eli Maor, Princeton Science Library, 2015.

$$A(1+\alpha)^n$$

을 닮아 있지요? 고정 이자율이 α일 때 돈은 세월이 지나면서 무한히 불어나지만 매년의 이자율이 세월이 지남에 따라 $\frac{1}{n}$로 점차 줄어든다면 어떻게 될까요? 이 경우에는 세월이 흐르면서 총액이 $A\lim_{n\to\infty}(1+\frac{1}{n})^n = Ae$로 수렴할 것입니다.

이번에는 다음과 같은 문제를 생각해 봅시다.

> 1부터 n까지의 카드를 n명의 사람이 각각 한 장씩 가지고 있다. 이들에게서 카드를 다 걷은 후 다시 무작위로 나누어 주었을 때 모든 사람이 원래 가지고 있던 카드와 다른 카드를 받을 확률은?

이 문제의 답은 간단합니다. 각 사람이 원래와 다른 카드를 받을 확률은 $\frac{n-1}{n}$입니다. 따라서 n명의 사람 모두가 다른 카드를 받을 확률은 $(\frac{n-1}{n})^n$이 됩니다. 따라서 사람들이 많아질수록 그 확률은 $\lim_{n\to\infty}(\frac{n-1}{n})^n = \lim_{n\to\infty}(1-\frac{1}{n})^n = \frac{1}{e}$에 접근하게 됩니다.

수학에서 e가 중요한 이유

자, 그럼 왜 e가 그렇게 중요한 수일까요? 그 이유는 아주 많지만 여기서는 가장 대표적인 이유 4개만 소개하겠습니다.

첫 번째 이유로는, 모든 지수를 이것을 통해 정의할 수 있기 때문입니다. 무슨 말인가 하면 a^x과 같은 제곱 꼴의 수에 대해서 x가 유리수일 때는 문제가 없는데 무리수일 때는 정의하는 것이 어렵습니다. 예를 들어 2^3이나 $2^{\frac{2}{3}}$ 같은 수의 정의는 쉽습니다. $2^3=2\times2\times2$이고 $2^{\frac{1}{3}}=\sqrt[3]{2}$이며 $2^{\frac{2}{3}}=(2^{\frac{1}{3}})^2$입니다. 그런데 무리수 제곱인 $2^{\sqrt{3}}$ 같은 수는 어떻게 정의할까요? 그것은 수 e를 통해서 정의가 가능합니다.

양의 실수 a에 대하여 실수 전체에서 정의된 지수함수 $f(x)=a^x$은 다음과 같이 정의합니다.

정의 $a^x := e^{x\ln a}$

따라서 e라는 수가 정해져야 임의의 양의 실수 a에 대하여 지수함수 $f(x)=a^x$을 정의할 수 있는 것입니다. 여기에서 자연로그함수 $\ln x$는 함수 e^x의 역함수인데요, 결국 일반적인 지수함수 $f(x)=a^x$의 정의를 완성하려면 최우선적으로 함수 e^x가 정의되어야 함을 알 수 있습니다. 함수 e^x의 정의에 대해서는 다음 단원에서 좀 더 자세히 설명하겠습니다.

e가 중요한 **두 번째** 이유로는 다음을 들 수 있습니다.

지수함수 $f(x)=e^x$의 도함수가 자신과 같다.

즉, $f'(x)=f(x)$이고, 다른 표현으로 $\frac{d}{dx}e^x=e^x$입니다. (그 이유도

다음 단원에서.) 이것은 미분방정식의 형태로는

$$y' = y$$

로 쓸 수 있고 이는 아마도 가장 간단한 형태의 미분방정식일 것입니다. (미분방정식의 중요성에 대해서는 앞에서 언급했지요?) $y' = y$의 일반해는 $f(x) = Ce^x$(C는 상수)입니다.

이런 형태의 미분방정식 외에도

$$y'' - y' - 6y = 0$$

꼴의 방정식의 일반해도 $y = C_1e^{3x} + C_2e^{-2x}$인데요, 여기에도 지수함수가 등장하는 것을 볼 수 있습니다. 이렇게 지수함수 e^x는 미분방정식에서 매우 중요한 역할을 합니다.

세 번째 이유로는 복소수에서 e가 필수적인 역할을 하기 때문입니다. 복소수 $z = x + yi$를 극형식으로 표현하면

$$z = |z|(\cos\theta + i\sin\theta) \text{ (이때, } |z| = r = \sqrt{x^2+y^2}\text{)}$$

이 됩니다. 이것에 대하여 위대한 수학자 오일러는 놀라운 것을 발견하게 됩니다. 그것은 바로

$$\cos\theta + i\sin\theta = e^{i\theta}$$

라는 사실입니다. 이를 통하여 우리는 2개의 복소수 $z_1 = |z_1|(\cos\theta_1 + i\sin\theta_1) = |z_1|e^{i\theta_1}$와 $z_2 = |z_2|(\cos\theta_2 + i\sin\theta_2) = |z_1|e^{i\theta_2}$의 곱이

$$z_1 z_2 = |z_1 z_2| e^{\theta_1 + \theta_2}$$

이 됨을 쉽게 알 수 있습니다. 즉, 두 복소수의 곱의 편각은 두 편각을 더한 것이 됩니다. 또한 이 세상에서 가장 아름다운 등식이라고 불리는 **오일러등식**

$$e^{i\pi} + 1 = 0$$

이 성립함을 알 수 있습니다. ($\because \cos\pi = -1$, $\sin\pi = 0$이므로 $e^{i\pi} = \cos\pi + i\sin\pi = -1$입니다.) 그런데 이 등식은 왜 그렇게 유명할까요? 그 이유는 우리가 실수 중에서 가장 중요한 수라고 꼽는 수 0, 1, π, e가 모두 이 하나의 등식에 등장하는 데다가 허수 i까지도 등장하기 때문입니다.

네 번째 이유로는 e가 통계학에서 핵심적인 역할을 하기 때문입니다. 지수함수 e^x는 통계학에서 **정규분포**를 나타내는 **확률밀도함수**를 나타내는 데에 쓰입니다. 좀 더 정확하게 말하자면 함수

$f(x)=e^{-x^2}$이 쓰입니다. 우선 이 함수의 그래프는 다음과 같은 모양입니다.

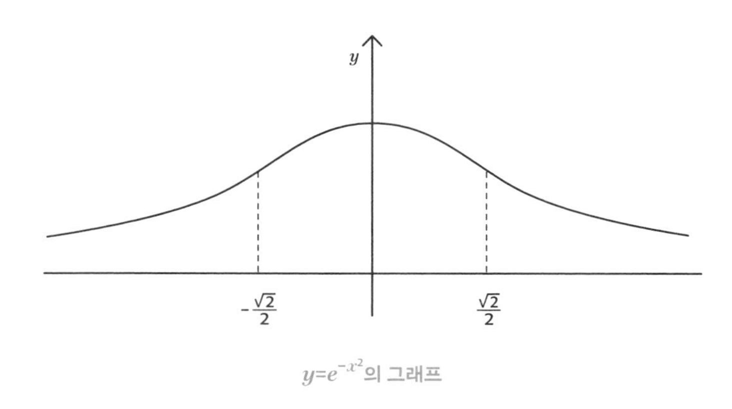

$y=e^{-x^2}$의 그래프

이때 이 그래프의 아랫부분의 넓이인 적분값

$$\int_{-\infty}^{\infty} e^{-x^2} dx$$

은 무엇일까요? 답은 $\sqrt{\pi}$입니다. 이것은 매우 중요하고 유명한 적분 계산이지만 고등학교 범위를 벗어나므로 (검색하면 금방 나옵니다) 여기서는 계산을 생략하겠습니다.

이 적분값으로부터 우리는 적분값 $\int_{-\infty}^{\infty} e^{-\frac{x^2}{2}} dx=\sqrt{2\pi}$을 얻을 수 있고 따라서

$$\int_{-\infty}^{\infty} \frac{1}{\sqrt{2\pi}} e^{-\frac{x^2}{2}} dx=1$$

임을 알 수 있습니다. 이때 함수

$$f(x) = \frac{1}{\sqrt{2\pi}} e^{-\frac{x^2}{2}}$$

이 바로 평균이 0이고 표준편차가 1일 때의 **확률밀도함수**입니다. 일반적으로 평균이 μ이고 표준편차가 σ일 때의 확률밀도함수는

$$f(x) = \frac{1}{\sqrt{2\pi}\sigma} e^{-\frac{(x-\mu)^2}{2\sigma^2}}$$

이고 이것이 정규분포 곡선을 나타냅니다. 정규분포를 빼면 통계학이 존재할 수 없다고 해도 과언이 아닐 것입니다.

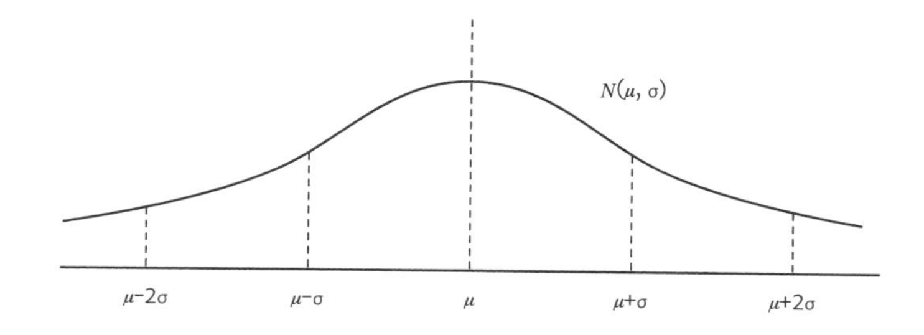

정규분포 곡선

28

지수함수는 정의하기 어렵다고요?

앞서 언급한 대로 $2^{\sqrt{3}}$과 같이 '무리수 제곱'을 정의하는 것은 쉽지 않습니다. 고등학교 2학년 때 학생들은 이런 지수의 엄밀한 정의도 모른 채 그냥 $f(x)=a^x$과 같은 꼴의 지수함수를 배우고 그에 대한 역함수인 로그함수를 배웁니다. 실은 이것은 함수 $f(x)=a^x$이 먼저 연속함수라고 가정한 후에 무리수 x에 대해서는 유리수들에 대한 함숫값들의 극한의 개념을 통해 정의한 것으로 간주하면 되기는 합니다. 그러나 연속함수라고 미리 가정한다는 점, 다소 복잡하고 모호한 극한의 개념을 써야 한다는 점 등 때문에 석연치 않은 점이 있습니다. 그래서 고등학교 교과서에서는 지수함수의 정의를 다루지 않고 있어요. 여기서는 지수함수에 대하여 그리 간단하지는 않지만 그래도 깔끔한 정의를 소개하고자 합니다.

앞에서 보았듯이 양의 실수 a에 대하여 실수 전체에서 정의된 지수함수 $f(x)=a^x$는 $a^x:=e^{x\ln a}$로 정의하면 됩니다. 그래서 우리는 함수 먼저 e^x와 $\ln x$를 정의하기만 하면 모든 지수함수를 정의할 수 있게 됩니다. 그런데 e^x와 $\ln x$는 서로의 **역함수**로 정의되므로 이 두 함수 중 하나만 잘 정의하면 됩니다.

지수함수를 정의하는 첫 번째 방법

먼저 함수 $\exp(x)$를 정의합니다. 그것은 다음과 같이 무한차수 다항함수로 정의합니다. (여기서 'exp'란 영어 exponential function 지수함수를 지칭합니다.)

정의 $$\exp(x):=\sum_{n=0}^{\infty}\frac{x^n}{n!}=1+x+\frac{x^2}{2!}+\frac{x^3}{3!}+\cdots$$

이런 형태의 급수를 멱급수라고 부릅니다. 이 무한급수는 모든 실수 x에 대하여 수렴합니다. ($n!$이 엄청나게 빠른 속도로 커지므로 $\frac{x^n}{n!}$이 빠른 속도로 0으로 수렴하기 때문입니다.) 멱급수를 고등학교 과정에서는 다루지 않아서 낯설게 느끼는 독자가 많겠지만 쓸모가 많고 그리 어렵지 않은 개념이니 이것과 친근해지면 좋을 것 같습니다. 잘 따라와 주세요.

$\exp(x)$의 정의에 나오는 등식의 우변인 멱급수를 항별로 미분해서 더해 보면 우변이 변하지 않고 그대로라는 것을 알 수 있습니다. 즉, 정의에 따르면

$$\frac{d}{dx}\exp(x) = \exp(x)$$

가 됩니다. 정의로부터 모든 x에 대하여 $\exp(x) > 0$임을 알 수 있고 $\frac{d}{dx}\exp(x) = \exp(x)$이므로 $\frac{d}{dx}\exp(x) > 0$입니다. 즉, $\exp(x)$는 연속함수이며 증가함수가 됩니다.

$\exp(x)$는 증가함수이므로 일대일함수입니다. 그러므로 앞서 함수 부분에서 살펴본 대로

$$\exp(x) : \mathbb{R} \to (0, \infty)$$

는 전단사함수(일대일대응)이고 따라서 **역함수**를 가집니다. 이 역함수를

$$\ln x : (0, \infty) \to \mathbb{R}$$

로 나타내고 이것을 **자연로그함수**라고 부릅니다. 즉, 이 두 함수가 서로 역함수 관계이므로

모든 실수 x에 대해 $\ln(\exp(x)) = x$,

모든 $x > 0$에 대해 $\exp(\ln x) = x$

입니다.

이제 우리는 양의 실수 a에 대하여 실수 전체에서 정의된 지수함수 $f(x)=a^x$을 정의할 수 있게 되었습니다.

정의(일반 지수함수의 정의) 상수 $a>0$에 대하여

$$a^x := \exp(x\ln a)$$

이 정의에 따르면 앞서 언급한 $2^{\sqrt{3}}$은 $2^{\sqrt{3}}=\exp(\sqrt{3}\ln 2)$로 정의됩니다. 이것이 얼핏 지저분해 보이지만 몇 개의 특수값을 살펴보고 나면 지수함수가 좀 더 명확해질 것입니다.

우선 $\exp(x)$의 정의와 역함수의 의미로부터 다음을 알 수 있습니다.

(i) $\exp(0)=1$이다. 즉, $\ln 1=0$이다.

(ii) $\exp(1)=e$라 놓으면 $\ln e=1$이다.

그러면 (ii)로부터 $a=e$일 때 일반 지수함수의 정의에서 e^x가 다음 등식을 만족함을 알 수 있습니다.

$$e^x=\exp(x)\ (\because \ln e=1)$$

이상의 이야기를 정리해 보면, 다음과 같습니다.

첫째, $\exp(x)$가 결국 우리가 알고 있던 e^x와 같은 것입니다. $\exp(x)=e^x$이므로

$$\frac{d}{dx}e^x=e^x$$

임은 자명합니다. (조금 아까의 정의로부터 $\frac{d}{dx}\exp(x)=\exp(x)$임을 알았습니다.)

둘째, e를 $\exp(1)=e$로 정의했는데 이것은 $\exp(x)$의 정의 $\exp(x)=\sum_{n=0}^{\infty}\frac{x^n}{n!}$로부터

$$e=\sum_{n=0}^{\infty}\frac{1}{n!}$$

임을 알 수 있습니다. 이것은 앞서 소개한 e의 두 번째 정의와 일치합니다. 이상의 일련의 정의들을 한눈에 보이게 정리하면 다음과 같습니다.

지수함수의 첫 번째 정의의 세 단계

$\exp(x)$ 정의 ⇒ $\ln x$ 정의 ⇒ 지수함수를 $a^x=\exp(x\ln a)$로 정의

멱급수 정의　　$\exp(x)$의 역함수

한편, a^x와 정의와 역함수의 의미에 따라

$$\ln a^b = \ln(\exp(b\ln a)) = b\ln a$$

임을 알 수 있습니다.

양수 $a(a \neq 1)$에 대한 지수함수 $a^x : \mathbb{R} \to (0, \infty)$의 역함수를 **로그 함수**라고 하고 기호 $\log_a x$로 나타냅니다. 이때 물론 $\log_e x = \ln x$임은 자명하지요.

지수함수를 정의하는 두 번째 방법

멱급수가 부담스러운 독자들을 위한 지수함수의 두 번째 정의도 있습니다. 사실 저는 개인적으로 이 두 번째 정의를 더 선호합니다. 앞의 첫 번째 정의에서는 $\exp(x)$를 먼저 정의했지만 이번에는 함수 $\ln x$를 먼저 정의합니다.

정의 $t>1$에 대하여 좌표평면상에서 $y=\frac{1}{x}$과 세 직선 x축, $x=1$, $x=t$로 둘러싸인 영역의 넓이를 $\ln t$라고 정의한다.

이것을 그림으로 나타내면 쉽습니다.

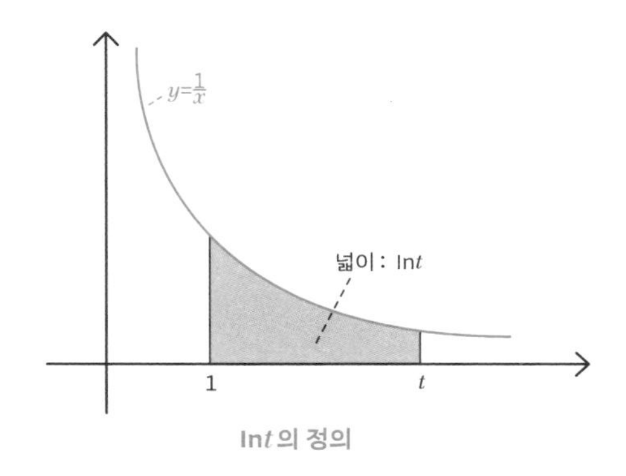

ln$t$의 정의

t가 $0 < t < 1$일 때도 ln$t$를 정의할 수 있는데요, 그것은 영역의 넓이의 음수를 취한 것을 ln$t$라고 정의하면 됩니다. 다음과 같이 적분을 이용하여 정의하면 더 쉬울 수도 있겠습니다.

정의 $\ln x : (0, \infty) \to \mathbb{R}$는 $\ln x = \int_1^x \frac{1}{t} dx$로 정의한다.

자연상수 e는 (앞서 본 대로) $\ln e = 1$을 만족하는 수이지요. 그래서 여기서 우리는 e의 새로운 정의를 더 찾을 수 있습니다. e를 방금 언급한 영역의 넓이가 1이 되도록 하는 수로 정의하면 되고 이것을 정적분으로 나타내면

$$\int_1^e \frac{1}{x} dx = 1$$

과 같습니다.

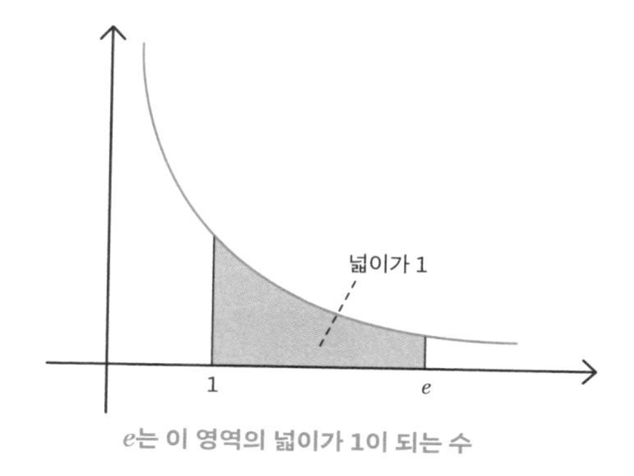

e는 이 영역의 넓이가 1이 되는 수

한편, 방금 언급한 $\ln x$의 정의와 미적분의 기본정리에 의하여 $\frac{d}{dx}\ln x = \frac{1}{x}$임을 쉽게 알 수 있습니다.

이렇게 정의된 함수 $\ln x$가 연속이고 증가함수인 것은 자명합니다(x가 커짐에 따라 넓이가 연속적으로 커지므로). 그래서 $\ln x$는 역함수를 가지고 $\ln x$의 **역함수를 $\exp(x)$라고 정의합니다.** 그러면 앞서 본 것과 같이 등식

$$\exp(1) = e$$

가 성립합니다. 이제 끝으로 첫 번째 정의와 마찬가지로 일반 지수함수를

$$a^x := \exp(x\ln a)$$

로 정의하면 됩니다. 이상의 지수함수의 두 번째 정의의 흐름을 정리하면 다음과 같습니다.

지수함수의 두 번째 정의의 세 단계

$\ln x$ 정의 ⇒ $\exp(x)$ 정의 ⇒ 지수함수를 $a^x = \exp(x \ln a)$로 정의

영역의 넓이 $\ln x$의 역함수

멱급수 탐구하기

이왕 고급적인 내용을 다룬 김에 멱급수에 대하여 좀 더 이야기해 볼까 합니다. 삼각함수 $\sin x$와 $\cos x$는 다음과 같이 멱급수*로 나타낼 수도 있습니다.

- $\sin x = \sum_{n=0}^{\infty} \frac{(-1)^n}{(2n+1)!} x^{2n+1} = x - \frac{x^3}{3!} + \frac{x^5}{5!} - \cdots$
- $\cos x = \sum_{n=0}^{\infty} \frac{(-1)^n}{2n!} x^{2n} = 1 - \frac{x^2}{2!} + \frac{x^4}{4!} - \cdots$

사인함수는 기함수이므로 (즉, $\sin(-x) = -\sin x$이므로) 이것의 멱급수는 홀수 차수 항만 갖고 코사인함수는 우함수이므로 (즉, $\cos(-x) = \cos x$이므로) 짝수 차수 항만 갖는다는 것을 기억하면 좋을 것 같습니다.

* 이런 멱급수를 테일러급수(Tailor Series)라고도 부릅니다.

멱급수는 마치 차수가 무한히 큰 다항식과 같은 것인데요, 삼각함수를 멱급수로 나타내는 것은 그 쓸모가 아주 많습니다. 왜냐하면 다항함수는 함수 중에서도 가장 좋은 함수*인데 멱급수(함수)도 차수만 무한히 클 뿐이지 다항함수가 갖는 좋은 성질들을 대부분 갖고 있기 때문입니다. 이 멱급수 표현이 왜 유용한지를 나타내는 예를 하나 들어 볼까요? 앞의 멱급수 표현의 우변을 항마다 미분해서 더하면 우리가 알고 있는 공식

$$\frac{d}{dx}\sin x = \cos x,\ \frac{d}{dx}\cos x = -\sin x$$

이 성립한다는 것을 금세 알 수 있습니다.** 또한 $\sin x$의 멱급수의 경우 우변을 x로 나누면

$$\frac{\sin x}{x} = \sum_{n=0}^{\infty} \frac{(-1)^n}{(2n+1)!} x^{2n} = 1 - \frac{x^2}{3!} + \frac{x^4}{5!} - \cdots$$

이 되고 이것으로부터 (우변에 $x=0$을 대입해 보면) 그 유명한 극한 $\lim_{x\to 0}\frac{\sin x}{x}=1$이 성립한다는 것도 쉽게 알 수 있습니다. 이와 유사하게 $\lim_{x\to 0}\frac{1-\cos x}{x}=0$이 성립한다는 것도 바로 알 수 있습니다.

* 단순하기도 하고 연속성, 미분, 적분, 근의 존재 등을 쉽게 알 수 있습니다.

** 멱급수를 항마다 미분해서 더한 것이 원래 함수의 미분과 같다는 것을 보이는 게 그리 간단하지는 않지만 하여간 이것은 성립합니다.

한편 삼각함수는 지수함수와 밀접한 관계가 있는데 그 관계는 삼각함수와 지수함수의 멱급수 표현으로부터 쉽게 파악할 수 있게 됩니다. 이에 대한 이야기는 뒤에 나오는 복소수에 대한 단원(5부)에서 좀 더 이어서 하겠습니다.

29

$\frac{dy}{dx}$는 실제로 분수인가요?

미분가능인 함수 $f(x)$의 도함수 $f'(x)$는 다음과 같이 정의됩니다.

$$f'(x) := \lim_{\Delta x \to 0} \frac{f(x+\Delta x)-f(x)}{\Delta x}$$

미분가능이란 뜻은 이 극한이 수렴한다(극한값이 존재한다)는 뜻입니다. 함수 $f(x)$를 변수 y로 나타내면 $y=f(x)$이고 $f(x+\Delta x)-f(x)$를 Δy라 간단히 쓸 수 있지요. 그러면 도함수의 정의를 $f'(x) := \lim_{\Delta x \to 0} \frac{\Delta y}{\Delta x}$로 간단히 나타낼 수 있는데 이때 우변의 극한값을 $\frac{dy}{dx}$와 같은 분수 꼴의 기호로 나타냅니다. 여기서 $\frac{dy}{dx}$는 미분(극한값)을 나타내는 기호일 뿐, 진짜 분수는 아닙니다.

기호 $\frac{dy}{dx}$는 미적분을 발견한 라이프니츠가 채택한 기호입니다.

지금까지 더 좋은 기호를 찾지 못한 것을 보면 그의 선견지명이 대단했던 것 같습니다. $\frac{dy}{dx}$와 $f'(x)$는 같은 것이고 상황에 따라 둘 중 하나의 기호를 선택해 쓰면 됩니다. $f'(x)$는 역사상 가장 위대한 수학자 중 한 명인 라그랑주Lagrange, 1736-1813가 채택한 기호입니다.

기호 $\frac{dy}{dx}$는 실은 $\frac{d}{dx}(y)$와 같은 의미, 즉 y를 x에 대해 미분한 것이라는 의미이고 그래서 $\frac{d}{dx}$를 하나의 연산자operator*로 간주하는 것이 합리적입니다. $\frac{d}{dx}$를 연산자 D로 나타내어 $\frac{dy}{dx}=Dy$와 같이 쓰기도 합니다. 이때, 우변의 기호는 오일러가 처음 쓴 기호입니다.

라이프니츠(왼쪽)와 라그랑주(오른쪽)
(Public domain | Wiki Commons)

자, 이제 기호의 소개는 이 정도로 마치고, $\frac{dy}{dx}$가 진짜 분수도 아닌데 왜 이런 기호를 쓰고 있는지 알아봅시다. 결론부터 말하자면 $\frac{dy}{dx}$는 분수는 아니지만 미적분에서는 분수처럼 취급해도 아무런 문제가 없습니다. 심지어는 분자와 분모를 분리해서 dy와 dx를 별도로 쓰기도 합니다.** 실은 분수는 아니라는 인식만 가지고 있다면 마음대로 분수처럼 써도 되는 조금 이상한

* 이때 연산자란 함수의 집합에서 함수의 집합으로 가는 함수를 의미합니다.

** 이것들을 미분형식(differential form)이라고 합니다.

상황이라고 보면 됩니다.

분수로 취급해도 되는 이유

$\frac{dy}{dx}$를 왜 분수처럼 취급해도 될까요? 그 이유로 세 가지를 꼽을 수 있습니다. 첫째는 **연쇄법칙**chain rule 때문입니다. 여기서 잠시 미분의 연쇄법칙을 복습해 볼까요? 이것은 합성함수의 미분에 등장하는 법칙으로 내용은 다음과 같습니다.

연쇄법칙 두 미분가능인 함수 f, g의 합성함수 $g \circ f$의 도함수는 다음과 같다.

$$\frac{d}{dx}g(f(x))=g'(f(x))f'(x)$$

연쇄법칙의 증명은 다음과 같이 비교적 쉽게 할 수 있습니다. $g \circ f$의 $x=a$에서의 미분값은 다음과 같습니다.

$$\lim_{x\to a}\frac{g(f(x))-g(f(a))}{x-a}=\lim_{x\to a}\frac{g(f(x))-g(f(a))}{f(x)-f(a)}\,\frac{f(x)-f(a)}{x-a}=g'(f(a))f'(a)$$

따라서 연쇄법칙이 성립합니다. 그럼 왜 연쇄법칙으로부터 $\frac{dy}{dx}$를 분수처럼 취급해도 되는 이유가 생길까요? 앞의 연쇄법칙의 등식에서 $f(x)=u$라고 놓고 $y=g(u)$라 하면, 이 등식은 다음과 같은 식으로 나타낼 수 있습니다.

$$\frac{dy}{dx}=\frac{dy}{du}\frac{du}{dx}$$

이 등식의 우변의 분수 형태에서 du를 소거하면 좌변과 같아지는 상황이어서 분수처럼 취급해도 된다는 것입니다. (이 등식의 모양이 체인 모양이라고 해서 연쇄법칙이라고 부릅니다. 3개의 함수의 합성함수에 대한 미분의 경우에도 이와 유사한 체인 모양의 등식이 성립합니다.)

두 번째는 **치환적분** 때문입니다. 부정적분 $\int f(x)dx$를 계산함에 있어서 x를 $x=g(t)$로 치환하는 경우에 적분은 다음과 같이 됩니다.

$$\int f(x)dx=\int f(g(t))\frac{dx}{dt}dt \quad \bigstar$$

즉, dx 대신 $\frac{dx}{dt}dt$를 쓰는 부분에서 진짜 분수 같은 형태를 갖게 됩니다. 실은 적분의 등식 ★가 성립하는 이유는 미분의 연쇄율이 성립하는 이유와 같습니다.

그런데 적분기호 $\int$를 쓰는 것은 정적분 $\int_a^b f(x)dx$의 계산에 대한 기호로, 이때 dx라는 기호가 (분수 형태로부터 분리되어) 등장하는 이유가 있습니다. 그것은 $\int_a^b f(x)dx$의 정의를 살펴보면 알 수 있습니다. 이 정적분의 값은 다음 그림과 같이 작은 사각기둥 $f(x_i)\Delta x_i$들의 합의 극한으로 정의됩니다. 즉, $\int_a^b f(x)dx=\lim_{n\to\infty}\sum_{i=1}^{n} f(x_i)\Delta x_i$이지요. 여기서 우변의 **무한 합** 기호 부분은 적분기호 $\int_a^b$가 되고 $f(x_i)\Delta x_i$들은 $f(x)dx$가 된 것인데 이것이 합리적인 기호라는 뜻입니다. 이 기호가

치환적분의 의미도 잘 전달하고 있습니다.

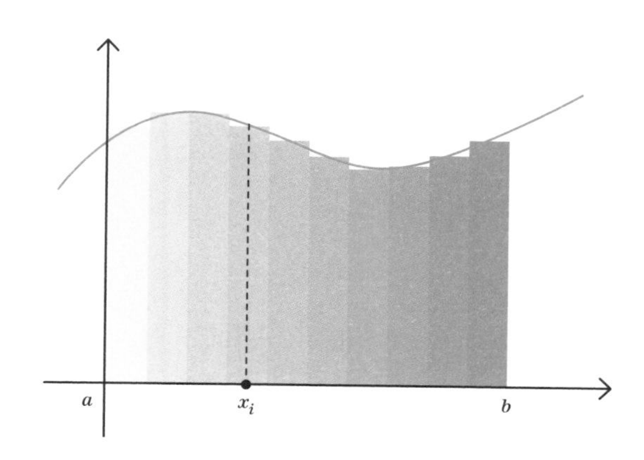

정적분은 작은 사각기둥들의 무한 합

$\dfrac{dy}{dx}$를 분수처럼 취급해도 되는 세 번째 이유는 **미분방정식** 때문입니다. 미분방정식이란 어떤 함수와 그것의 도함수 또는 다른 변수 등으로 이루어진 함수방정식입니다. 함수방정식의 해를 구한다는 것은 주어진 등식을 만족하는 함수를 구하는 것을 뜻합니다. 가장 간단한 미분방정식의 예로 앞서 $y'=y$가 소개된 바 있습니다. 이 방정식을 풀 때, 먼저

$$\frac{dy}{dx}=y$$

라고 놓은 후 변수를 분리하는데 이때 **변수 분리**란 등식의 한 변에는 x에 대한 식, 다른 한 변에는 y에 대한 식을 쓰는 것을 말합니다.

앞의 등식에 대해 변수 분리하면

$$\frac{dy}{y}=dx$$

가 되고 이것의 양변을 적분하면

$$\ln y=x+C_1$$

이 됩니다. 이것을 y에 대해 나타내면 $y=e^{x+C_1}=Ce^x$이 되는 것입니다. 이와 같이 변수를 분리할 때 미분형식 dx, dy를 마치 변수처럼 취급(즉, $\frac{dy}{dx}$를 진짜 분수인 것처럼 취급)합니다.

역함수의 미분

미적분을 배운 사람들은 "역함수의 미분은 본 함수의 미분의 역수다"라는 말을 한 번쯤은 들어 봤을 것입니다. 그것을 등식으로는

$$\frac{dy}{dx}=\frac{1}{\frac{dx}{dy}}$$

와 같이 간단하게 표현할 수 있습니다. 여기서 잠시 역함수에 대해서 복습해 볼까요? 우선, **항등함수** identity function 란 함수 $id : X \to X,\ x \mapsto x$와 같이 각 원소를 자기 자신과 대응시키는 함수이

고 정의역이 X임을 나타내 주기 위해 기호 id_X로 나타내기도 합니다. 이것을 정리하면 다음과 같습니다.

함수 $f: X \to Y$의 **역함수**란, 함수 $g: Y \to X$ 로서

$g \cdot f = id_X$이고 $f \cdot g = id_Y$를 만족하는 함수를 말한다.

즉, 이때 f의 역함수를 보통 기호 f^{-1}로 나타냅니다. $f^{-1} \cdot f = id_X$이고 $f \cdot f^{-1} = id_Y$이며 이것은 다시 말하면 2개의 등식

$$f^{-1}(f(x)) = x,\ f(f^{-1}(y)) = y$$

가 모두 성립한다는 뜻입니다. 이제 등식

$$\frac{dy}{dx} = \frac{1}{\frac{dx}{dy}}$$

이 어떻게 성립하는지 알아봅시다. 이것은 원칙적으로는 연쇄법칙으로부터 오는 것인데요, 우선 $y = f(x)$라 하고 f의 역함수를 g라 합시다. 그리고 등식 $g(y) = x$의 양변을 x에 대하여 미분하면 연쇄율에 의하여 $g'(y)\frac{dy}{dx} = 1$이 됩니다. 이때 $g'(y)$란 바로 $\frac{dx}{dy}$를 의미하므로 우리는 등식

$$\frac{dx}{dy}\frac{dy}{dx}=1,\ \text{즉}\ \frac{dy}{dx}=\frac{1}{\frac{dx}{dy}}$$

를 얻게 됩니다. 이와 같이 역함수의 미분을 통해서도 $\frac{dy}{dx}$를 분수처럼 취급해도 좋다는 것을 알 수 있습니다.

30

역함수는 어떻게 쓰이나요?

앞에서 우리는 지수함수와 로그함수를 서로의 역함수로 정의했지요. 수학에서 역함수라는 개념은 매우 광범위하게 쓰입니다. 1이 아닌 양수 a에 대하여 a^x와 $\log_a x$는 서로의 역함수입니다.

$$\mathbb{R} \underset{\log_a x}{\overset{a^x}{\rightleftarrows}} (0, \infty)$$

즉, $a^{\log_a x} = x$이고 $\log_a a^x = x$입니다. 일대일대응 f에 대하여 $y = f(x)$라 하면, 이 함수의 역함수를 구하기 위해서는 x와 y의 위치를 서로 바꾸면 됩니다. 즉, $x = f(y)$라 놓은 후에 이 식에서 y를 x의 식으로 나타내면 f의 역함수를 얻게 됩니다. 예를 들어, $f(x) = x^3$의 역함수를 구하기 위해 $y = x^3$에서 x와 y를 뒤바꾸면 $x = y^3$이 됩니다. 이 식으로부터 $y = \sqrt[3]{x}$를 얻게 되고 결국 $g(x) = \sqrt[3]{x}$가 $f(x)$의 역함수가 됩니다.

한편, 함수 $f(x)$와 그것의 역함수 $g(x)$의 그래프는 직선 $y=x$에 대하여 서로 대칭이 됩니다. 그 이유는 등식 $y=f(x)$에서 x와 y를 서로 바꾸면 $y=g(x)$가 된다는 뜻은, $y=f(x)$의 그래프 위의 임의의 한 점을 직선 $y=x$에 대하여 대칭시킨 점이 $y=g(x)$의 그래프 위에 있다는 뜻이기 때문입니다. (왜냐하면 두 점 (x, y)와 (y, x)는 직선 $y=x$에 대하여 대칭이기 때문.)

역삼각함수의 쓸모

삼각함수의 역함수들은 미적분에서 매우 중요한 역할을 합니다. 이것은 고등학교 과정에는 나오지 않지만 그리 어렵지 않으면서 흥미롭고 유익한 내용이니 여기서 잠시 다루어 볼까 합니다. 가벼운 마음으로 읽어 보세요.

우선, 탄젠트함수 $\tan x$의 정의역을 $(-\frac{\pi}{2}, \frac{\pi}{2})$로 제한하면

$$\tan x : (-\frac{\pi}{2}, \frac{\pi}{2}) \to \mathbb{R}$$

는 증가함수이자 일대일대응함수가 되므로 탄젠트함수는 역함수를 가지게 됩니다. 이 역함수를 **아크탄젠트**arctangent **함수**라 하고 기호

$$\arctan x : \mathbb{R} \to (-\frac{\pi}{2}, \frac{\pi}{2})$$

로 나타냅니다. 이 함수는 모든 실수에서 정의된 데다가 쓸모가 아주 많습니다. 우선 적분에서 중요하게 쓰이는데요, 이 함수의 미분부터 알아봅시다.

$y=\arctan x$로부터 양변에 탄젠트함수를 취하면 $\tan y=x$가 됩니다. 앞서 살펴본 등식

$$\frac{dy}{dx}=\frac{1}{\frac{dx}{dy}} \text{로부터 } \frac{dy}{dx}=\frac{1}{\sec^2 y}$$

을 얻습니다. ($\because \frac{d}{dy}\tan y=\sec^2 y$) 이제 $\sec^2 y=1+\tan^2 y=1+x^2$이므로

$$\frac{dy}{dx}=\frac{1}{1+x^2}$$

이 됩니다. 즉, 우리는

$$\int \frac{1}{1+x^2}dx=\arctan x+C$$

라는 적분 공식을 얻을 수 있고, 이로부터 좀 더 일반적인 공식

$$\int \frac{1}{a^2+x^2}dx=\frac{1}{a}\arctan\frac{x}{a}+C$$

을 얻게 됩니다. 그리고 실은 이 공식을 통해서 결국 분모가 2차식

인 모든 유리함수의 적분을 할 수 있게 됩니다. (유리함수의 분모가 2개의 일차식으로 인수분해되는 경우에는 유리함수를 부분분수로 쪼개서 적분합니다.)

사인함수와 코사인함수의 역함수도 쓸모가 많습니다. 이 두 함수가 일대일대응이 되는 정의역을 잡으면 각각 $\sin x : [-\frac{\pi}{2}, \frac{\pi}{2}] \rightarrow [-1, 1]$와 $\cos x : [0, \pi] \rightarrow [-1, 1]$가 됩니다. 이 두 함수의 역함수를 각각 $\arcsin x$, $\arccos x$라 합니다. 이 두 함수도 적분에 활용됩니다. 그 결과만 써 보면

(i) $\int \frac{1}{\sqrt{1-x^2}} dx = \arcsin x + C \ (|x| < 1)$

(ii) $\int \frac{-1}{\sqrt{1-x^2}} dx = \arccos x + C \ (|x| < 1)$

가 됩니다. 여기서 (i)과 (ii)에 등장하는 좌변의 식이 왜 서로 부호만 차이 나는 것일까요? $\arcsin x$의 도함수와 $\arccos x$의 도함수가 서로 절댓값은 같고 부호만 반대인 이유는 바로 등식 $\sin(\frac{\pi}{2} - \theta) = \cos\theta$가 항상 성립하기 때문입니다. 이것이 무슨 말인지 좀 더 자세히 설명해 보겠습니다. 우선 등식 $\sin(\frac{\pi}{2} - \theta) = \cos\theta$에 θ 대신 $\arccos x$를 대입하면

$$\sin(\frac{\pi}{2} - \arccos x) = \cos(\arccos x) = x$$

가 됩니다. 이 등식의 양변에 대하여 아크사인함수를 취해 주면

$\frac{\pi}{2} - \arccos x = \arcsin x$가 됩니다. 즉, $\arcsin x + \arccos x = \frac{\pi}{2}$임을 알 수 있고, 이 등식의 양변을 미분하면 $\arcsin x$와 $\arccos x$의 도함수는 서로 절댓값은 같고 부호만 반대라는 것을 알 수 있습니다.

아크탄젠트함수의 재미있는 활용의 예를 하나만 더 소개해 드리겠습니다. 이 함수를 이용해서 다음과 같은 유명한 라이프니츠 등식[*]이 성립한다는 것을 증명할 수 있습니다.

$$\frac{\pi}{4} = 1 - \frac{1}{3} + \frac{1}{5} - \frac{1}{7} + \frac{1}{9} - \frac{1}{11} + \cdots = \sum_{n=1}^{\infty} \frac{(-1)^n}{2n+1}$$

이 등식이 어떻게 성립하는지 살펴봅시다. 다음과 같은 무한등비수열의 합을 **기하급수**geometric series[**]라고도 부릅니다.

$$\sum_{n=0}^{\infty} x^n = 1 + x + x^2 + x^3 + \cdots = \frac{1}{1-x} \quad (|x| < 1)$$

이 등식에서 x 대신 $-x^2$을 대입하면 $\frac{1}{1+x^2} = \sum_{n=0}^{\infty}(-x^2)^n = \sum_{n=0}^{\infty}(-1)^n x^{2n}$을 얻습니다. 그런데 이것의 좌변이 'arctan$x$의 미분'과 같다는 것은 조금 아까 보였습니다. 이제 이 등식의 양변을 적분하면 유명한 그

* 최근에는 이 급수를 일찍이 발견했던 인도의 수학자 마다바(Madhava, 1340-1425)의 이름을 붙여서 마다바-라이프니츠 급수라고 부르기도 합니다. 인도 수학의 높은 수준을 짐작할 수 있지요.

** "기하급수적으로 증가한다"라는 말에 등장하는 그 기하급수입니다.

레고리-라이프니츠 급수*

$$\arctan x = \sum_{n=0}^{\infty} \frac{(-1)^n}{2n+1} x^{2n+1} \quad (x \in (-1, 1])$$

을 얻게 됩니다.** 끝으로 이 등식에 $x=1$을 대입하면 $\arctan 1 = \frac{\pi}{4}$ $(\because \tan\frac{\pi}{4} = 1)$이므로 라이프니츠 등식이 성립한다는 것을 확인할 수 있습니다. 이 등식은 π의 값을

$$\pi = 4\left(1 - \frac{1}{3} + \frac{1}{5} - \frac{1}{7} + \frac{1}{9} - \frac{1}{11} + \cdots\right)$$

와 같이 나타낼 수 있다는 것을 의미합니다. 이렇게 신비의 수 π는 의외의 곳에서 등장하곤 합니다. 참고로, 이 등식은 π의 근삿값을 구하는 데에는 쓰이지 않습니다. 수렴하는 속도가 너무 느려서 수십만 개의 항을 더하더라도 π의 소수점 대여섯 자리 정도밖에는 얻을 수 없기 때문입니다. π에 얽힌 여러 가지 재미있는 이야기는 뒤에서 이어서 하겠습니다.

* 스코틀랜드 수학자 그레고리(1671년), 독일 수학자 라이프니츠(1673년)에 의해 독립적으로 발견되었습니다.

** x=1일 때 나오는 이런 형태의 급수를 교대급수(alternating series)라고 합니다. 일반항의 절댓값이 감소하면서 0으로 수렴하는 교대급수는, 수렴한다는 것을 쉽게 보일 수가 있습니다.

5부

수의 신비

✦

세상의 비밀을 담고 있는
수에 대한 이야기

31

소수는 왜 중요한가요?

정수가 갖는 대부분의 비밀은 소수prime number들과 연결되어 있습니다. 수론number theory은 수학에서 큰 비중을 차지하는 분야인데 주로 정수에 대하여 연구하므로 이 분야를 보통 **정수론**이라고 부릅니다. 소수가 정수의 비밀을 간직하는 주요 이유는 바로 소인수분해 성질 때문일 것입니다. 모든 자연수는 소수의 곱으로 표현되고 그 표현법이 유일합니다. '유일하다'는 것이 핵심이므로 소인수분해정리를 영어로는 **unique** factorization theorem이라고 합니다. 하여간 정수에 대한 문제를 풀다 보면 소수가 등장하게 되어 있습니다.

소수: 1과 자기 자신을 제외한 약수가 없는 자연수

정수론에서는 주로 자연수만 다루므로 이 단원에서도 특별한 말이 없다면 정수는 주로 자연수를 의미하겠습니다. 소수素數란 1과 자기 자신을 제외한 약수가 없는 자연수를 말합니다. 예전에는 이 단어가 0.12와 같은 소수decimal expression와 헷갈린다며 한때 수학 교과서에서 '솟수'라고 쓰기도 했습니다. 그때의 영향인지 아직도 '소쑤'라고 발음해야 한다고 주장하는 사람들이 많지요(사람은 자기가 예전에 배워서 익숙한 것, 즉 경험적 지식이 옳다고 믿는 성향이 있습니다).

우리나라 고등학교 교과과정에서는 정수에 대해서는 많이 다루지 않고 함수와 그래프, 그리고 미분, 적분 등 수학의 해석학 분야에 속하는 내용을 주로 다루고 있어요. 정수론은 수학의 분야 중에는 대수학 분야에 속한다 할 수 있습니다. 유럽에서는 전통적으로 중등교육에서도 정수론을 중시해 왔습니다. 그래서 유럽의 전통에 충실한 국제수학올림피아드에서는 정수론 문제가 출제됩니다. IMO의 문제들은 정수론, 조합론, 대수, (평면)기하의 네 분야에서 출제됩니다.* 정수를 중시한 것은 피타고라스Pythagoras, BC 570?-495?로부터 시작되었습니다. 그와 그의 영향을 받은 그리스 수학자들은 세상의 비밀은 정수들에 담겨 있거나 정수들 사이의 비율에 담겨 있다고 믿었지요.

유클리드가 기원전 300년경에 쓴 《스토이케이아Stoicheia》는

* 여기서 대수란 함수방정식, 부등식, 수열 등 대수적 조작을 통해 문제를 푸는 것을 말합니다. IMO에서는 모두 6문제가 출제되는데 하루에 3문제(4시간 30분)씩 이틀간 시험을 치릅니다.

《기하학원론》으로 번역되고 있지만 이 책에는 기하만이 아니라 정수론 내용도 상당히 많이 담겨 있습니다(총 13권 중 4권이 정수론에 대한 내용). 그리스에서는 (기호 사용의 필요성을 잘 몰라서) 대수적인 것보다는 기하가 더 발달하였지만, 정수론의 수준도 상당히 높았습니다. 그것은 《원론》에 나오는 '완전수'에 대한 내용만 보아도 알 수 있습니다. 완전수란 '자기 자신을 제외한 약수들을 더했을 때 자기 자신이 되는 정수'를 말합니다. 예를 들어 6은 완전수입니다. 왜냐하면 $1+2+3=6$이기 때문입니다. 완전수에 대해서는 피타고라스도 큰 관심을 가졌다고 전해집니다. 유클리드는

2^p-1(이때 p는 소수)이 소수라면
$2^{p-1}(2^p-1)$ 꼴의 정수는 모두 완전수

라는 사실을 이 책에 서술했습니다. 이때 2^p-1 꼴의 소수를 **메르센** Mersenne **소수**라고 합니다. 훗날 오일러는 모든 짝수 완전수는 이 꼴의 수임을 증명하였습니다. 홀수 완전수가 존재하는지, 완전수가 유한개만 있는지(즉, 메르센 소수가 유한개인지)에 대해서는 아직도 잘 모릅니다.

소수에 대한 여러 가지 이야기를 쓰자면 한 권의 책으로도 모자랄 테니 여기서는 몇 가지 중요한 내용만 기술해 보겠습니다. 우선, 소수는 얼마나 많을까요? 이 질문에 대한 간단한 답은 '무한히 많다'

입니다. 왜냐하면 유한개만 있다면 쉽게 모순을 찾을 수 있기 때문입니다. 소수가 유한개 $p_1, p_2, \cdots, p_n$뿐이라고 가정해 볼까요? 그러면 $N = p_1p_2\cdots p_n + 1$이라 할 때 어떤 소수 p_i도 N을 나누지 못하기 때문에 N에 대한 소인수분해정리에 모순이 됩니다. 그래서 "소수가 얼마나 많을까요"라는 질문의 진정한 의미는 자연수 중에 소수가 어느 정도의 밀도로 분포되어 있는지에 대한 질문일 것입니다. 그에 대한 답은 다음과 같습니다.

소수정리 Prime Number Theorem, PNT

큰 자연수 N에 가까운 정수가 소수일 확률은 $\frac{1}{\ln N}$이다.

소수에 관한 몇 개의 유명한 이야기

메르센 소수에 대한 이야기를 조금만 더 해 보겠습니다. 작은 소수 $p = 2, 3, 5, 7$에 대하여 $2^p - 1$은 모두 메르센 소수입니다. 즉, 3, 7, 31, 127은 모두 소수이고 그에 대응되는 $2^{p-1}(2^p - 1)$ 꼴의 정수 6, 28, 496, 8128은 모두 완전수입니다. 하지만 $p = 11$일 때는 $2^{11} - 1 = 2047 = 23 \times 89$로 메르센 소수가 되지 않습니다. $2^n - 1$이 소수이면 n이 소수임을 보이는 것은 쉽습니다. (즉, n이 합성수이면 $2^n - 1$도 합성수입니다. $2^n - 1$을 메르센 수라고 부르고 $M(n)$이라 쓰기도 하지요.)

페르마는 1640년경에 메르센과 다른 수학자들의 메르센 소수에 대한 질문에 답하기 위해 $2^{23} - 1$과 $2^{37} - 1$은 소수가 아님을 증명했습니다. 그는 이 증명을 찾는 과정에서 다음 정리를 찾았습니다.

페르마의 소정리 Fermat's Little Theorem

임의의 소수 p와 자연수 a에 대하여, a^p-a는 p의 배수이다.*

이 정리는 정수론에서 가장 많이 사용되는 기본적이고 중요한 정리입니다. 이것을 일반화한 오일러의 정리도 있습니다. 페르마의 소정리라고 부르는 이유는 유명한 페르마의 마지막 정리가 있기 때문입니다. 마지막 정리는 300년 넘게 수많은 수학자들이 시도했으나 실패했던 것을 1994년경에 앤드류 와일즈Andrew Wiles, 1953- 가 증명하였습니다. 지난 200년간 정수론은 이 정리를 증명하기 위해 발전해 왔다고 해도 과언이 아닙니다. 그 이전의 수학자들이 이 문제를 풀지 못했던 이유는 와일즈가 풀이에서 사용한 여러 가지 정리와 이론들이 근래에 이르러서야 발견된 것이어서 그 이전 수학자들은 그것들을 사용할 수 없었기 때문입니다. 그는 페르마의 마지막 정리를 직접 증명한 것이 아니고 다니야마-시무라 추측이 성립함을 보임으로써 이 정리가 성립한다는 것을 증명하였습니다.

한편, 메르센 소수, 즉 2^p-1 꼴의 소수 중 큰 소수를 찾기 위한 인터넷협회도 있습니다. 약자로 GIMPS라고 부르는 이 협회에서는

* 이것을 수학 기호로는 $a^p \equiv a \pmod{p}$라고 나타냅니다.

새로운 큰 메르센 소수를 찾은 사람에게 상금도 줍니다. 참고로 지금까지 찾은 가장 큰 메르센 소수는 $2^{136279841}-1$로 이것은 52번째 메르센 소수입니다.

골드바흐의 추측 Goldbach's conjecture은 소설, 영화 등을 통해 대중에게 잘 알려진 추측입니다. 이것은 골드바흐가 1742년에 오일러에게 물어본 문제로 "5보다 큰 모든 자연수는 3개의 소수의 합으로 나타낼 수 있다"는 추측입니다. 이것은 현재까지도 미해결인 문제입니다. 오일러는 답신에서 이 추측은 "2보다 큰 모든 짝수는 2개의 소수Prime number의 합으로 나타낼 수 있다"는 것을 보이면 된다고 지적했습니다. 단, 여기서 소수는 서로 다를 필요는 없습니다. 후자(오일러가 강화한 것)를 강한 추측, 전자를 약한 추측이라고 부릅니다. 강한 추측은 지금까지 매우 큰 수까지 맞다는 것이 컴퓨터 계산을 통해 확인되었지만 이 추측이 모든 수에 대해 맞다는 증명은 찾지 못하고 있습니다. 약한 추측에 대해서는 2013년에 헬프고트 Harald Helfgott, 1977- 가 그것이 맞다고 하는 증명을 발표하였습니다.

쌍둥이 소수twin prime라는 것도 있습니다. (2를 제외한 모든 소수는 홀수이므로) **연속한 2개의 소수의 쌍**(또는 이에 속하는 소수)을 쌍둥이 소수라고 합니다. 즉, p, $p+2$ 꼴의 소수의 쌍을 말합니다. (3, 5), (5, 7), (11, 13), (17, 19) 등이 이에 해당되겠습니다. 쌍둥이 소수가 유한개만 있는지 아니면 무한히 많은지는 아직도 잘 모릅니다. "쌍둥이 소수는 무한히 많다"는 것을 쌍둥이 소수 추측이라고 합니다. 이것은 유명한 힐베르트의 23개 문제에도 나오는 문제인데 아직 미해결입니다. 이 추측의 일반형인 폴리냑 추측Polignac's conjecture이라는 것도 있는데 그것은 임의의 짝수 $2k$에 대하여 $(p, p+2k)$인 소수의 쌍은 무한히 많다는 추측입니다. $k=1$일 때는 쌍둥이 소수, $k=2$일 때는 사촌 소수, $k=3$일 때는 섹시* 소수라고 합니다.

끝으로 소개할 것은 소수가 중요한 역할을 하는 RSA Rivest-Shamir-Adleman **공개키 암호**입니다. 이 암호시스템은 기본적으로는 큰 자연수를 소인수분해할 수 있으면 풀 수 있는 것인데 일반적으로 아주 큰 수를 소인수분해하는 것은 매우 어렵다는 사실을 기반으로 하고 있습니다. 따라서 누군가 소인수분해를 빨리 해낼 수 있는 계산기(예를 들어 양자컴퓨터)를 개발한다면 이 암호시스템은 무용지물이 되겠지요. 그러나 그것이 아직은 요원하다는 것이 일반적인 인식입니다.

이 암호시스템은 현재 인터넷뱅킹, 전자상거래 등에서 광범위하게 사용되고 있습니다. 이 시스템에서는 기본적으로 2개의 암호키를 사용합니다. 하나는 공개키public key이고 또 하나는 개인키private key입니다. 공개키는 모두에게 알려져 있는 키로 메시지를 암호화하는 데에 사용되고 개인키는 메시지를 받는 개인이 쓰는 키로 암호

* 숫자 6을 나타내는 라틴어 sex가 어원입니다.

를 푸는 데에 사용됩니다. 공개키 알고리듬은 누구나 (공개키를 이용해) 어떤 메시지를 암호화할 수 있지만, 그것을 해독하여 열람할 수 있는 사람은 개인키를 지닌 단 한 사람만이 존재하도록 하는 것입니다.

32

허수 i는 어떤 수인가요?

보통은 초등학교에 입학한 지 10년이 넘어서야 비로소 허수라는 것을 배웁니다. 학생들은 이미 실수에서의 연산, 함수, 방정식 등에 익숙한 상황인지라 '제곱을 해서 음수가 되는 수'라는 새로운 수가 매우 생소하게 느껴집니다. 새로운 수 $i=\sqrt{-1}$는 $i^2=-1$을 만족하는 수이고 허수라고 불립니다. 좀 더 정확하게는 i를 허수단위라고 하고 일반적으로 허수란 실수가 아닌 복소수를 의미합니다.

허수虛數라는 이름이 주는 느낌 때문인지 사람들은 '실수實數는 실제로 존재하는 수이지만 허수는 수학자들이 상상으로 만든 것일 뿐 진짜 존재하는 수는 아니다'라는 인식을 갖기 쉬운 모양입니다. 그래서인지 한 유명 유튜브 채널에서는 "허수는 보이지 않는 수이고 실수는 보이는 수"라고 설명합니다. 해당 크리에이터의 허수에 대한 이런저런 부정확한 설명을 들으면서 저는 일반인들에게 허수라는 개념은 이해하기가 그리 쉬운 것이 아니고 막연한 오해를 낳을 수도 있다는 사실을 알게 되었습니다. 저에게 특히 신기했던 것은 해당 채널의 시청자 댓글에 "이제야 허수에 대해 제대로 알게 되었어요", "쉽게 설명해 주시니 너무 감사해요"와 같은 글들이 많았다는 것입니다.

그래서 저는 여러 날 깊이 생각해 보았습니다. '수학을 가르칠 때 너무 정확하게만 가르치려고 하는 것보다는 덜 정확하더라도 조금 쉬워 보이게 가르치는 게 더 좋은 것일까?' 하고요. 하지만 그런 것은 저 같은 수학자에게는 생리적으로 맞지 않는 것 같다는 결론에 도달했습니다.

"어떤 개념을 (반드시 수학적 개념이 아니더라도)
진정으로 깨닫는 것은 결국 본인의 몫"

일 것입니다. 누군가의 좋은 설명이 이해에 큰 도움이 되기는 하지만 최종적으로는 자기 자신이 머릿속에서 소화하고 되새김하는 과정을 통해서 진정으로 이해하게 되는 경우가 많을 거예요. 수학의 경우에는 그렇게 하기 위해서 해당 개념과 연관된 문제를 푸는 행위를 하는 것이기도 하고요.

다시 허수 이야기로 돌아가 보지요. 실수는 실재하지만 허수는 상상 속에만 존재하는 것이라든가 실수는 보이지만 허수는 보이지 않는다는 설명은 존재론적인 철학 문제를 연상시키는데, 실은 실수든 허수든 수는 인간이 만들어 낸 개념일 뿐이죠. 1, 2, 3…과 같은 자연수는 물건은 셀 때 쓰이니까 보인다(?)고 할 수 있을지 모르지만 그 말은 마치 어릴 때부터 배워서 익숙한 수는 존재하는 수이고 고등학교에서나 배우는 조금 어려운 수는 존재하지 않는 수라고 말하는 것과 다르지 않아 보입니다.

역사적으로 음수를 수로 받아들이는 것조차 그리 쉽게 이루어지지는 않았습니다. 수는 다항방정식의 해를 구하는 과정에서 조금씩 확장되는 과정을 거쳤는데요, 16세기에 이탈리아 중심의 유럽 수학자들은 3, 4차방정식(다항식)의 일반해를 구하는 데에 집중했습니다. 일반해는 카르다노Cardano, 1501-1576와 그의 제자 페라리Ferrari, 1522-1565에 의해 구해졌는데, 카르다노는 허수해의 존재는 인지하였으나 그를 포함한 당대의 수학자들은 (음수 해는 인정하였으나) 허수해는 정상적인 해로 받아들이지 않았습니다. 봄벨리Rafael Bombelli, 1526-1572가 처음으로 n차방정식의 해에서의 공액복소수의 역할을 발견하였고 프랑스의 지라르Albert Girard, 1595-1632는 그의 책《대수학의 새 발견》에서 허수를 적극적으로 받아들였습니다.

복소수complex number는 **실수를 확장한 개념**이고 $a+bi$ 꼴의 수입니다. 수학적인 표현으로는 '1과 i의 일차결합으로 생성되는 수'라고 합니다. 복소수 $z=a+bi$에 대하여 a를 실수부real part, b를 허수부imaginary part라고 부르고 각각 기호 Re(z)와 Im(z)로 나타냅니다. 복소수에는 실수와 허수가 있고 실수란 허수부가 0인 수, 즉 $b=0$인 복소수를 말합니다. 그러니까 '허수'란 허수부가 0이 아닌 수, 즉 $b\neq0$인 복소수를 말합니다. 흔히 i를 허수라고 부르는데요, 그것은 특별한 허수일 뿐이고 일반적인 허수는 실수와 대비되는 수이므로 "허수는 i에 의해 생성된다"는 표현을 쓰는 것이 좋겠습니다.

$\sqrt{-1}$이라는 기호는 '제곱해서 -1이 되는 수'라는 의미를 잘 나타내고 있기는 하지만 i라는 간단한 기호가 훨씬 보기도 좋고 다루기도 편합니다. 이 기호는 다른 여러 현대적 기호와 마찬가지로 오일러가 처음으로 채택한 것입니다.

복소수와 복소평면의 의미

복소수는 처음 볼 때 조금 생소할 뿐 수학적으로는 매우 자연스러운 수이자 쓸모가 아주 많은 수입니다. 대학 이상의 수학에서는 실수만큼 중요한 수이지요. 전문적인 수학에서는 실해석학real analysis과 복소해석학complex analysis이라는 분야가 있는데 실수의 영역에서 하는 해석학인 실해석학보다 복소수의 영역에서 하는 복소해석학에서 깔끔하고 아름다운 공식과 정리들이 더 많이 등장합니다. 물론 체감 난도도 복소해석학 쪽이 더 낮다고 할 수 있습니다.

복소수는 보통 $z=a+bi$로 나타내는데 a, b라는 실수 2개로 정해지기 때문에 2차원 좌표평면 $\mathbb{R}^2$의 한 점과 대응됩니다.

$$(a, b) \leftrightarrow a+bi$$

$\mathbb{R}^2$의 임의의 한 점을 '2차원 벡터'라고 부릅니다. 즉, 집합적으로는 2차원 벡터의 집합 $\mathbb{R}^2$과 복소수의 집합 $\mathbb{C}$는 서로 같은 것으로 보아도 됩니다. 다만, 2차원 벡터는 기하적인 개념이고 복소수는 **대수적인 개념**입니다. 복소수는 '수'이기 때문에 실수와 같이 덧셈과 곱셈의 '연산'을 가집니다. 즉,

$$(a+bi)+(c+di)=(a+c)+(b+d)i$$
$$(a+bi)(c+di)=(ac-bd)+(ad+bc)i$$

입니다. 기하적으로는 실수의 집합 $\mathbb{R}$은 직선으로 간주하고 복소수의 집합 $\mathbb{C}$는 평면으로 간주합니다. $\mathbb{C}$를 복소평면 또는 가우스평면(또는 아르강평면)*이라고 부릅니다. 이것은 집합 기호로

$$\mathbb{C}=\{a+bi \mid a, b \in \mathbb{R}\}$$

로 나타냅니다. 복소수는 극좌표로 나타내는 것이 더 편리할 때가 많습니다.

* 현실적으로 아르강평면이라고 부르는 수학자는 드뭅니다만, 스위스 출신의 아마추어 수학자인 아르강(Jean Argand, 1768-1822)이 최초로 복소평면을 구성했습니다.

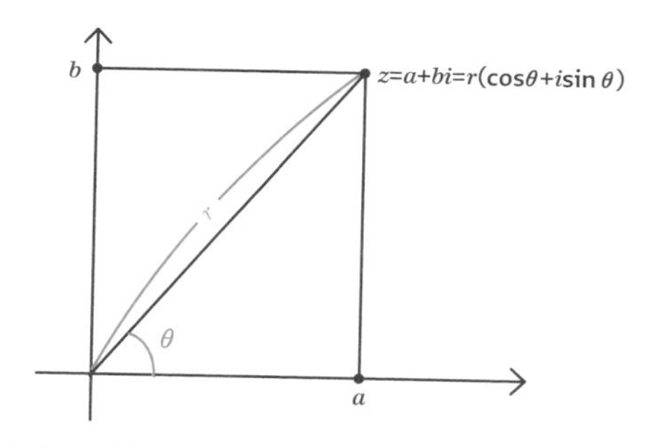

복소평면(가우스평면)의 직교좌표와 극좌표

복소수를 극좌표를 이용하여 $z=a+bi$ 대신 $z=r(\cos\theta+i\sin\theta)$와 같은 형태로 나타내는 것을 복소수의 **극형식**이라고 부릅니다. 이때 $r=|z|=\sqrt{a^2+b^2}$은 원점으로부터의 거리이고 z의 절댓값 또는 모듈러스modulus라고 부릅니다. θ는 x축(실수축)의 양의 방향과 이루는 각으로 편각argument이라고 부릅니다. 편각은 하나의 값 θ가 아니라 일반적으로 여러 개의 값 $\theta+2n\pi$(n은 정수)로 나타낼 수 있습니다.

33

복소수에는 어떤 비밀이 있나요?

복소수의 집합 ℂ는 "대수적으로 닫혀 있다"고 말합니다. 이것이 바로 복소수의 가장 큰 특징이자 복소수가 중요한 이유인데요. 대수적으로 닫혀 있다algebraically closed는 것은, 임의의 n차 (실수 계수) 다항식 $a_nx^n+a_{n-1}x^{n-1}+\cdots+a_0=0$의 근이 모두 복소수라는 뜻입니다. 이것은 실수 계수 다항식뿐만 아니라 복소수 계수 다항식에 대해서도 성립합니다. 이 성질을 대수학의 기본정리라고 부르고 이것은 바로 위대한 수학자 가우스Carl Friedrich Gauss, 1777-1855의 박사학위 논문 주제였습니다.

한편 우리가 실수에서 다루었던 대다수의 함수 $f:\mathbb{R}\rightarrow\mathbb{R}$를 복소수에 대한 함수 $f:\mathbb{C}\rightarrow\mathbb{C}$로 확장할 수 있습니다. 즉, 다항함수뿐만 아니라 지수함수, 삼각함수 등의 복소함수를 정의할 수 있고 그것들을 다양한 수학문제에 활용할 수 있어요. 그러한 복소함수를 구성하고 그것들의 다양한 수학적 성질을 발견하고 정리, 활용한 것은 오일러, 가우스, 코시Augustin Cauchy, 1789-1857와 같은 역사상 가장 위대한 수학자들이 이룬 핵심적 업적입니다.

복소수는 실수를 확장한 개념이지만 복소수를 더 이상 확장할 필요는 없습니다. 인위적으로 더 확장된 수의 개념을 정의할 수는 있지만 대부분의 수학에서는 복소수면 충분합니다. 모든 방정식의 일반해가 복소수이고 수학에서 다루는 대부분의 실함수 형태의 함수에 대하여 복소수의 함숫값은 반드시 복소수라는 사실은 복소수가 가지는 중요한 성질입니다.

복소수의 덧셈과 곱셈

두 복소수의 덧셈은 $(a+bi)+(c+di)=(a+c)+(b+d)i$와 같이 실수부는 실수부끼리 더하고 허수부는 허수부끼리 더하는 것으

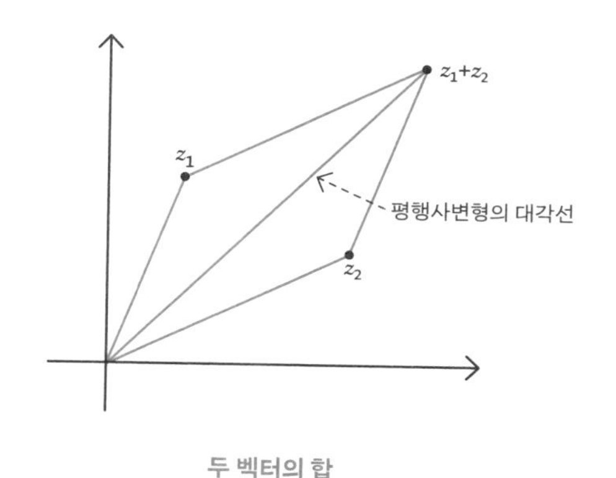

두 벡터의 합

로 정의되므로 이것은 두 벡터의 덧셈의 정의와 일치합니다. 따라서 기하적으로 덧셈은 화살표로 이해할 수 있습니다. 그래서 복소수를 2차원 벡터와 동일하게 원점에서 그 점(복소수)까지의 **화살표**로 간주하면 편합니다.

두 복소수의 곱 $(a+bi)(c+di)=(ac-bd)+(ad+bc)i$의 기하적인 의미는 이 식으로부터 곧바로 이해하기 어려운데, 복소수를 극좌표로 나타내면 이해하기 쉬워집니다. "복소수의 곱은 회전이다"라는 말을 들어 보았나요? 그것은 기본적으로 다음의 삼각함수의 덧셈 공식으로부터 기원합니다.

$$\sin(\alpha+\beta)=\sin\alpha\cos\beta+\cos\alpha\sin\beta$$
$$\cos(\alpha+\beta)=\cos\alpha\cos\beta-\sin\alpha\sin\beta$$

이제 2개의 복소수 z_1, z_2를 극좌표 $z_1=|z_1|(\cos\alpha+i\sin\alpha)$, $z_2=|z_2|(\cos\beta+i\sin\beta)$로 나타낸 다음에 이 두 수를 곱하면 다음과 같은 등식이 성립합니다.

$$\begin{aligned} z_1z_2 &= |z_1||z_2|(\cos\alpha+i\sin\alpha)(\cos\beta+i\sin\beta) \\ &= |z_1||z_2|(\cos\alpha\cos\beta-\sin\alpha\sin\beta+i(\sin\alpha\cos\beta+\cos\alpha\sin\beta)) \\ &= |z_1||z_2|(\cos(\alpha+\beta)+i\sin(\alpha+\beta)) \end{aligned}$$

즉, z_1z_2의 편각이 $\alpha+\beta$가 되는데요, 다른 말로 하면 z_1에 z_2를 곱한다는 것은 (일단 이들의 크기를 무시한다면) 원점에서 z_1으로의 화살표를 (반시계방향으로) β만큼 회전시키는 것입니다. z_1과 z_2가 $|z_1|=|z_2|=1$인 단위복소수라면 이 두 복소수는 편각 α, β만으로 결정되므로 z_1과 z_2의 곱을 다음과 같이 쉽게 그림으로 나타낼 수 있습니다.

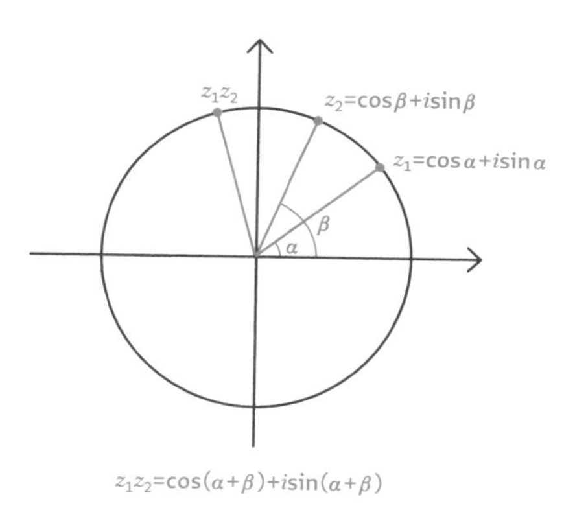

두 복소수의 곱은 회전이다

위대하고 아름다운 공식

오일러는 $\cos\theta+i\sin\theta$를 복소수에 대한 지수 $e^{i\theta}$로 나타냈고 결국 수학자들은 이것을 통하여 복소수 z에 대한 복소함수의 값 e^z를 정의할 수 있었습니다. 오일러의 등식 $e^{i\theta}=\cos\theta+i\sin\theta$에 대하여 $\theta=\pi$를 대입한 것이 바로 세상에서 가장 아름답다고 하는 등식 $e^{i\pi}+1=0$입니다.

그렇다면 오일러는 어떻게 $\cos\theta + i\sin\theta$와 $e^{i\theta}$는 같은 것이라고 생각했을까요? 그것은 오일러는 $\cos\theta + i\sin\theta$가 지수함수가 갖는 성질과 똑같은 성질을 갖는다는 것을 알아차렸기 때문입니다. $\cos\theta + i\sin\theta = f(\theta)$라고 하면 등식

$$f(\alpha)f(\beta) = f(\alpha + \beta)$$

를 만족하지요? 이것은 바로 지수함수 e^{kx}가 가지는 특유의 성질과 일치합니다. 그것만이 아닙니다. 함수 $\cos x + i\sin x = f(x)$는 다음과 같이 지수함수가 만족하는 것과 똑같은 성질을 만족합니다.

- $f(0) = 1$
- $f(-x) = \dfrac{1}{f(x)}$
- $f'(x) = if(x)$

따라서 $f(x)$를 지수함수 e^{ix}라고 정의해도 문제가 없게 됩니다.

그런데 실은 멱급수(테일러급수)를 살펴보면 등식 $e^{ix} = \cos x + i\sin x$이 성립한다는 것을 바로 알 수 있습니다. 앞에서 e^x를 멱급수로 나타내면

$$e^x = \sum_{n=0}^{\infty} \frac{x^n}{n!}$$

이 된다는 것을 언급했는데 기억하지요? 이 등식을 이용하면

$$e^{ix}=\sum_{n=0}^{\infty}\frac{(ix)^n}{n!}=\sum_{n=0}^{\infty}\frac{(-1)^n x^{2n}}{(2n)!}+i\sum_{n=0}^{\infty}\frac{(-1)^n x^{2n+1}}{(2n+1)!}=\cos x+i\sin x$$

가 됩니다. $\cos x$와 $\sin x$를 멱급수로 나타내면 각각

$$\sum_{n=0}^{\infty}\frac{(-1)^n x^{2n}}{(2n)!} \text{과 } \sum_{n=0}^{\infty}\frac{(-1)^n x^{2n+1}}{(2n+1)!}$$

이 된다는 것은 앞에서 이야기했습니다. 물론 오일러도 18세기에 이미 이러한 테일러급수에 대해 알고 있었습니다.

i^i는 어떤 수인가요?

앞에서 복소수의 집합 $\mathbb{C}$는 대수적으로 닫혀 있다는 것의 의미를 설명했습니다. 실은 $\mathbb{C}$는 '강한' 의미로도 대수적으로 닫혀 있습니다. 그것은 '복소수의 복소수 제곱'도 역시 복소수라는 뜻입니다. i^i는 어떤 수인지에 대한 이야기를 들어 본 적이 있는 독자들이 있을 것 같습니다. i^i는 $a+bi$ 꼴의 복소수일 뿐 아니라 신기하게도 이것은 실수입니다. 이것은 실수이기도 하지만 특정한 값이 아니라 여러 개의 값을 나타낸다는 조금 이상한 성질을 가지고 있습니다.

i의 편각은 $\frac{\pi}{2}$이기 때문에 $i=e^{\frac{\pi}{2}i}$로 나타낼 수 있습니다. 따라서 이것을 이용해서 i^i를 나타내면

$$i^i = (e^{\frac{\pi}{2}i})^i = e^{\frac{\pi}{2}i^2} = e^{-\frac{\pi}{2}}$$

이 됩니다. 즉, 실수가 되지요. 그런데 여기에서 한 가지 더 고려해야 할 것이 있습니다. 그것은 바로 i의 편각은 $\frac{\pi}{2}$ 하나뿐만 아니라 일반적으로 $\frac{\pi}{2}+2n\pi$라는 사실입니다. 이 사실을 이용해서 다시 i^i을 나타내면

$$i^i = (e^{(\frac{\pi}{2}+2n\pi)i})^i = e^{-\frac{\pi}{2}-2n\pi} \quad (n\text{은 정수})$$

이 됩니다. 즉, 하나의 고정된 값이 아니라 무한히 많은 실숫값이 되지요. 일반적으로 상수(실수 또는 복소수) a에 대하여 복소지수함수 a^z는 무한히 많은 복소수 값을 가집니다. 그래서 a^z를 (실제로는 함수는 아니지만) 다가多價함수라고 부릅니다. 실은 복소수의 경우에도 지수함수를 $a^z = e^{z\ln a}$로 정의하는데 이때 로그함수 $\ln z$가 다가함수입니다.

34

π를 왜 신비로운 수라고 하나요?

원주율은 초등학생들도 배우는 기본적인 수이면서도 수학 안의 다양한 곳에서 불쑥불쑥 등장하기 때문에 전문적인 수학자들에게도 매우 신비로운 수입니다. 우주의 신비를 간직하고 있는 것 같은 느낌을 줄 때도 있습니다. 어쩌면 원(또는 그것의 확장인 고차원 구면)이라는 것 자체가 이 세상의 많은 비밀을 간직하고 있는지도 모릅니다. 매년 3월 14일은 π의 근삿값 3.14를 상징한다는 의미로 'π데이'로 불렸습니다만(일본과 한국에서는 화이트데이) 2019년 11월에 유네스코는 이날을 '세계 수학의 날'로 지정했습니다.

레온하르트 오일러
(Public domain | Wiki Commons)

원주율을 π라는 간단한 기호로 나타낸 것은 오일러(1736년)가 했습니다. 이것은 주변이라는 의미의 그리스어(영어로는 periphery)의 앞 글자를 딴 것입니다(그리스 문자 π는 영어의 p에 해당). 오일러는 역대 최고의 수학자이다 보니 그가 채택한 기호가 표준이 된 경우가 많았습니다. 그가 채택한 기호로는 자연상수(일명 오일러수) e, 수열의 합을 나타내는 기호 $\sum_{k=1}^{n} a_k$, 함수 기호 $f(x)$* 등이 있습니다. 삼각형의 세 꼭짓점을 A, B, C라 하고 마주 보는 변을 a, b, c라 한 것, 그리고 $s=\frac{1}{2}(a+b+c)$라 한 것도 그입니다.

역사적으로 많은 수학자들이 π의 근삿값을 구하기 위해 무수한 노력을 기울였습니다. 역사상 3대 수학자 중 한 명으로 꼽히는 아르키메데스는 정96각형을 이용해서 π의 값이 $3\frac{10}{71} < \pi < 3\frac{1}{7}$임을 밝혔습니다. 즉, $3.1408 < \pi < 3.1429$입니다. 사실 π의 근삿값에 대한 역사는 수학사의 축소판입니다. 다른 면으로는 얼마나 정확한 근삿값을 찾았는지가 서로 독립적으로 발전한 여러 고대 문명들의 수준을 비교하는 척도가 되기도 합니다.

이런 역사에 대해 좀 더 자세한 것을 알고 싶은 독자들은 《파이의 역사》(페트르 베크만 지음, 박영훈 옮김)를 읽어 보시기 바랍니다. 이 책에는 우리가 어디선가 들어 보았을 만한 수학자들의 이름이 거의 다 등장합니다. 그것은 대다수의 위대한 수학자들이 π와 관련이 있는 연구를 하였고 π가 오랫동안 수학의 한가운데 자리를 차지하고

* 함수 기호 $f(x)$를 누가 처음으로 썼는지는 그리 단순하지는 않습니다. 오일러는 fx 또는 $f:x$와 같은 기호를 썼고 그의 스승 요한 베르누이(Johann Bernoulli, 1667-1748)는 그에 앞서 φx와 같은 기호를 썼습니다. 실은 '함수'라는 개념이 정립된 것은 이보다 훨씬 후의 일입니다.

있었다는 것을 의미할 것입니다.

1858년에 스코틀랜드의 젊은 고고학자 린드Henry Rhind, 1833-1863는 약 3700년 전에 이집트의 서기 아메스Ahmes가 수학 내용을 쓴 파피루스(린드의 파피루스)를 발견했습니다. 린드의 파피루스에는 풍부한 수학 내용이 적혀 있는데 그중 π와 관련해서는 지름이 d인 원의 넓이가 $(\frac{8}{9}d)^2$이라는 내용이 나옵니다. 이것은 바로 π를 $(\frac{16}{9})^2=\frac{256}{81}$로 나타낸 것으로 이 값은 약 3.16입니다.

고대 이집트와 비슷한 시기에 메소포타미아 문명*의 수준도 아주 높았지요. 이 지역의 수메르인들은 점토판에 쐐기문자로 기록을 남겼습니다. 고대 이집트의 기록은 로제타석Rosetta Stone의 발견 덕분에 거의 다 해독이 되었지만 메소포타미아의 기록은 그 해독이 오랫동안 잘 이루어지지 않고 있다가 최근 해독에 큰 진전이 있었습니다. 점토판은 부식하지 않기 때문에 현재 남아 있는 점토판 기록은 이집트의 파피루스 기록보다도 더 풍부합니다. 'Plimpton 322'라는 분류번호가 붙어 있는 점토판에는 수학적 내용이 적혀 있습니다. 메소포타미아인들은 π를 통상적으로는 3으로 나타냈지만 정6각형을 이용해서 구한 근삿값 $3\frac{1}{8}=3.125$를 쓰기도 했습니다.

알렉산드리아의 그리스계 수학자 프톨레마이오스Ptolemaios,

* 메소포타미아는 티그리스강과 유프라테스강 사이의 지역을 가리키는 말입니다. 유럽에서는 이 말 대신 이 지역을 나중에 점령하고 바빌론이라는 도시를 건설한 바빌로니아인의 이름을 따서 바빌로니아 문명이라고 하기도 합니다.

83?-168?가 쓴 《알마게스트》는 유클리드의 《원론》, 뉴턴의 《프린키피아》[*]와 더불어 3대 수학서로 꼽힙니다. 이 책의 원래 제목은 《천문학 집대성》이지만 이것을 아라비아인들이 번역한 책의 제목이 알마게스트almagest[**]입니다. 이 책은 12세기 후반에 다시 유럽에 수입되어 라틴어로 번역됩니다. 이것은 천 년 이상 동안 가장 중요한 천문학 교본으로 받아들여졌는데 이 책에서는 π를 $3\frac{1}{7}$로 씁니다(요즘과 같이 3.14를 쓰지 않은 이유는 소수 표기법을 몰랐기 때문이지요). 이것은 아르키메데스, 아폴로니우스 등과 같은 선대 그리스 수학자들의 지식을 수용한 것일 텐데 이것만 보더라도 유럽에는 천 년 이상 동안 학문적 발전이 거의 없었다는 것을 알 수 있습니다.

반면에 대수학이 일찍부터 발전했던 중국에서는 아주 오래전부터 π의 근삿값에 대한 많은 연구가 있었습니다. 먼저 류휘Liu Hui, 225?-295?는 263년에 쓴 유명한 《구장산술 주석서》에서 원에 내접하는 정192각형을 이용하여 얻은 근삿값 $\frac{157}{50}$을 언급했는데 이것은 정확히 3.14입니다. 그는 또한 3072각형을 이용하여 근삿값 3.14159를 얻었습니다. 당시에 십진법 소수 표시법을 몰랐던 유럽이나 아라비아에 비해 (그들은 제한적으로 60진법 소수를 썼음) 중국은 이미 십진법 소수 표현법을 썼습니다. 그것은 지금 우리말에도 남아 있습

* 프린키피아도 라틴어로 원론(또는 원리)이라는 뜻입니다.

** 아랍어로 위대한 것이라는 뜻으로 'al'은 정관사이고 magest는 영어 majesty의 어원으로 알려져 있습니다.

니다. 바로 3.141과 같은 수를 3과 '1할 4푼 1리'라고 표현하는 것입니다.

주충지Zu Chongzhi, 429-500의 발견은 더욱 놀랍습니다. 그는 π의 대강의 근삿값으로는 $\frac{22}{7}$로 쓰고 엄밀한 근삿값으로는 $\frac{355}{113}$를 썼는데 후자는 24,576 $(=3\times2^{13})$각형을 이용해서 구한 것입니다. $\frac{355}{113}$는 약 3.14159292로 이 수는 π의 진짜 값

$$\pi=3.14159265358979\cdots$$

와 매우 가까운 수입니다. 더 놀라운 것은 $\frac{355}{113}$가 16,600보다 작은 분모를 가지는 유리수 중에서 π와 가장 가까운 유리수라는 사실입니다.*

π와 연관된 놀라운 등식들

오일러는 역사상 가장 많은 수학적 업적물을 낸 수학자입니다. 당시에는 논문이나 책을 출간하는 학계의 시스템이 제대로 갖추어지기 전이어서 그의 연구 결과물들은 그의 사후에도 오랫동안 정리되고 발표되었습니다. 그는 특히 π에 대하여 아주 많은 결과를 찾

* 분모가 113보다 더 큰 유리수 중에 $\frac{355}{113}$보다 더 π와 가까우면서 가장 작은 분모를 가진 것은 $\frac{52163}{16604}\approx3.1415923874$입니다. $\frac{355}{113}$는 16세기 네덜란드 수학자 아드리안 안토니스(Adriaan Anthonisz, 1527-1607) 외 여러 명의 유럽인들도 찾아냈습니다.

았는데 그의 업적에 대해 소개하기 전에 프랑스의 비에트François Viète, 1540-1603가 찾은 아름다운 공식(1593년) 하나를 보겠습니다.

$$\pi = 2 \times \frac{2}{\sqrt{2}} \times \frac{2}{\sqrt{2+\sqrt{2}}} \times \frac{2}{\sqrt{2+\sqrt{2+\sqrt{2}}}} \times \cdots$$

π를 이렇게 무한곱 형태로 표현하는 것은 17세기 중반에 영국의 월리스John Wallis, 1616-1703도 찾아냈는데 그것은 다음과 같습니다.

$$\frac{\pi}{2} = \prod_{n=1}^{\infty} \frac{4n^2}{4n^2-1} = \left(\frac{2}{1} \cdot \frac{2}{3}\right)\left(\frac{4}{3} \cdot \frac{4}{5}\right)\left(\frac{6}{5} \cdot \frac{6}{7}\right)\left(\frac{8}{7} \cdot \frac{8}{9}\right)\cdots$$

이제 오일러가 찾은 비밀을 잠시 알아볼까요? 그는 π가 등장하는 등식을 100개 이상 찾아냈습니다. 그중 몇 개만 소개해 보자면, 그는 오랫동안 수학자들을 괴롭혀 오던 급수

$$\sum_{n=1}^{\infty} \frac{1}{n^2} = \frac{1}{1^2} + \frac{1}{2^2} + \frac{1}{3^2} + \cdots$$

의 값이 $\frac{\pi^2}{6}$임을 보였습니다(1734년). 이 등식에 π가 등장하는 것은 의외 아닌가요? 그의 증명은 다소 복잡한 편인데 앞서 소개한 적이 있는 급수 $\sin x = \sum_{n=0}^{\infty} \frac{(-1)^n x^{2n+1}}{(2n+1)!}$과 $\sin x = 0$의 근이 0, $\pm\pi$, $\pm 2\pi$, $\cdots$라는 사실을 이용한다는 것만 알려 드리겠습니다.

조화급수 $\sum_{n=1}^{\infty} \frac{1}{n} = \frac{1}{1} + \frac{1}{2} + \frac{1}{3} + \cdots$가 발산한다는(무한대라는) 것

은 고등학교 교과서에 나옵니다. 2 이상의 모든 정수 n에 대하여 $\frac{1}{\sqrt{n}} > \frac{1}{n}$이므로 $\sum_{n=1}^{\infty}\frac{1}{\sqrt{n}} = \frac{1}{\sqrt{1}} + \frac{1}{\sqrt{2}} + \frac{1}{\sqrt{3}} + \cdots$이 발산하는 것은 당연합니다.

일반적으로 실수 $\alpha > 0$에 대해 급수 $\sum_{n=1}^{\infty}\frac{1}{n^{\alpha}} = \frac{1}{1^{\alpha}} + \frac{1}{2^{\alpha}} + \frac{1}{3^{\alpha}} + \cdots$* 의 수렴 여부는 어떻게 될까요? 급수 $\sum_{n=1}^{\infty}\frac{1}{n^{\alpha}}$의 발산 여부는 적분값 $\int_{1}^{\infty}\frac{1}{x^{\alpha}}dx$의 발산 여부와 일치하기 때문에 $\sum_{n=1}^{\infty}\frac{1}{n^{\alpha}}$는 $0 < \alpha \leq 1$일 때는 발산하고 $\alpha > 1$일 때는 수렴합니다.

$\sum_{n=1}^{\infty}\frac{1}{n^{2}}$이 어떤 값으로 수렴하는가 하는 문제는 '바젤의 문제'라고도 부르는데 이것은 1650년에 멩골리Pietro Mengoli, 1626-1686에 의해 제시되었던 문제입니다. 결국 이 문제는 제기된 지 84년 만에 오일러에 의해 해결된 것입니다.

오일러는 이것 외에도

- $\sum_{n=0}^{\infty}\frac{1}{(2n+1)^{2}} = \frac{\pi^{2}}{8}$
- $\sum_{n=1}^{\infty}\frac{1}{n^{4}} = \frac{4}{5!3}\pi^{4}$

등과 같은 등식을 발견하였는데** 나머지는 다 생략하고 다음 등식

* 복소수 s에 대하여 급수 $\sum_{n=1}^{\infty}\frac{1}{n^{s}}$는 Re(s)>1일 때 수렴합니다. 이것을 $\zeta(s)$라 하는데 이것이 바로 유명한 리만제타함수입니다. 이 함수는 21세기 최고 난제로 꼽히는 리만추측 문제에도 등장합니다.

** 베크만의 《파이의 역사》 참조.

하나를 마지막으로 소개합니다. 그는

$$\frac{\pi}{4} = 5\arctan\frac{1}{7} + 2\arctan\frac{3}{79}$$

라는 등식을 찾았고 (이것은 뒤에 소개하는 마친공식의 변형) 이것을 이용하여 π의 근삿값을 1시간 만에 소수 20자리까지 계산하였다고 합니다. 아크탄젠트함수는 최근까지도 π의 근삿값 계산에서 핵심적 역할을 해 왔는데 그 이유는 아크탄젠트에 대한 그레고리-라이프니츠 급수

$$\arctan x = \sum_{n=0}^{\infty} \frac{(-1)^n}{2n+1} x^{2n+1}$$

을 이용할 수 있기 때문입니다.

인도 수학자 라마누잔Srinivasa Ramanujan, 1887-1920은 역사상 가장 뛰어난 천재 중 한 명으로 인정받고 있는데 그가 1910년에 찾은 π에 관한 급수는 놀랍기 짝이 없습니다.

$$\frac{1}{\pi} = \frac{2\sqrt{2}}{9801} \sum_{n=0}^{\infty} \frac{(4n!)(26390n + 1103)}{(n!)^4 \, 396^{4n}}$$

이것은 그가 찾은 $\frac{1}{\pi}$에 대한 17개의 급수 중 하나입니다. 이 등식

에는 초월수*인 π와 전혀 상관없을 것 같은 자연수들이 어지럽게 등장하는 데다가 모양이 아름다워 보이지 않기 때문에 호감이 가지 않는 등식이라는 사람들이 있습니다. 하지만 자세히 살펴보면 이 등식은 아름답기 그지없습니다. 게다가 이 급수는 아주 빠른 속도로 수렴하기 때문에 아주 실용적인 공식입니다. 최근에는 계산기를 이용한 π의 근삿값 계산에서 아크탄젠트함수 대신 주로 이 급수를 사용합니다. 이 급수를 일반화한 것을 **라마누잔-사토**Ramanujan-Sato **급수****라고 부릅니다.

* 초월수에 대한 자세한 설명은 뒤에 나옵니다.

** 아주 많은 종류의 라마누잔-사토 급수가 있고 아직도 이와 연관된 문제들에 대해 연구하고 있는 수학자들이 상당히 많이 있습니다. 참고로 〈라마누잔 저널〉이라는 학술지도 있습니다.

35

π의 근삿값은 얼마나 정확하게 구해졌나요?

지난 400년간 π의 근삿값 계산은 치열한 경쟁 속에서 발전해 왔습니다. 경쟁의 내용은 단순합니다. π값의 소수점 이하 자릿수를 누가 더 많이 구하느냐 하는 것입니다. 이에 대한 역사에 등장하는 수학자들과 그들의 업적에 대한 이야기는 엄청나게 많아서 한 권의 책으로 쓰기에도 모자랄 것 같습니다. 여기서는 중요한 결과 몇 개만 간단하게 소개하겠습니다.

16세기 후반 네덜란드에는 π값 계산에서 놀라운 성과를 거둔 수학자들이 잇달아 나타납니다. 그중에서 가장 유명한 사람은 루돌프 판 쾰런Rudolf van Ceulen, 1540-1610입니다. 그는 원에 내접하는 n각형을 이용하는 아르키메데스 방식으로 근삿값을 구했습니다. 1596년에 60×2^{29}각형을 이용하여 소수점 아래 20자리까지 구했고 1600년에는 2^{62}각형을 이용하여 소수점 아래 35자리까지 구했습니다.[*] 당시에 유럽에서 그가 워낙 유명했기에 지금까지도 독일에서는 π를 '루돌프 수'라고 부르기도 합니다.

1699년에 영국의 수학자 샤프Abraham Sharp, 1653-1742는 아크탄젠트함수에 대한 그레고리-라이프니츠 급수에 $\frac{1}{\sqrt{3}}$을 대입하여 소수점 아래 72자리까지 구합니다.

1706년에 영국의 마친John Machin, 1680-1751은 유명한 **마친공식**

$$\frac{\pi}{4} = 4\arctan\frac{1}{5} - \arctan\frac{1}{239}$$

을 찾아내고 이것을 이용하여 소수점 100자리까지 구했습니다. 그 이후에 다양한 형태의 마친공식이 발견되어 π의 근삿값 계산에 활용되었습니다.

1717년에 드라니De Lagny, 1660-1734가 127자리까지 찾았고(112자리까지 맞음) 이것은 1789년에 슬로베니아의 베가Jurij Vega, 1754-1802가 140자리(이 중 126자리까지 맞음)까지 찾을 때까지 70년 이상 최고 기록으로 유지되었습니다. 베가는 몇 가지 유용한 마친공식을 더 찾았고 그가 찾은 π의 근삿값 기록은 50년 이상 유지됩니다.

독일의 다제Johann Dase, 1824-1861는 역사상 가장 뛰어난 암산 능력의 소유자로 알려져 있습니다. 그는 15세 때 독일, 영국, 오스

* 그의 묘비에 이 35자리 루돌프 수를 기록했다는 이야기가 있었으나 묘비는 언젠가 유실되었지요. 2000년에 새로 만들어 세웠습니다.

트리아 등지를 다니며 그의 재능을 보여 주는 행사를 했는데요, 오로지 암산으로 두 8자리 수의 곱을 54초 만에, 두 20자리 수의 곱을 6분 만에, 두 40자리 수의 곱은 40분 만에, 두 100자리 수의 곱은 8시간 45분 만에 구했다고 합니다. 또한 60자리 수의 제곱근은 순식간에 구하고 100자리 수의 제곱근은 52분 만에 구했다고 합니다.* 그는 16세 때 π값 계산에 빠져 불과 2개월 만에 200자리까지 구했습니다.

생크스William Shanks, 1812-1882는 1853년에 527자리까지 구했고 후에 707자리까지 구한 것을 발표하여 세상을 놀라게 했습니다. 그러나 91년 후인 1944년에 퍼거슨Ferguson은 기계적 계산기를 이용해서 생크스의 결과가 528자리부터 틀렸다는 사실을 알아냈습니다.

컴퓨터 계산의 시대가 열리다

20세기 중반 이후에 컴퓨터의 시대가 열리면서 π값 계산은 새로운 양상을 띠게 됩니다. 1962년에 미국의 다니엘 생크스Daniel Shanks, 1917-1996와 그의 팀원들은 10만 자리까지 계산한 결과를 발표하여 세상을 놀라게 했습니다. 그는 윌리엄 생크스와는 아무런 인척 관계가 없는 사람입니다.

본격적인 컴퓨터 시대가 열리면서 π값의 계산은 오랜만에 다시금 아주 중요한 경쟁의 소재가 되었습니다. 이 계산에는 여러 가지

* https://gcpawards.com/blog/johann-zacharias-dase-the-mental-calculator 참고.

요소가 잘 조화되어야 좋은 결과를 얻을 수 있습니다. 대강 네 가지 요소로 나눌 수 있는데 그것은 좋은 컴퓨터 **프로그래밍**, 효율적인 **알고리듬**, 빠른 계산력을 가진 **슈퍼컴퓨터**(와 그들의 조합), 그리고 끝으로 팀원들의 **능력과 팀워크** 등입니다.

1989년 추드노프스키Chudnovsky 형제는 IBM 슈퍼컴퓨터를 이용하여 10억 자리까지 계산하였습니다. 그들은 자신들이 1988년에 발견한 일명 추드노프스키 알고리듬을 사용했는데 이것은 지금까지 발견된 알고리듬 중 가장 효율적인 것입니다. 이 알고리듬은 급수

$$\frac{1}{\pi}=12\sum_{n=0}^{\infty}\frac{(-1)^n(6n!)(545140134n+13591409)}{(3n!)(n!)^3(640320)^{3n+\frac{3}{2}}}$$

를 바탕으로 만들어진 것입니다. 이 급수는 라마누잔-사토 급수의 한 종류입니다. 그 이후 지금까지 전 세계에서 행하여진 모든 π값 계산은 추드노프스키 알고리듬을 쓰고 있습니다.

지난 40년간의 π값에 대한 경쟁에서 일본의 수학자들과 슈퍼컴퓨터(주로 히타치)의 참여가 돋보였는데 그들은 수차례 당대 최고 기록을 경신하였습니다. 소수점 아래 1조 자리 수를 처음으로 넘은 것(2002년)도 일본 팀입니다.

2010년 이후에는 주로 y-크런쳐y-cruncher라는 프로그램을 써서 계산하고 있는데 이 프로그램은 알렉산더 예Alexander Yee라는 사람이 개발한 것으로 오픈소스입니다. 그에 대해서는 일리노이대

학을 졸업한 프로그래머라는 사실 외에는 알려진 것이 많지 않습니다. 이 프로그램은 여러 가지 버전이 있는데 일부 사람들은 이것과 가정용 PC를 이용해서도 새로운 기록을 달성하기도 했습니다. 위키피디아에 따르면 π값의 지금까지의 최고 기록은(2024년 기준) 스토리지리뷰StorageReview 팀이 y-크런처를 사용해서 202조(202×10^{12}) 자리 수까지 계산한 것이라고 합니다.

한편, π의 자리 수를 외우는 데에 전념하는 사람들도 있습니다. 100자리 정도까지 외우는 것은 그리 어렵지 않습니다만, 1,000자리를 넘겨 외우는 것은 아주 어렵습니다. 세계 기록은 얼마나 될까요? 기네스 공식 기록은 7만 자리가 넘습니다. 머릿속에 넣은 것을 눈을 가리고 구술하는 데에 17시간 이상이 걸렸다고 하네요. 이 정도는 아니라도 수만 자리까지 외운 사람들은 지금까지 많았습니다. 인간 두뇌의 능력이 대단함을 느낄 수 있습니다. 그런데 그들 모두 처음 몇천 자리 수를 외우는 데 걸린 시간이 전체를 외우는 데 걸린 시간의 반 이상을 차지했을 것입니다. 외우는 능력도 훈련을 통해 놀라운 수준까지 향상될 수 있기 때문입니다.

36

초월수란 무엇인가요?

혹시 초월수라는 말을 들어 본 적 있으세요? 이것은 고등학교 수학 교과서에는 나오지 않지만 수학에 관심이 있는 사람들은 유튜브나 수학 탐구활동 등을 통해 이것에 대해 들어 보았을 것입니다. 워낙 유명하고 중요한 수학적 개념이므로 여기서 한번 다뤄볼까 합니다.

우선 **초월수**의 정의부터 알아볼까요? 실수 중에 유리수와 무리수가 있듯이 실수 중에는 대수적 수algebraic number와 초월수transcendental number가 있습니다.* 초월수란 대수적 수가 아닌 수를 말하고, 대수적 수란 정수 계수 다항식의 근이 되는 수를 말합니다.

* 복소수도 대수적인 수와 초월수로 나눌 수 있습니다. 복소수에 대해서도 이 두 가지 수의 정의는 실수인 경우와 같습니다.

정의

1. **대수적 수**란 정수 계수 다항식의 근이 되는 수이다. 즉, 실수 α가 어떤 다항식 $a_n x^n + a_{n-1}x^{n-1} + \cdots + a_1 x + a_0 = 0$ $(\forall a_i \in \mathbb{Z})$의 근이 될 때 α를 대수적 수라고 한다.
2. 대수적 수가 아닌 실수를 **초월수**라고 한다.

우리는 이 정의로부터 다음과 같은 기본적인 사실들을 알 수 있습니다.

1. 유리수는 대수적 수이다. 유리수 $\frac{q}{p}$는 일차식 $px-q=0$의 근이기 때문이다.
2. 우리가 알고 있는 많은 무리수가 대수적 수이다. 예를 들어, $\sqrt{2}$는 $x^2-2=0$의 근이고 황금비 $\frac{1+\sqrt{5}}{2}$는 $x^2-x-1=0$의 근이기 때문이다.
3. 초월수는 무리수이다. 즉, 초월수의 집합은 무리수의 집합의 부분집합이다.
4. 2개의 대수적 수의 합은 대수적 수이다. 따라서 만일 어떤 실수 β가 초월수라면 β와 어떤 대수적 수의 합은 모두 초월수이다(왜냐하면 대수적 수 α에 대하여 $\beta+\alpha$를 γ라 하면 $\beta=\gamma-\alpha$이 되고 여기서 만일 γ가 대수적 수라면 β도 대수적 수가 되기 때문에 γ는 대수적 수가 될 수 없다). 다시 강조해서 말하자면 초월수와 대수적 수의 합은 초월수이다.

여기서 4번 사실을 주목해 봅시다. 우리가 초월수 하나만 찾는다면 그것에 대수적 수를 더함으로써 엄청나게 많은 (대수적 수만큼 많은) 초월수를 생성해 낼 수 있다는 것을 알 수 있습니다.

초월수라는 개념을 처음 생각한 사람은 라이프니츠이고 이 개념을 정립한 사람은 오일러입니다. 초월수처럼 보이는 어떤 실수가 진짜 초월수인지 아닌지 판별하는 것은 아주 어렵습니다. 그래서 수학자들은 오랫동안 e나 π와 같은 중요한 실수조차 그것이 초월수인지 여부를 밝혀내지 못했습니다. e와 π가 무리수임을 보이는 것은 초월수임을 보이는 것보다는 쉬운 편입니다. 그래도 π가 무리수임을 보이는 것은 상당히 어려운 문제였는데 (오일러도 보이지 못했음) 이것을 1761년에 람베르트Johann Heinrich Lambert, 1728-1777가 처음 증명했습니다.

프랑스의 리우빌Joseph Liouville, 1809-1882은 초월수가 실제로 존재한다는 것을 처음으로 증명하였고(1844, 1851년) 그가 찾아낸 수를 리우빌 수라고 합니다. 에르미트Charles Hermite, 1822-1901가 처음으로 e가 초월수임을 증명하였고(1873년) 린데만Ferdinand von Lindemann, 1852-1939은 π가 초월수임을 증명하였습니다(1882년). 한편 린데만-바이어슈트라스 정리Lindemann-Weierstrass Theorem는 초월수 여부를 판정하는 데에 가장 중요하게 쓰이는 정리입니다.

칸토어는 1874년에 실수 대부분은 초월수라는 엄청난 사실을 밝혔습니다. 이때 '대부분'이란 어떤 의미일까요? 그것은 초월수가 대수적 수보다 '무한대 배' 더 많다는 것을 의미합니다.* 즉, 우리가 임의로 100개의 실수를 선택한다면 (아무리 많이 선택하더라도) 그들 모두가 초월수라는 뜻입니다. 우리가 이름을 댈 수 있는 초월수는 많지 않음에도 불구하고 대다수의 실수가 초월수라는 것이 좀 신기하지 않나요?

어떤 실수의 초월성을 증명하는 것은 어렵기 때문에 아직도 많은 실수에 대하여 그것이 초월수인지 아닌지를 알지 못합니다. 그 대표적인 예가

$$e+\pi,\ e\pi,\ \frac{e}{\pi},\ e^{\pi},\ \pi^{e},\ e^{e},\ \pi^{\pi},\ \cdots$$

와 같은 수들입니다. 만일 독자들 중에 누군가 이것들 중 하나가 초월수임을 증명한다면 그 사람은 전 세계 수학계 최고의 영예인 필즈메달을 수상할 수 있을 것입니다(단, 40세 미만만 수상 가능).

π는 초월수이므로 이 수는 자와 컴퍼스로 작도할 수 없습니다. 길이가 1인 선분으로부터 길이가 π인 선분을 자와 컴퍼스로 작도해낼 수 없는 이유는 컴퍼스로 새로운 점을 구하고 두 점을 잇는 선분을 그리거나 원을 그리는 과정은 모두 2차 이하의 '다항식'으로 표현할 수 있는 과정이기 때문입니다. 그럼에도 불구하고 자신은 π를 작

* 대수적 수의 집합은 작은 무한이고 초월수의 집합은 큰 무한입니다. 이에 대해서는 이 책의 6부에서 설명하겠습니다.

도했다고 주장하는 사람들이 종종 나타납니다. 예전에는 자신의 증명을 수학 교수들이 알아주지 않자 큰돈을 들여 자신의 증명을 주요 일간지에 광고로 내던 사람도 있었습니다.

초월함수라는 것도 있습니다. 미적분에서 '초월함수의 미분과 적분'이라는 말이 나오는데요, 이때 초월함수란 주로 $\cos x$, $\sin x$, $\tan x$와 같은 삼각함수 또는 a^x(특히 e^x)와 같은 지수함수와 그것의 역함수인 로그함수 등을 의미합니다. 초월함수의 정확한 정의는 그리 간단하지는 않지만 여기서 간단히만 소개하겠습니다. 초월함수란 대수적 함수가 아닌 함수를 말하는데, 대수적 함수의 정의는 다음과 같습니다.

정의(대수적 함수) 함수 f에 대하여 $y=f(x)$라 하자.

$a_n(x)y^n + a_{n-1}(x)y^{n-1} + \cdots + a_0(x) = 0$이 성립하도록 하는 정수 계수 다항식 $a_n(x)$, $\cdots$, $a_0(x)$이 존재하면 f를 **대수적 함수**라고 한다.

37

피보나치 수열은 왜 그렇게 유명한가요?

피보나치 수열Fibonacci sequence은 아마도 학생들의 수학 탐구활동 주제로 가장 많이 채택되는 것 중 하나일 것입니다. 이 수열은 구성하기가 쉬운 데다가 이것과 황금비golden ratio가 밀접한 관계가 있고 이 세상 곳곳에서 이 수열과 황금비가 등장하기 때문입니다. 이 수열은 점화식

$$F_{n-1} + F_n = F_{n+1},\ F_1 = F_2 = 1$$

로 정의되는 수열로서 이것을 수의 나열로 나타내면

$$1, 1, 2, 3, 5, 8, 13, 21, 34, 55, 89, 144, \cdots$$

이 됩니다. 이 수열에 등장하는 수들을 피보나치 수Fibonacci number라고 합니다. 이 수열은 점화식으로 나타내어지는 가장 단순한 형태의 수열이자 가장 중요한 수열이라고 할 수 있습니다.

피보나치는 유럽의 수학 발전에 크게 이바지한 중요한 수학자입니다. 그는 원래 '피사의 레오나르도'로 불렸고 피보나치는 그가 사후에 얻은 별명입니다. 중세에는 성을 가진 사람이 드물었지요. 피보나치는 '보나치의 아들'이라는 뜻입니다. 그는 무역 상인으로, 북아프리카, 시리아, 이베리아반도 등 이슬람 세계의 여러 국가들을 돌아다니며 얻은 수학적 지식을 스스로 터득하여 나중에는 실력이 매우 뛰어난 수학자가 되었습니다. 그의 최대의 공적은 바로 아라비아 숫자를 유럽에 소개한 것이라 할 수 있습니다. 아라비아 숫자의 사용은 수학에 엄청난 혁신을 가져왔습니다. 유럽의 수학을 아라비아 숫자 사용 이전과 이후로 나눌 수 있을 정도로 이것은 중요한 사건입니다. 수학의 획기적인 발전을 가져온 계기로 우리는 주로 위대한 수학자의 업적에 주목하지만 실은 대개의 경우 새로운 기호의 도입과 사용이 더 크게 작용하는 경우가 많아요. 그러한 계기가 되는 대표적인 기호로 아라비아 숫자, 수를 대신하는 문자(x, y, z 등의 미지수와 a, b, c 등의 기지수), 덧셈과 곱셈의 기호, 등호 기호 등을 꼽을 수 있겠습니다.

피보나치는 그의 책 《산반서》Liber Abaci, 1202년 출간, 1228년 개정판 현존에서 유명한 **'토끼의 번식 문제'**의 답을 제시하며 이 수열을 언급했습니다. 이 문제는 다음과 같습니다.

> 암수 한 쌍의 토끼를 우리 안에 넣어 번식을 시킬 때 각 암수 쌍은 매달 암수 한 쌍의 토끼를 낳고, 태어난 토끼들은 한 달 동안 성장한 후에 두 번째 달부터 매달 암수 한 쌍을 낳는다면 (모두 생존하며 각 쌍이 증식을 계속한) 1년 후에는 모두 몇 쌍의 토끼가 우리 안에 있을까?

이것의 답은 $F_{12}=144$쌍입니다. 이 문제의 풀이는 그리 쉽지 않지만 피보나치 수가 답이라는 것을 염두에 두고, 또 문제의 규칙을 유념하면서 표를 만들어 보면 답이 보일 것입니다. 피보나치가 소개한 이 수열은 그가 착안한 것이 아니고 인도에서는 이미 오래전부터 이 수열에 대해 알고 있었습니다. 이 수열에 피보나치라는 이름을 붙인 것은 1877년에 프랑스의 뤼카Edouard Lucas, 1842-1891가 한 것입니다. 이 수열은 간단한 형태의 점화식으로 정의되는 만큼 경우의 수 문제counting problem에 자연스럽게 등장하는 경우가 많습니다.

예를 들어 다음과 같은 $1\times n$의 사각형을 1×1사각형과 1×2사각형의 두 가지 사각형으로 분할하는 방법의 수가 바로 F_{n+1}입니다. 예를 들어 $n=5$인 경우 답은 $F_6=8$가지입니다.

이것의 답이 $F_6=F_4+F_5$인 이유는 1×5의 사각형의 분할을 다음 두 가지 경우로 나눌 수 있기 때문입니다.

분할 방법의 수: F_4

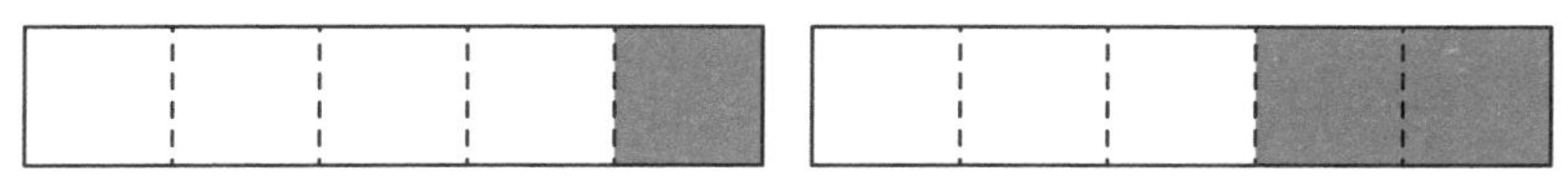

1×5사각형을 1×1사각형과 1×2사각형으로 분할하는 방법

(i) 오른쪽 끝에 1×1사각형이 있는 경우:

나머지 1×4사각형의 분할의 방법의 수는 F_5

(ii) 오른쪽 끝에 1×2사각형이 있는 경우:

1×3사각형의 분할의 방법의 수는 F_4

황금비의 신비

피보나치 수열의 중요성을 기하적 신비를 가진 황금비에서 찾는 이들도 많습니다. 황금비란 n이 커짐에 따라 수열 F_n이 어떤 비율(속도)로 커지는가에 대한 답으로, F_n이 커지는 비율의 극한을 말합니다. 황금비는 수식으로는

$$\varphi=\lim_{n\to\infty}\frac{F_{n+1}}{F_n}$$

로 정의됩니다. 그럼 이 값이 얼마나 되는지 알아볼까요?

점화식 $F_{n+1}=F_{n-1}+F_n$의 양변을 F_n으로 나누면 $\frac{F_{n+1}}{F_n}=\frac{F_{n-1}}{F_n}+1$이 되고 양변의 극한을 취하면 $\lim_{n\to\infty}\frac{F_{n+1}}{F_n}=\lim_{n\to\infty}\frac{F_{n-1}}{F_n}+1$이 됩니다. 여

기서 $\lim_{n\to\infty}\frac{F_{n+1}}{F_n}=x$라 놓으면 $x=\frac{1}{x}+1$, 즉, $x^2-x-1=0$이라는 2차 식을 얻습니다. 이제 근의 공식을 이용하여 (양의) 근을 구하면 $x=\frac{1+\sqrt{5}}{2}$가 되고 이것이 바로 황금비입니다. 즉,

$$\varphi=\frac{1+\sqrt{5}}{2}\approx 1.618$$

이지요. 이 비율은 자연, 음악, 신체, 기하적 도형 등 많은 곳에서 등장합니다. 우선 정오각형의 한 변과 대각선의 비율이 황금비입니다.

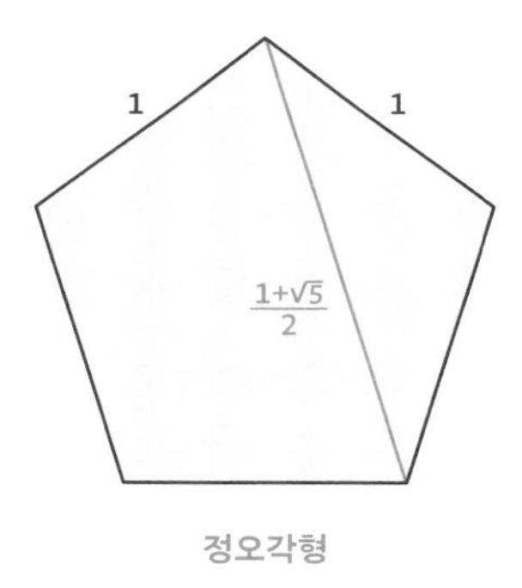

정오각형

직사각형의 두 변의 비가 $\varphi:1$일 때 그것을 **황금사각형**이라고 부르는데 이것은 시각적으로 안정돼 보인다고 하네요. 그래서 사진, 서양식 봉투, 액자 등에 등장합니다. 황금비 φ는 등식 $\frac{1}{\varphi}=\varphi-1$(왜냐하면 φ는 $x^2-x-1=0$의 근)을 만족하기 때문에 다음과 같은 거듭된 황금사각형이 존재합니다.

자연에는 해바라기, 장미 등의 꽃잎 모양이나 일정한 모양으로

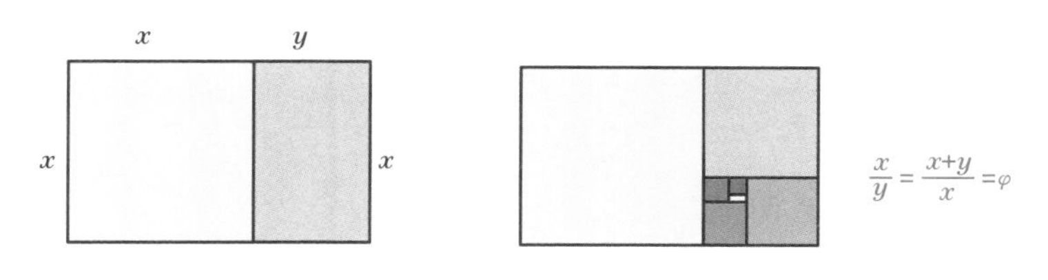

거듭된 황금사각형

공간을 최대한 꽉 채우는 해바라기씨나 파인애플 표면 등에서 볼 수 있는데 그런 것들을 '피보나치 패턴'이라고 부릅니다. 솔방울이나 소라 등의 나선모양에서도 황금비가 나타나는데 그것은 원칙적으로 점화식 $F_{n+1} = F_{n-1} + F_n$으로부터 발생합니다.

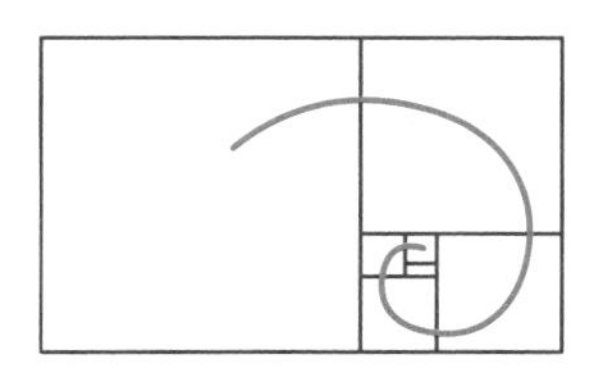

피보나치 정사각형들로부터 나선이 생긴다

변의 길이가 피보나치 수인 정사각형들을 위의 그림과 같이 갖다 붙일 수가 있습니다. 이 정사각형들의 중심을 매끄러운 곡선으로 이어 보면 점점 반경이 커지는 나선을 상상할 수 있을 것입니다.

피보나치 수열에는 아직도 많은 비밀이 숨어 있다

피보나치 수열은 보통 점화식으로 나타내지만 놀라운 것은 이 수열의 일반항을 구할 수 있다는 사실입니다. 그것은 바로

$$F_n = \frac{(\frac{1+\sqrt{5}}{2})^n - (\frac{1-\sqrt{5}}{2})^n}{\sqrt{5}} = \frac{\varphi^n - (1-\varphi)^n}{\sqrt{5}}$$

인데요, 이것을 **비네**Binet **의 공식**이라고 부릅니다.* 여기에서 φ와 $\varphi-1$은 모두 황금비로 $(\varphi-1=\frac{1}{\varphi})$ 이들은 바로 2차식 $x^2-x-1=0$의 두 근입니다. 비네의 공식은 기본적으로 등식 $x^2=x+1$로부터 얻어집니다. 이 등식을 이용하여 x^3, x^4, $\cdots$, x^n, $\cdots$을 모두 x의 1차식으로 나타낼 수 있는데 그것은 다음과 같습니다.

- $x^3=x\,x^2=x(x+1)=x^2+x=x+1+x=2x+1$
- $x^4=x\,x^3=x(2x+1)=3x+1$, $x^5=5x+1$, $x^6=8x+5$, $\cdots$

을 계속해 보면 결국 등식 $x^n=F_nx+F_{n-1}$을 얻게 됩니다. 그러면 이제 $x^2-x-1=0$의 두 근을 α, β라 하면

$$\alpha^n=F_n\alpha+F_{n-1},\ \beta^n=F_n\beta+F_{n-1}$$

이 되고 이로부터 $\alpha^n-\beta^n=F_n(\alpha-\beta)$, 즉 비네의 공식

* 예전에 연세대학교 수시논술에 이것을 구하는 문제가 출제된 적도 있습니다.

$$F_n = \frac{\alpha^n - \beta^n}{\alpha - \beta} = \frac{\alpha^n - \beta^n}{\sqrt{5}}$$

을 얻습니다. 이 외에도 피보나치 수열의 일반항을

$$F_n = \sum_{k=0}^{k \le \frac{n}{2}} {}_{n-k}C_k$$

로 표현할 수도 있습니다.

피보나치 수열과 얽힌 수학적 사실들은 무궁무진하기 때문에 피보나치 학회도 있는데(1963년 설립) 이곳에서는 〈피보나치 계간지〉Fibonacci Quarterly라는 저널도 출간하고 있습니다. 그만큼 피보나치 수열과 연관된 문제들이 다양하고, 아직도 전문적인 수학자들이 이에 대해 연구하고 있다는 뜻입니다. 심지어 피보나치 데이라는 날도 있습니다. 몇 월 며칠일까요? 바로 11월 23일입니다. 피보나치 수열 1, 1, 2, 3을 딴 것이지요. 끝으로 잘 알려진 사실 몇 개만 나열하겠습니다.

1. $F_1 + \cdots + F_n = F_{n+2} - 1$
2. 수열의 홀수 항과 짝수 항만 더하면

   $F_1 + F_3 + \cdots + F_{2n-1} = F_{2n}$

   $F_2 + F_4 + \cdots + F_{2n} = F_{2n+1} - 1$
3. $F_1^2 + F_2^2 + \cdots + F_n^2 = F_n F_{n+1}$
4. $F_{n+m} = F_{n-1} F_m + F_n F_{m+1}$

6부

수학과 논리

✦

생각의 힘을
키우는 법

38

논리가 철학이 아니고 수학이라고요?

논리적인 사고와 서술이 수학공부와 밀접한 연관이 있다는 것은 상식이지요. 이제 논리에 대한 이야기를 좀 해 보려고 합니다. 논리라고 하면 보통 철학이나 언어학, 작문, 국어 등의 인문학적인 영역에 속하는 것이라는 인식이 있습니다. 그래서인지 시중에 나와 있는 논리학 관련 서적들은 주로 철학 전공 대학생들을 위한 대학 교재나 초등학생, 중학생들을 대상으로 한 논리적으로 글 잘 쓰기 또는 여러 가지 오류나 패러독스에 대한 책 등이 대부분이고 수학과 연관된 논리에 대한 책은 거의 없습니다(물론 제가 쓴 책이 한 권 있기는 합니다).

논리logic와 논리학은 별 차이 없는 말이라 할 수 있지만 학문 분야를 뜻하는 경우에는 논리학이라는 말을 쓰겠습니다. 논리학은 오랜 세월 동안 하나의 독립적인 학문 분야라고 하기보다는 철학, 수학, 과학, 언어학 등의 연구에서 중요하게 쓰이는 기본적인 요소나 근간과 같은 존재였습니다.

논리학은 통계학과 유사한 점이 많습니다. 통계학의 활용 범위는 아주 넓지요. 경제학, 사회학, 정치학, 언론학 등의 사회과학 외에도 생물학, 의학, 물리학, 기상학, 해양학 등 과학 전반에서 아주 중요한 연구 방법론으로 활용되고 있습니다. 심지어는 역사, 인류학 등의 인문학과 예술 분야에도 쓰입니다. 논리도 그런 점에서 통계와 비슷합니다. 비단 철학, 언어학, 수학, 과학뿐만 아니라 모든 학문에서 논리적 사고와 논리의 엄밀성이 중시되고 있습니다.

통계학이 많은 학문 분야에서 널리 사용되고 있지만 정작 통계학이라고 하는 학문 자체의 이론이나 문제에 대해 연구하는 것은 통계학자들의 몫입니다. 논리학도 통계학과 유사하게 광범위하게 활용되고 있지만 논리학이라고 하는 학문 자체를 연구하는 것은 수학자들의 몫입니다. 논리학을 철학자나 국어학자가 아닌 수학자들이 연구하는 이유는, **첫째는** 현대적인 논리학이 지나치게 전문화하고 난해해지면서 수학적 지식과 배경을 갖추지 않고는 연구하기 어려운 학문이 되었기 때문입니다. 예를 들자면 1931년에 오스트리아의 젊은 수학자 쿠르트 괴델Kurt Gödel, 1906-1978이 불완전성정리Incompleteness Theorem를 발표하여 세상을 깜짝 놀라게 한 바 있습니다. 그는 이 정리를 통해 위대한 수학자 힐베르트가 목표로 한 수학의 형식주의가 완성될 수 없는 것이라는 사실을 보였고 그는 금세

아인슈타인에 버금가는 유명한 학자가 되었습니다. 그런데 대중은 그의 불완전성정리의 증명은 고사하고 그 정리가 의미하는 바조차 이해하기 힘들었습니다. 이 정리는 현대논리학의 핵심이자 기초적인 내용이지만 전문적인 수학적 훈련을 통한 수학적 소양을 갖춘 사람들 외에는 그것을 이해하고 활용하는 것이 매우 어렵지요.

논리학 연구가 수학자들의 전유물이 된 **두 번째** 이유로는 현대적 논리학은 그 목표가 수학이라는 학문에 대한 좋은 기초를 찾는 것으로 변했기 때문입니다. 철학자나 언어학자들이 굳이 전문적인 논리학을 연구할 필요성이 사라진 것입니다. 그들에게는 20세기 초반 정도까지의 논리학만 이해하고 활용할 수 있어도 충분하기 때문입니다. 그래서 현재 전 세계의 논리학자들은 거의 다 수학자들이고 그들이 대학교수라면 그들은 수학과 교수입니다(현대논리학은 수학의 부분집합이 되어 버렸지요).

논리학	추론과 논증의 과정과 방법론에 대하여 연구하는 학문
논증	어떤 것이 참인지 여부를 기존의 지식에 의거하여 판정하는 과정
명제	참과 거짓을 판정할 수 있는 객관성을 갖는 문장
추론	어떠한 명제나 판단을 근거로 삼아 다른 명제나 판단을 이끌어 내는 것

논리학, 논증, 명제, 추론의 의미

논리학에서는 논증이라는 과정을 통하여 명제 또는 추론이 참인지 여부를 판정합니다(왼쪽의 표를 참고해 주세요). 명제의 참을 따지는 고전적인 명제논리학(혹은 문장논리학)은 기호의 사용과 더불어 프레게 등에 의해 확장되었고 이를 술어논리학predicate logic이라고 부릅니다. 어떤 문장을 서술하거나 그것의 진실 여부를 판정할 때 '논리 기호'를 사용하면 편리하므로 현대적인 논리학에서는 기호를 본격적으로 사용하게 됩니다.

그래서 그런 새로운 술어논리학을 기호논리학symbolic logic이라고 부르기도 합니다. 기호논리학에서 가장 흔히 사용되는 기호들은 당연히 수학에서 사용되는 기호와 동일하고 그것들 중 일부는 앞서 집합 단원에서 소개한 바 있습니다.

고전논리학에서 현대논리학으로

논리는 고대 그리스의 피타고라스, 소크라테스, 플라톤, 아리스토텔레스, 유클리드(에우클레이데스) 등에 의해 발전되었습니다. 그들 중에서도 아리스토텔레스는 2천 년이 넘는 세월 동안 유럽의 수학, 과학, 철학 등 학문 전반에 걸쳐 가장 큰 영향을 미친 사람이라 할 수 있습니다. 그의 영향력의 핵심은 바로 이성과 관찰에 의존한 과학 탐구 정신입니다.

아리스토텔레스의 논리학과 철학은 18, 19세기에 새로운 철학이 등장함에 따라 자연스럽게 그 역할을 마칩니다. 이 시기에 흄David

Hume, 1711-1776[*], 칸트Immanuel Kant, 1724-1804, 피히테Johann Gottlieb Fichte, 1762-1814, 헤겔Georg Wilhelm Hegel, 1770-1831, 쇼펜하우어Arthur Schopenhauer, 1788-1860 등에 의해 인간 중심의 순수한 인식과 관념을 통한 새로운 철학이 꽃을 피우게 됩니다. 이는 19세기 말에 독일 수학자들을 중심으로 형성돼 나가는 현대적 논리학의 철학적 배경이 되지요.

현대적 논리학의 체계적이고 학문적인 연구는 19세기 말에 프레게와 칸토어 등 독일의 수학자들에 의해 시작되었습니다. 특히 칸토어가 이룩한 집합론set theory은 수학과 논리학의 새로운 지평을 열었습니다. 19세기 말부터 20세기 초반에 일어난 이러한 새로운 논리학의 발전은 당시 전 세계 지식인들의 이목을 끌었고, 이에 공헌한 주역들에 얽힌 여러 가지 이야기는 지금까지도 유명합니다.

19세기 독일에서 이루어진 수학과 과학의 발전은 수학의 왕자prince of mathematics라고 불리는 가우스의 업적으로 대변됩니다. 그는 괴팅겐대학에서 천문대장 겸 수학 교수로 근무하였는데, 그가 평생 이곳에서 근무한 여파로, 이곳은 20세기 전반까지 전 세계 수학의 중심지 역할을 하게 됩니다. 괴팅겐대학에서 활동한 수학자로는 가우스 사후에 그의 후계자로 그의 자리를 이었던 디리클레

* 그는 스코틀랜드의 철학자, 경제학자로서 젊을 때 유명한 《인간 본성에 관한 논고》를 썼습니다. 신학과 믿음의 권위가 막강하던 시대에 인간의 지성과 본성만을 고려한 철학을 조심스럽게 탐구하고 발표하였으며 그의 철학은 칸트 등 독일의 철학자들에게 큰 영향을 미쳤습니다.

Dirichlet, 1805-1859, 가우스의 제자이자 현대 수학의 아버지라 할 수 있는 리만Riemann, 1826-1866, 그리고 슈바르츠Schwarz, 1843-1921, 클라인Klein, 1849-1925, 힐베르트, 민코프스키Minkowski, 1864-1909 등이 있습니다.

19세기 후반부터 20세기 초반에 이르는 시간 동안 독일은 수학과 과학(특히 이론물리학)의 중심 국가가 됩니다.* 국력이 급성장한 독일제국은 과학적, 문화적 수준에 있어 영국과 어깨를 나란히 하게 되고, 특별히 수학이나 당시에 새로운 발전을 시작하던 이론물리학 분야에서는 독일이 영국보다 한발 앞서는 상황에 이르게 됩니다. 그 하이라이트에 칸토어, 힐베르트, 플랑크Max Planck, 1858-1947, 아인슈타인 등이 있었던 것입니다.

프로이센-프랑스 전쟁 이후부터 제1차 세계대전 이전까지(1871-1914)를 프랑스어로 벨에포크La Belle Époque라 부릅니다. '아름다운 시절'이라는 뜻으로 유럽은 이 시기에 사회적, 문화적, 경제적으로 크게 발전하고 전쟁이 없는 상태를 유지합니다. 이때가 아마도 과학이 가장 빨리 발전하던 기간일 것입니다.

* 영국도 빅토리아 여왕(Victoria, 1819-1901, 재위 1837-1901)의 재위 기간에 '해가 지지 않는 나라'라 불릴 만큼 최고의 전성기를 맞이하였어요. 이때 마이클 패러데이, 찰스 다윈, 제임스 맥스웰과 같은 역사상 최고 수준의 위대한 과학자들을 배출했습니다.

현대논리학의 창시자들

프레게는 새로운 논리학이 탄생하는 데에 가장 크게 공헌한 사람 중 한 명이며 기호논리학의 창시자라고 할 수 있습니다. 그는 양명제quantified statement들을 분석하는 체계를 만들었고, 논리에서 증명proof이라는 용어를 형식화하였습니다. 그는 논리 체계를 이용하면 이론적·수학적 명제를 더 간단한 논리적·수학적 표현으로 풀어낼 수 있다는 것을 보여 주었습니다.

왼쪽부터 프레게, 칸토어, 페아노
(Public domain | Wiki Commons)

그는 수학의 중요한 부분들을 논리로부터 얻어 내려고 하였습니다. 예를 들자면 논리로부터 수론number theory에서의 공리들을 유도해 내고자 했어요. 그의 체계는 후에 일관적이지 않다는 것이 증명되었고, 수학을 논리화하고자 하는 그의 평생의 목표는 이루어지지 않았지만, 그의 새로운 시도는 새로운 논리학의 시대를 열었고 지금까지도 큰 영향을 미치고 있습니다.

프레게의 업적을 현재의 시각에서 쉬운 말로 정리하자면 첫째는 형식화된 기호를 사용하여 명제 또는 명제들 사이를 연결하는 것을 표현하는 기호논리학을 창시한 것이고, 둘째는 수의 체계나 수학의 전반적인 체계의 구성을 논리의 세계에서 해결하겠다는 시도를 했다는 점입니다. 그로부터 수학의 논리화, 궁극적으로는 논리학과 수학의 결합이 시작되었다고 할 수 있습니다.

그의 논리기호는 술어논리의 체계를 설립하는 과정에서 도입되었습니다. 논리기호는 앞에서도 간단히 소개했듯이 '모든 x에 대해서'는 $\forall x$로 나타내고, '어떤 x에 대해서'는 $\exists x$로 나타냅니다. 이때 $\forall$, $\exists$와 같은 것을 양화사quantifier 또는 한정기호라 합니다. 그리고 $\forall$를 보편양화사 또는 전칭기호라 부르고 $\exists$를 존재양화사 또는 존재기호라 부릅니다.

칸토어는 집합론을 창시한 수학자입니다. 그의 업적 이후에는 아무리 간단한 논리학이라도 집합의 개념을 꼭 사용합니다. 집합론은 기본적으로 집합, 함수, 관계 등의 개념을 바탕으로 하고 있고 무한집합, 수의 체계 등 수학기초론과 연관된 내용을 다룹니다. 당시에 칸토어가 제시한 무한집합에 대한 이론은 크로네커의 강력한 반대에 부딪혔습니다. (칸토어의 무한집합 이론에 대한 간단한 설명은 뒤에서 하겠습니다.) 크로네커는 1856년경부터 은퇴할 때까지 줄곧 베를린대학에서 활동했는데 당시 베를린대학에는 위대한 수학자 쿠머Eduard Kummer, 1810-1893, 바이어슈트라스Karl Weierstrass, 1815-1897, 보르하르트Carl Borchardt, 1817-1880 등이 있어 이 대학은 수학의 전성기를 맞이하고 있었습니다. 크로네커는 집합론이 세상에 나오던 당시에 아마도 독일에서 (어쩌면 유럽 전체에서) 가장 영향력이 큰 수학자였을 것입니다.

크로네커는 무한이라는 개념 자체가 수학에서 있어서는 안 되고 수학은 유한의 수와 유한적인 방법만을 다루어야 한다고 생각했습니다. 사실 수백 년 전부터 여러 수학자들이 무한을 생각했지만 무한의 세계에서는 유한의 세계와는 다른 비정상이라고 여겨지는 현상이 많이 일어나기 때문에 그것을 논리와 수학의 범주에서 다루는 것은 하지 말아야 한다는 불문율 같은 것이 있었습니다.

오랜 기간 동안 수학자들은 수학적 사실은 상식과 직관에 부합하는 것이어야 한다는 믿음을 갖고 있었습니다. 하지만 그러한 상식은 유한적 대상과 사고로부터 나온 것입니다. 칸토어의 이론은 무한은 유한과 다른 것이라는 사실을 받아들이기만 하면 무한을 수학적 대상으로 다루는 데에 별문제가 없는데 말입니다.

이탈리아 수학자 **주세페 페아노**도 창시자 중 한 명입니다. 그는 1889년에 유명한 자연수에 대한 공리를 발표하였습니다. 이 공리계는 후에 러셀-화이트헤드, 괴델 등 많은 논리학자들의 연구 대상이 되었습니다. 이것은 데데킨트와 그라스만의 '산술의 형식화'에 대한 아이디어를 확장하여 만든 산술 체계입니다. 또한 칸토어의 무리수와 실수에 대한 정의와 새로운 집합론 출현의 영향을 받았을 것으로 추측됩니다. 앞서 언급한 바와 같이 러셀과 화이트헤드의 유명한 $1+1=2$에 대한 증명은 페아노 수 체계 내에서 $1+1$이 1의 다음수가 된다는 것을 증명한 것입니다.

39

현대적인 논리학이란 어떤 것인가요?

20세기 초반경에는 새로운 논리학에 대한 세간의 관심이 뜨거웠습니다. 힐베르트가 1900년 국제수학자대회ICM에서 제시한 23개 문제 중 1, 2번 문제와 1902년에 세상에 알려진 러셀의 패러독스는 당시의 웬만한 지식인은 다 알 정도로 유명했습니다. 논리학은 수학의 중요한 분야가 되었고 심지어는 자신의 연구 분야를 논리학으로 바꾸는 수학자들도 많았습니다. 플라톤 이후 2천 년이 넘는 세월 동안 대다수의 최고 수준의 학자들은 철학과 수학을 두루 공부하는 통합적 지식인이었으나 학문이 발전과 분열을 거듭하게 되는 19세기를 지나면서 철학과 수학은 분리되어 갑니다. 그러던 시절에 마침 새로운 논리학이 등장하였고, 20세기 초반 즈음에 이르러서 논리학은 기호와 복잡한 개념이 난무하는 어려운 학문이 되어 버렸습니다. 사람들은 이런 논리학을 수리논리학mathematical logic 또는 기호논리학이라고 부르며 전통적인 논리학과 구별하게 됩니다.

수학자들에게는 건전한 수학의 기초를 만들어야 한다는 당위성과 절박함이 있었습니다. 원래 수학이라는 학문이 갖는 가장 큰 특징은 '완벽한 해를 추구한다'는 것이기 때문입니다. 그 결과 수학 내에서 논리학은 수학기초론과 거의 동일한 말이 되었습니다. 한동안은 집합론도 이들과 같은 의미로 인식되다가 논리학 내에서 증명론proof theory, 모델론model theory 등이 등장하고 컴퓨터 과학의 발전과 함께 계산이론theory of computation이 등장하면서 집합론은 논리학의 여러 분야 중 한 분야로 인식되기도 합니다. 그러나 문맥과 상황에 따라서는 아직도 집합론이 현대논리학 그 자체를 의미하는 용어로 쓰일 경우가 많습니다.

현대논리학의 특징

현대적인 논리학은 고전적인 논리학과는 다른 세 가지 특징을 가지고 있습니다.

첫째, 논리의 기호화입니다. 프레게로부터 시작된 술어논리에서는 주어와 술어를 분리해 그것들을 기호로 나타내고 이를 조합하여 명제를 만듭니다. 기호는 복잡한 명제를 비교적 명확하고 간단하게 나타내는 데에 큰 도움을 주지요. 그래서 현대적인 논리학은 더욱 수학과 가까워진 느낌입니다. 예전에는 수학과 전공과목 중에 기호논리학이 있는 대학이 많았습니다. 요즘에는 수학논리 및 논술, 집합론, 해석학 등에서 수학기초론에 대하여 가르치는 편입니다.

둘째, 집합론이 핵심이 됩니다. 칸토어의 집합론은 그리스의 수학 이후 2천여 년 만에 일어난 혁신이었습니다. 집합론은 지금까지 논리학의 한가운데 자리를 차지하고 있습니다. 집합을 통하여 수數 등 수학적 대상들을 정의하고, 함수를 통하여 두 집합 간 원소의 개수를 비교하는 것은 획기적인 아이디어입니다. 러셀의 패러독스, 칸토어의 패러독스 등의 패러독스를 통하여 결함이 발견되었고, 그래서 그의 집합론을 (그 이후에 논리 체계에 엄밀함을 더하여 개선시킨 집합론과 비교하여) 순진한 집합론naive set theory이라고 부릅니다. 하지만 현대의 수학자 대다수는 순진한 집합론만으로도 즉, 그것을 바탕으로 수학 연구를 하는 데에 별 지장은 없습니다.

셋째, 무한집합을 다룹니다. 칸토어의 집합론은 무한이라는 개념을 논리학 안으로 끌어들였습니다. 그 이전까지 2천 년간 수학자들은 무한이라는 것을 그릇에 담아 그것에 대해 논하는 것은 신의 영역을 침범하는 불경스러운 행위로 느껴 감히 수학적 대상으로 다루려 하지 않았습니다. 신의 존재나 영향과 상관없이 수학과 과학을 연구한다는 근대 철학을 일군 데카르트에게조차 무한은 경외의 대상이었습니다. 칸토어 이후 무한에 대한 연구는 꾸준히 진행되어 현재 무한은 수학이나 논리학을 공부하는 데 있어서 가장 기초적인 개념이 되었지만 그래도 일반 대중에게는 이해하기 어려운 주제일 듯합니다. 최근 이곳저곳에서 무한이라는 세계의 특징에 대해 설명하는 동영상을 보여 주고 있는데, 오랫동안 수학의 세계에서 살아온 저에게는 당연해 보이는 사실들이 대중에게는 신비롭고 이상하게 보일 수도 있겠다는 걸 알게 되었습니다.

40

수학공부에는 어떤 논리가 필요한가요?

수학에서 논리적인 사고가 중요한 것은 당연한데도 수학을 무조건 외워서 공부한다는 학생들, 과거에 자기는 그렇게 공부했다는 성인들이 많습니다. 자질이 부족해서 할 수 없이 그렇게라도 공부해야 하는 학생도 있겠지만 학습 효율의 차원에서 그렇게 공부하는 것이 더 낫다는 학생들이 의외로 많습니다. 물론 수학도 암기가 중요합니다. 일단 외우고 난 후에 머릿속에서 개념과 공식을 숙성시키며 이해도를 높이는 것도 좋은 학습법입니다. 수학뿐 아니라 모든 공부에서 **암기**와 **이해**, 그리고 **논리적인 사고**라는 세 가지 요소의 균형이 잘 잡혀야 합니다.

우리나라 학생들은 유난히 논리적 사고와 서술에 매우 약합니다. 수학 선생님들도 익숙하지 않다 보니 그리 중시하지 않는 분위기입니다. 제가 매년 출제해 오고 있는 대입 논술시험에서도 논리적 사고와 서술을 요하는 문제를 내면 문제를 사전 검토하는 선생님들조차 풀기 힘들어합니다(최대한 쉽게 출제한 경우에도 그렇습니다). 상황은 심각합니다. 수학교육의 주요 목표 중 하나가 논리적 사고력 신장임에도 불구하고 학생들은 그저 계산을 통해 답을 구하는 데에만 집중하고 있습니다.

저는 대학교에서 수학 전공 학생들을 대상으로 한 집합론, 수리논리 및 논술 등 기초 과목들을 가르치면서, 학생들이 논리적 사고에 너무나 약하다는 것을 절감하고 있습니다. 학생들은 답을 찾아내는 것은 비교적 잘하지만 논리적인 사고와 서술이 필요한 부분에서는 뭘 어떻게 해야 할지를 몰라 합니다. 그 수준을 최대한 낮추어도(심지어는 초등학생 수준까지 낮추어도) 결과는 비슷합니다. 학생들의 머리가 회전을 멈춘다는 느낌을 받습니다. 제가 가르쳐 본 미국의 대학생들은 평균적인 수학 실력이 한국 학생들에 비해 많이 뒤지고 계산 능력이 특히 부족하지만 논리적 사고 면에서는 한국 학생들보다 낫습니다. 아마도 그래서 대학 신입생일 때는 수학 실력이 형편없지만 졸업할 때쯤에는 꽤 수준이 높아지는 것이 아닌가 싶습니다.

왜 우리 학생들은 논리를 만나면 뇌정지 현상이 일어날까요? 우리나라 사람들은 대체로 머리가 좋고 창의적인 능력이 좋은데 말이죠. 저는 그것이 학생들이 논리에 익숙하지 않기 때문이고, 익숙하지 않은 이유는 논리를 중시하지 않는 분위기에서 성장했기 때문이라고 생각합니다. 결국 우리 사회의 문화가 바뀌어야 합니다. 논리의 중요성에 대한 인식이 확대되고 매사에 정확성을 추구하려는 사람들이 늘어나면 좋겠습니다.

논리적 사고도 습관이다

평소에 논리를 중시하고 정확하게 말하고 판단하는 것을 중시하는 태도를 가져야 합니다. 수학공부를 머리가 아니라 몸으로 하듯이 논리적 사고도 몸에 밴 습관으로 하는 것입니다. 우리 뇌의 자동처리시스템은 매우 우수합니다. 우리가 의식하지 않을 때에도 뇌는 일을 하고 있습니다. 근육을 조정하는 일도 의식으로 넘기지 않고 잘 처리합니다. 뇌도 우리 몸의 다른 장기들처럼 자율적으로 작동됩니다. 뇌는 경험으로 얻은 것이나 의식 중에 처리하던 것들을 사람들이 의식하지 못하는 동안에 잠재의식을 통하여 축적하고 발전시킵니다. 운동선수들은 중요한 승부처에서 뛰어난 정신력을 발휘할 수 있도록 평소에 훈련을 합니다. 운동선수의 정신력도 일반인들의 논리적 사고력도 모두 반복 연습과 습관 들이기를 통하여 증진될 수 있는 것입니다.

논리적 사고력도 결국은 평소에 정확한 언어를 구사하는 것으로부터 길러집니다. 틀린 말을 하는 것을 기피하는 문화의 확대가 필요합니다. 어린 학생들은 문화적 감수성이 상상 이상으로 예민하기 때문에 기성세대가 '정확함을 중시하는 문화'를 이루어 준다면 학생들의 논리적 사고력과 서술력은 자연스럽게 증진될 것이라고 믿습니다.

수학문제를 풀 때 적용되는 논리적 사고는 거창한 것이 아닙니다. 앞서 수학공부의 필요성 부분에서 언급했듯이 단순한 두 가지 과정을 반복적으로 밟는 것입니다. 첫 번째는 문제에 등장하는 기초적인 개념과 조건을 머리에 담는 것이고, 두 번째는 그것을 토대로 아주 작은 걸음을 내딛는 것입니다. 이러한 작업기억을 토대로 조금씩 나아가는 과정이 바로 논리적 사고 또는 그것을 통한 문제 풀이가 됩니다.

필요조건과 충분조건

앞서 집합에 대한 단원에서 언급했던 필요조건과 충분조건에 대해 여기서 좀 더 이야기해 보겠습니다. 이 개념은 매우 쉽지만 수학에서나 일상생활에서나 이 개념에 주의를 기울이지 않아 오류를 범하는 사람들이 의외로 많지요.

명제 "p이면 q이다"에서 p는 q이기 위한 충분조건이고, q는 p이기 위한 필요조건입니다. 그런데 "p이면 q이다"라는 말과 "p이어야만 q이다"라는 말은 서로 전혀 다른 말입니다. 필요조건과 충분조건이 뒤바뀐 명제여서 (조건만으로 치면) 정반대의 의미를 갖는 말입니다. 그러므로 우리는 평소에 "~해야만"이나 "~이어야만"이란 말은 조심스럽게 써야 합니다.

영어로 치면 'if'와 'only if'인데 이 둘은 완전히 다른 말입니다. 조건 p와 조건 q가 동치일 때 우리는 "p는 q이기 위한 필요충분조건이다"라고 말합니다. 이것을 영어로는 "p if and only if q"라고 말합니다. 그래서 수학을 전공하는 사람들에게 'if and only if'는 매우 익숙한 말입니다.

"p이면 q이다($p \to q$)"를 영어로 쓰면 "q if p"이다. 그런데 영어로 "q only if p"라는 말은 우리말로는 "q이면 p이다($q \to p$)"라는 뜻이다.

실은 우리말로도 비슷합니다. "영철이가 수영장에 가야지만 영희가 수영장에 간다"라는 말이 사실이라면, 영희가 수영장에 간다면 그것은 영철이가 수영장에 간다는 것을 의미하게 됩니다.

명제 "p이면 q이다"에서 p를 전문용어로 '전건antecedent'이라 하고 q를 '후건consequent'이라고 합니다. "p이면 q이다"를 "q이면 p이다"와 혼동하여 서술하는 것을 '후건긍정affirming the consequent'의 오류라고 합니다. 그리고 "p가 아니면 q가 아니다"로 혼동하여 서술하는 것을 '전건부정denying the antecedent'의 오류라고 합니다. (실은 후건긍정 명제와 전건부정 명제는 서로 대우명제로서 이 두 명제가 의미하는 바는 같습니다.) 이런 오류는 흔히 볼 수 있습니다. 예를 들자면 "수학을 아주 잘하는 학생은 머리가 좋은 것이야"라는 말을 듣고는 "철수는 수학을 못하니까 머리가 나쁜 거네"라고 말하는 것은 오류입니다. 이것이 바로 전건부정의 오류의 예입니다. 머리가 좋지만 수학을 (열심히 공부하지 않아) 못할 수도 있기 때문입니다. 후건긍정과 전건부정은 고상한 말로 라틴어 어원을 가진 영어를 써서 각각 '모두스 포넨스modus ponens'와 '모두스 톨렌스modus tollens'라고 부르기도 합니다.

41

'만족하다'가 맞나요, '만족시키다'가 맞나요?

우리말 중에 주로 수학에서만 쓰는 동사가 하나 있습니다. 그것은 바로 '만족하다' 또는 '만족시키다'라는 동사입니다. 수학에서

"다음 조건을 만족하는(또는 만족시키는) 함수 $f(x)$를 구하시오"

와 같은 문장이 많이 등장합니다. 그런데 문법적으로 만족하다가 맞느냐 아니면 만족시키다가 맞느냐에 대한 논란이 예전부터 있었습니다. 그래서 대학수학능력시험이나 한국수학올림피아드 등 중요 시험에서 수학문제 출제진들은 늘 만족하다파와 만족시키다파로 나뉘어 왔습니다.

그럼 수학 교과서에서는 어느 쪽을 택해 쓰고 있을까요? 교과서

집필진들에게도 이것은 어려운 문제인지라 논란을 피하고자 만족에 대한 동사를 가급적 사용하지 않고 "~인 함수 $f(x)$를 구하시오"와 같은 문장을 주로 쓰고 있습니다.

저는 둘 중 어느 편이 맞느냐 하는 문제보다 더 심각한 문제는 '그것이 뭐가 그리 중요해'라고 여기는 사람들이 너무 많다는 것이라고 생각합니다. 이 문제는 우리 문화 중에 만연해 있는 '무감각'과 '대충주의'의 좋은 예입니다. "그냥 대충 하지", "뭣이 중헌디"와 같은 말을 자주 하는 사람을 까다롭지 않고 성격이 좋은 사람으로 여기던 시절도 있었습니다.

그러한 문화 때문인지 오랫동안 이 동사의 올바른 용법에 대한 결론을 내리지 않고 넘어가고 있었는데 그래도 다행히 최근에는 어느 쪽이 맞는지 결론을 내려야 한다는 의견을 가진 사람들이 많아졌습니다. 실은 이미 어느 정도 승부가 났는지도 모릅니다. 얼마 전부터 대학수학능력시험에서 '만족시키다'만을 사용하기 시작했기 때문입니다.

그동안의 국립국어원의 입장은 다음과 같습니다. '만족하다'는 '흡족하게 여기다'를 뜻하는 자동사이기 때문에 '다음 조건을'과 같은 목적어 뒤에 쓰일 수가 없으므로 목적어를 가지는 '만족시키다'를 써야 한다고요. 저는 국립국어원에서 다음과 같은 것들을 고려해 다시 판단해 주면 좋겠습니다.

첫째, '만족하다'가 '흡족하게 여기다'라는 뜻의 자동사의 의미라고 했지만 수학에서 쓰는 용법에서는 만족하는 주체가 다르다는 것입니다. '사람'이 만족하는 경우와 '조건'이 만족하는 경우는 다릅니다. 즉, "길동이가 만족한다"와 같은 경우에는 만족하는 주체가 길동이므로 "길동이를 만족시킨다"가 맞겠지만 "조건을 만족시킨다"라고 할 때는 '조건'이 스스로 흡족하게 느끼는 주체가 아니므로 경우가 다르다는 것입니다.

둘째, 논의되고 있는 동사는 주로 수학에서만 사용하고 있다는 특수성을 고려해야 한다는 것입니다. 표준국어대사전에서 '만족하다'를 '흡족하게 여기다/마음에 흡족하다'의 의미라고 하지만 이것은 수학이라는 특수 영역에서의 용법을 미처 생각하지 못했을 가능성이 높습니다.

결국은 '만족하다'를 타동사의 의미로도 쓸 수 있느냐 없느냐가 쟁점인데, 동양 삼국에서는 이 동사를 어떻게 쓰고 있을까요? 어원인 중국어에서는 만족滿足을 타동사satisfy의 의미로 씁니다. 그래서 중국어 용법을 그대로 수용한다면 '만족하다'가 맞습니다. 일본어에서는 한자어를 쓰지 않고 '만족하다'와 같은 의미의 타동사로 '미타스みたす'라는 말을 쓰고 있습니다.

제가 오랫동안 깊이 존경해 오던 이오덕 선생님께서 쓰신 《우리글 바로 쓰기》라는 책에서는 '혹사시키다', '실현시키다'와 같이 사동을 뜻하는 접미사를 남용하는 경우가 많다고 지적하고 있습니다. '~시키다'는 '혹사하다,' '실현하다'와 같이 써야 한다고 설명하고 있습니다. 저는 이와 같은 맥락에서 '만족시키다'보다는 '만족하다'를 지지합니다.

이 문제는 전문가들이 연구하여 최종적인 결론을 내려야 할 것입니다. 표준국어대사전에 '만족하다'는 자동사의 의미만 있는 것으로 규정하고 있습니다. 제가 이 문제에 대하여 한 신문 칼럼에서 언급한 적이 있는데 이 칼럼을 본 국립국어원의 연구원으로부터 다음과 같은 내용의 이메일을 받았습니다. "수학 분야에서 타동사로 쓰이는 '만족하다'의 사례가 많이 나타나는 것은 분명해 보입니다. 이에 '만족하다'에 타동사 용법을 추가하는 방안에 대해 검토하도록 하겠습니다. 국립국어원은 내규에 따라 내외부 전문가로 구성된 '국어사전 정보보완심의위원회'(연 4회 개최)에서 사전의 정보 수정에 대한 논의를 거치게 되어 있습니다. 선생님께서 제안하신 '만족하다'의 타동사적 쓰임도 심의를 거쳐 수정된다면 표준국어대사전 정보 수정 내용을 공개하도록 하겠습니다."

42

귀류법은 왜 어려운가요?

귀류법은 어떤 명제가 참임을 증명할 때 일단 그것이 참이 아니라고 가정하면 모순이 됨을 보임으로써 그 명제가 참임을 증명하는 것입니다. 앞서 $\sqrt{2}$가 무리수라는 것을 증명할 때도 이 증명법을 썼고 0.999…가 1과 같은 수임을 보일 때도 귀류법을 썼습니다. 이와 같이 귀류법은 증명 문제에서 자주 활용되는 증명법입니다.

"p이면 q이다"와 같은 명제에 대하여 귀류법을 이용해 이것이 참임을 보이는 것은 "p라는 가정하에서 q가 아니면 모순이 생긴다"는 것을 보이는 것입니다. 이것을 기호로 쓰면 $p \wedge \sim q$라는 명제는 참이 아님을 보이는 것입니다. 이렇게 귀류법은 "p이면서 q가 아닌 것은 참이 아니다" 형태이지만 실은 이것은 주어진 명제의 대우명제인 "q가 아니면 p가 아니다"라는 것을 보이는 것과 본질적으로 같은 경우가 대부분입니다.

"$\sqrt{2}$가 무리수이다"라는 명제에는 가정이 없어서 "p이면 q이다"라는 형태의 명제가 아닌데 어떻게 귀류법을 쓸 수 있느냐는 질문이 있을 수 있는데요.* 이 명제는 원래 가정이 생략되어 있는 것이라 볼 수 있습니다. 이 명제를 가정을 포함한 명제로 다시 쓰면 "x가 $x^2=2$인 양의 실수이면 x는 무리수이다"가 될 것입니다. 이것의 증명은 x가 어떤 유리수 $\frac{q}{p}$와 같다면 모순이 됨을 찾는 것이지만, 이것을 다시 잘 보면 결국 "$x=\frac{q}{p}$라면 x는 $x^2=2$를 만족할 수 없다"는 것을 보인 것이라 해석할 수 있습니다. 그래서 이것은 본 명제의 대우명제를 증명한 것과 본질적으로 같습니다.

현재는 귀류법에 대한 논란은 거의 없지만 20세기 초에 현대논리학이 꽃을 피울 때는 논란이 있었습니다. 당시에는 논리학에 3개의 사조가 있었는데 그것은 논리주의, 형식주의, 직관주의입니다. 그중에 직관주의를 주장하는 수학자들은 배중률을 완전한 것으로 인정하지 않았습니다. 배중률이란 모든 명제는 참 아니면 거짓이라고 규정하는 것인데 직관주의자들은 참도 아니고 거짓도 아닌 명제도 있을 수 있다며 배중률을 거북하게 여겨 가능하면 피하려 했던 것입니다.

직관주의는 수학적 지식의 원천은 근본적으로 직관이며, 수학적 개념과 이론은 직관적으로 자명하게 받아들여질 수 있는 것이라

* 실제로 어떤 수학 관련 블로그에 이 질문에 대한 답이 적혀 있습니다. 그러나 이곳의 답은 조금 이상하더군요.

고 주장하는 것으로 네덜란드의 수학자 베르투스 브라우어가 이 주의를 대표하는 인물입니다. 푸앵카레도 직관주의자로 분류됩니다. 브라우어는 암스테르담대학의 수학 교수이자 위상수학과 해석학에서 큰 공헌을 한 사람으로, 그의 직관주의는 그의 제자 헤이팅Arend Heyting, 1898-1980에 의해 좀 더 체계적으로 다듬어졌습니다. 그들은 배중률을 거부한 것 외에도 수학에서는 실제로 구성construct될 수 있는 것만 존재하는 것으로 인정해야 하고, 존재가 보장이 되는 것만 논리적 대상으로 삼아야 한다는 구성주의를 주장했습니다. 앞서도 언급했듯이 무리수를 '유리수가 아닌 수'로 정의하거나 초월수를 '대수적 수가 아닌 수'로 정의하는 것은 받아들일 수 없다고 주장했지요.

명제의 부정이 어렵다면

귀류법을 이용한 증명이 자연스럽게 받아들여지는 사람은 수학적인 소질이 좋은 편인 사람이라고 볼 수 있겠습니다. 귀류법은 본질적으로 명제의 결론의 부정이 참이 아님을 보이는 것이다 보니 명제나 조건의 **부정**negation의 구성이 필요합니다. 그런데 앞서 집합 부분에서도 언급했듯이 사람들은 부정문을 만드는 데에 의외로 약합니다.

명제의 부정은 기본적으로 다음과 같은 틀을 가지고 있습니다.

- "모든 x에 대하여 ~이다"라는 명제의 부정은 "어떤 x에 대하여 ~가 아니다"
- "어떤 x에 대하여 ~이다"라는 명제의 부정은 "모든 x에 대하여 ~가 아니다"

제가 예전에 출제했던 대입 수리논술시험 문제의 예를 하나 들어 보겠습니다.

> 모든 양의 실수 x에 대하여 $f(x) \le x$이고 $f''(x)>0$이면 모든 양의 실수 x에 대하여 $f'(x) \le 1$임을 보이시오.

이 문제는 귀류법으로 증명하는 문제입니다. 그러므로 일단 결론을 부정해야 합니다. 즉, "모든 양의 실수 x에 대하여 $f'(x) \le 1$이다"를 부정하는 가정을 하고 시작해야 하지요. 그런데 아주 많은 학생들이 이 부정문을 "모든 양의 실수 x에 대하여 $f'(x) > 1$이라고 하자"라고 작성해 놓고 증명을 시작하는 오류를 범했습니다. 정확한 부정문은 "어떤 양의 실수 x_0에 대하여 $f'(x_0) > 1$이라고 하자" 또는 "$f'(x_0) > 1$인 x_0가 존재한다고 하자"입니다.

43

수학적 귀납법은 정말 완벽한 것인가요?

우리는 1부터 10까지 더하면 55가 된다는 것을 압니다. 좀 더 일반적으로 1부터 n까지 더한 값이

$$1+2+3+\cdots+n=\frac{n(n+1)}{2}$$

이라는 공식이 있습니다. 이것에 대해서는 수학자 가우스가 10살 때 스스로 계산법을 생각해 냈다는 유명한 이야기가 있습니다. 선생님이 $1+2+3+\cdots+100=?$에 대한 문제를 냈더니 가우스가 "5050입니다"라고 대답했다는 이야기입니다. 그는 이 덧셈을 반대 방향으로 취한 $100+99+98+\cdots+1$을 $1+2+3+\cdots+100$과 더해 준 뒤 그것을 2로 나누어 답을 얻은 것입니다. 즉,

$$S = 1 + 2 + \cdots + 99 + 100$$과

$$S = 100 + 99 + \cdots + 2 + 1$$을 (세로로) 더하면

$$2S = 101 + 101 + \cdots + 101 = 101 \times 100 = 10100$$

이 되고 결국 $S = 5050$이 됩니다.

가우스
(Public domain | Wiki Commons)

고등학교 때 배우는 등차수열의 합도 이런 방법으로 구할 수 있습니다. 그러나 가우스가 한 것과 같이 굳이 그렇게 좋은 아이디어를 내서 계산할 필요도 없이 만일 '결과를 이미 알고 있거나 추측할 수 있다면', **수학적 귀납법** mathematical induction을 이용하여 이 공식이 성립하는 것을 쉽게 증명할 수 있습니다. 수학적 귀납법은 수학의 증명 문제에서 그 활용도가 매우 높습니다. 먼저 수학적 귀납법을 복습해 볼까요?

수학적 귀납법 명제 $P(n)$이 모든 자연수 n에 대하여 성립하는 것을 보이기 위해서는 다음 두 가지를 보이면 된다.

(i) $n=1$일 때 명제 $P(n)$이 성립한다.

(ii) $n=k$일 때 명제 $P(n)$이 성립한다고 가정하면, $n=k+1$일 때도 명제 $P(n)$이 성립한다.

이것은 고등학교 교과서에 나온 형태의 수학적 귀납법이고 조금 다른 형태인 **강한 귀납법**도 있습니다. 그것은 앞서 얘기한 (ii)항 대신

(ii)' $n \le k$일 때 명제 $P(n)$이 성립한다고 가정하면, $n = k+1$일 때도 명제 $P(n)$이 성립한다.

를 사용합니다. 이것이 좀 더 일반적인 형태인 만큼 유용할 때가 많습니다만, 현재는 수학 교과내용 축소의 일환으로 교과서에서는 없어졌습니다.*

등식 $1+2+3+\cdots+n=\frac{n(n+1)}{2}$이 성립함을 수학적 귀납법으로 보이는 것은 기계적으로 할 수 있습니다.

$$1+2+3+\cdots+k=(1+2+\cdots+(k-1))+k=\frac{k(k-1)}{2}+k=\frac{k(k+1)}{2}$$

이기 때문입니다.

또 다른 급수 $1^2+2^2+3^2+\cdots+n^2$의 값은 무엇일까요? 직접적인 계산을 통해서 구하는 것은 쉽지 않습니다. 하지만 이미 그 값을 알고 있거나 추측할 수 있다면 그것이 성립한다는 것을 증명하는 것은 수학적 귀납법을 이용하면 쉽게 할 수 있습니다. 그 값은

* 이것을 없앤 것 자체보다 이것을 쓰지 못하게 하는 것이 더 이상합니다.

$$1^2+2^2+3^2+\cdots+n^2=\frac{n(n+1)(2n+1)}{6}$$

인데요, 이것도 앞선 $1+2+3+\cdots+n=\frac{n(n+1)}{2}$의 증명과 같이 수학적 귀납법을 이용한다면 기계적으로 쉽게 증명할 수 있습니다.

참고로 3제곱의 합에 대하여 등식

$$1^3+2^3+\cdots+n^3=(1+2+\cdots+n)^2=\{\frac{n(n+1)}{2}\}^2$$

이 성립하는데, 이것도 수학적 귀납법을 쓰면 쉽게 증명할 수 있습니다. 그런데 이와 연관된 재미있는 이야기가 하나 있습니다. 그것은 바로 본 책이 출간되는 해인 2025년과 관련된 이야기입니다. 2025년 새해가 되자 사람들은 2025라는 숫자에 대하여 다음과 같은 흥미로운 등식들이 성립한다는 사실을 공유하며 재미있어했습니다.

$$2025=(20+25)^2=(1+2+\cdots+9)^2=1^3+2^3+\cdots+9^3$$

기계적 증명, 믿어도 되는가?

어떤 수학적 결과를 계산 등을 통해서 구성적으로 구하지 않고 수학적 귀납법을 써서 기계적으로 증명하고 나면 뭔가 석연치 않다는 느낌이 든다는 사람들이 있습니다. 그런 느낌을 받는다면 논리에 대한 소양이 좋은 사람일 것 같습니다. 왜냐하면 수학적 귀납법은 우리가 자연스럽게 체득하는 보편타당한 논리가 아니라 자연수가 가지는 성질에 의존하는 논리이기 때문이지요.

자연수의 성질은 페아노의 가정(또는 공리)을 바탕으로 하는 것으로 그의 가정은 "k가 자연수이면 $k+1$도 자연수이다"라는 가정입니다. (그의 원전에서는 $k+1$ 대신 'k의 다음수'라는 개념을 썼지만 결국 같은 말이 됩니다.) 실은 이러한 자연수의 성질은 자연수의 정의이기도 합니다. 논리적으로 엄격하게 말하자면 '자연수의 집합은 실수의 부분집합 중 (1을 포함하면서) 그러한 성질을 만족하는 가장 작은 집합'으로 정의됩니다. 여기서 그러한 성질이란 'x가 그 집합에 속하면 $x+1$도 그 집합에 속한다'는 성질을 말합니다. 이때 1이란 물론 실수 중 곱셈의 항등원입니다.

이러한 자연수의 정의는 보통 사람들에게는 굳이 이해할 필요는 없는 정의입니다. 하지만 수학적 귀납법은 하여간 '그러한 자연수의 정의에 의해 논리적으로 완벽하게 성립하는 것으로 간주되고 있다'고 알고 있으면 되겠습니다.

앞에서 교과서에 나오는 수학적 귀납법과 함께 강한 귀납법을 소개했는데요, 실은 이것 외에도 다양한 형태의 수학적 귀납법이 있을 수 있습니다. 귀납법은 워낙 쓸모가 많기 때문에 여러 가지 귀납법에 대해 좀 더 유연한 태도를 가지면 좋겠습니다. 변수가 2개의 자연수인 경우의 귀납법도 있고, 어떤 특수한 경우에는 자연수가 줄어드는 방향의 귀납법(즉 $k+1$일 때 성립한다고 가정한 후 k일 때 성립함을 보이는 귀납법)도 있습니다. 뿐만 아니라 $k-1$일 때 성립한다고 가정한 후 $k+1$일 때 성립함을 보이면 되는 경우도 있습니다. 이 경우에는 먼저 $k=1$일 때와 $k=2$일 때 모두 성립함을 보이고 난 후에, $k-1$일 때 성립한다고 가정한 후에 $k+1$일 때 성립함을 보여야 합니다.

방금 언급한 것과 같이 "$k-1$일 때 성립 $\Rightarrow$ $k+1$일 때 성립"과 같은 형태를 갖는 귀납법이 활용되는 예를 하나 들어 보겠습니다.

모든 자연수 n에 대하여 6^n은 3개의 자연수의 제곱의 합이 됨을 보이시오.

즉, $6^n = x^2 + y^2 + z^2$인 자연수 x, y, z가 존재함을 보이라는 문제입니다. 이것을 방금 언급한 방식의 귀납법을 이용하면 다음과 같이 보일 수 있습니다.

증명 먼저 $k=1$일 때와 $k=2$일 때는 $6=1^2+1^2+2^2$이고
$6^2=2^2+4^2+4^2$이므로 성립한다. 그리고 $k-1$일 때
$6^{k-1}=x^2_{k-1}+y^2_{k-1}+z^2_{k-1}$와 같이 성립한다고 가정하자.
그러면 $k+1$일 때 $6^{k+1}=6^2\cdot 6^{k-1}$
$=6^2(x^2_{k-1}+y^2_{k-1}+z^2_{k-1})=(6x_{k-1})^2+(6y_{k-1})^2+(6z_{k-1})^2$
이 되므로 증명이 완성된다.

44

열린구간 (0, 1)의 최댓값은 무엇인가요?

학생들에게 "열린구간 (0, 1)의 최댓값은 무엇인가요?" 라든가 "(0, 1)에 최댓값이 존재하나요?"와 같은 질문을 하면 의외로 제대로 대답하는 학생들이 (이공계 대학생들조차) 드뭅니다. 이 문제는 수학문제라고 하기보다는 논리문제라고 하는 게 더 맞을 듯해요. 사람들의 논리적 사고법을 살펴보는 데에 좋은 소재가 됩니다. 이 문제를 통해서 우선 우리가 평소에 어떤 개념과 용어를 확실히 이해하고 사용하는 습관을 가지고 있는지 점검해 볼 수 있습니다.

문제에 등장하는 '최댓값'이라는 용어의 의미는 잘 이해하고 있나요? 먼저 '가장 크다' 또는 '가장 작다'의 의미에 대해 생각해 봅시다. 예를 들어 "철수는 3학년 1반에서 가장 키가 큰 학생이다"라고 할 때 그것의 의미는 무엇일까요? 이 말의 정확한 (논리적인) 의미는 바로

"3학년 1반의 임의의 학생보다 철수는 키가 더 크거나 같다"

입니다. 이 말이 일부 독자들에게는 너무 자명해서 말장난처럼 들릴 수도 있겠네요. 하지만 이렇게 용어의 개념을 정확하게 이해하고 서술하는 것은 수학만이 아니라 대부분의 논리적인 서술에서 매우 중요한 역할을 한답니다.

최댓값의 의미를 열린구간 (0, 1)의 최댓값에 대해 적용해 보면, (0, 1)에 최댓값 M이 존재한다는 것은 '(0, 1)의 임의의 실수 x에 대하여 $x \leq M$이 성립한다'는 것을 의미합니다. 이것을 이용하여 (0, 1)에는 최댓값이 존재하지 않는다는 것을 쉽게 보일 수 있습니다. 최댓값이 존재한다면 모순이 됨을 보이면 됩니다. 즉, 귀류법에 의해 존재하지 않음을 보일 수 있습니다.

만일 최댓값 $M \in (0, 1)$이 존재한다면 $M < 1$이므로 $M < N < 1$인 $N \in (0, 1)$이 존재한다. (예컨대 M과 1의 평균인 $N = \frac{M+1}{2}$이 있다. 이렇게 임의의 두 실수 사이에 또 다른 실수가 존재한다는 사실은 자명하다.) 따라서 M이 최댓값이라는 가정에 모순이 된다.

(0, 1)의 최댓값 문제가 논리와 연관된 좋은 소재인 이유는 '최댓값'과 같이 명제에 등장하는 단어를 정확하게 이해하고 활용해야 한다는 점 외에도, "최댓값이 존재하지 않는다"라는 말 자체를 오해하

지 말아야 하기 때문입니다. 이 명제를

"(0, 1)의 최댓값을 특정할 수 없다"

라는 명제와 혼동하는 사람들이 의외로 많습니다. '존재하지 않는다'라는 말과 '존재할지도 모르지만 찾을 수 없다'라는 말을 잘 구별하지 못하는 경우인데요, 수학에서는 이와 유사한 혼동의 예가 의외로 자주 등장합니다.

앞의 2부에서 "실수에 대해서는 다음수가 없다"라는 말을 했는데, 이 경우에도 '임의의 실수 x에 대하여 그것의 다음수 y가 존재한다면 모순이다'라는 귀류법을 통하여 쉽게 증명할 수 있습니다. (다음수 y가 존재한다면 $x < \frac{x+y}{2} < y$이므로 y가 x의 다음수라는 가정에 모순이 됩니다.) 그런데 이 경우에도 '없다'와 '특정할 수 없다'를 혼동하는 사람들이 있습니다.

'각의 삼등분 작도 문제'라는 유명한 문제가 있습니다. 자와 컴퍼스만으로 임의의 각을 삼등분하는 방법을 찾는 문제입니다. 이 문제는 프랑스의 피에르 방첼Pierre Wantzel, 1814-1848이 1837년에 작도하는 방법이 없음을 보였는데도 아직까지 이 문제를 풀겠다는 사람들이 많습니다. "삼등분하는 방법이 존재하지 않는다"는 말과 "삼등분하는 방법을 찾지 못한다"는 말의 차이를 이해하지 못해서 발생하는 해프닝이지요. 저에게 가끔 자신이 삼등분 작도 문제를 풀었으니 검토해 달라는 이메일을 보내는 분들이 있습니다. 외국에도 그런 사람들이 많아 그들을 트라이섹터trisector라고 부릅니다. 앞서 언급한 적 있는 원주율 π의 작도의 경우에도 π는 초월수이기 때문에 자와 컴퍼스만으로는 작도할 수 없는데도 불구하고 작도법을 찾았다고 주장하는 사람들이 있습니다.

지금까지 이야기한 '존재성 여부'의 문제뿐만 아니라 "0.999…와 1은 같은 수"와 같은 말에 대해서도 이 말에 대한 귀류법 증명을 접하고도 그것을 진정으로 받아들이지 못하는 사람들이 있습니다. 저는 이것을 중요하게 살펴보아야 할 점이라고 생각합니다.

논리적 사고와 합리적인 판단은 '인정할 것은 인정하는 태도'로부터 출발합니다. 수학적, 과학적으로 옳다고 하는 것은 받아들이는 태도가 부족한 사람들을 흔히 볼 수 있기 때문입니다. 수학, 과학적인 이론이나 객관적인 사실보다는 자신의 느낌이나 직관을 믿고 싶어 하는 태도를 경계해야 합니다. 지구가 평평하다고 믿거나 세계의 유명인 대부분이 파충류인 외계인이라고 믿는 것 정도는 웃고 넘어갈 수 있겠지만 지구(와 우주)가 생긴 지 6천여 년밖에 되지 않았다고 믿는 이공계 대학교수들이 꽤 여러 명 있는 것이나 지구온난화 자체를 부정하는 지식인이 많다는 사실은 조금 심각할 수 있겠습니다.

우리 생활 중에도 그런 예를 흔히 목격할 수 있습니다. 제가 코로나 팬데믹 시절에 겪었던 예를 들자면, 제가 전날에 같이 회의했던 사람 A가 어느 확진자 B와 접촉한 적이 있으니 회의 참석자 모두가

자가격리를 해야 한다는 연락을 받았습니다. 그런데 그 A와 B가 만난 지 1시간도 되지 않은 시점에 저와 만났더군요. A가 그렇게 빠른 시간에 다른 사람에게 바이러스를 전파할 수 없다는 것은 당시에 이미 대중에게 잘 알려진 과학적인 사실인데도 '그래도 혹시 모른다'는 비합리적인 의심이 과학적 사실보다 앞섰습니다.

심지어는 자신의 목숨이 위태로운 심각한 병에 걸렸을 경우에도 과학적이고 상식적인 의사의 지시는 무시하고 자기 나름의 민간 처방을 찾아 나서는 사람들이 있습니다. 얼핏 보면 거창해 보이는 논리적, 과학적 사고도 실은 아주 작은 태도와 사고 습관으로부터 얻어지는 것입니다.

45

무한에는 작은 무한과 큰 무한이 있다고요?

사람들은 대개 '무한' 하면 무한대(∞)를 떠올립니다. 무한대란 어느 실수보다도 더 큰 '가상의 수'입니다. 하지만 수학에서 하는 무한에 대한 이야기는 통상적으로 '수'보다는 '집합'에 대한 이야기입니다. 이제 무한집합에 대한 이야기를 해 보겠습니다.

무한집합이란 물론 원소가 무한히 많은 집합이죠. 기호로 쓴다면 $|A|=\infty$*인 집합 A를 무한집합이라고 해요. 무한에 대한 것은 고등학교 수학에서는 다루지 않는 내용이긴 하지만 요즘에는 유튜브나 다큐멘터리 등을 통해 접할 수 있다 보니 그 내용을 어느 정도는 알고 있거나 궁금해하는 사람들이 많아졌습니다. 무한집합의 정의와 몇 가지 기본적인 성질부터 하나하나 설명해 보겠습니다.

* $|A|$는 집합 A의 원소의 개수입니다.

무한집합에는 두 가지가 있습니다. 하나는 **작은 무한집합** 가산집합, countable set이고 또 하나는 **큰 무한집합** 불가산집합, uncountable set입니다. 불가산집합은 가산집합보다 훨씬 더 많은 원소들을 갖습니다. 가산집합도 무한히 많은 원소를 갖는데 그것보다 더 많은 원소를 갖는다는 것이 좀 이상하지요? 하지만 그것은 사실이고 그것이 무한집합이 갖는 특이한 성질입니다. 가산집합과 불가산집합의 예는 다음과 같습니다.

무한집합	가산집합; $\mathbb{Z}_+$, $\mathbb{Z}$, $\mathbb{Q}$ 등
	불가산집합; $\mathbb{R}$, $\mathbb{R}^n$, $\mathbb{C}$ 등

($\mathbb{Z}_+$: 자연수의 집합, $\mathbb{Z}$: 정수의 집합, $\mathbb{Q}$: 유리수의 집합, $\mathbb{R}$: 실수의 집합, $\mathbb{C}$: 복소수의 집합)

무한집합의 카디널수

무한집합이란 유한집합이 아닌 집합을 말하므로 이 두 가지 집합 중 한 가지만 정의하면 됩니다. 유한집합은 다음과 같이 정의됩니다.*

정의(유한집합) 집합 A ($\neq\emptyset$)가 다음 조건을 만족할 때, 그것을 **유한집합**이라고 한다.**

---

* 무한집합을 직접 정의할 수도 있습니다. (이것을 선호하는 수학자가 더 많은 편입니다.) '자신과 진부분집합 사이에 일대일대응(전단사함수)이 존재하는 집합'을 무한집합이라고 정의합니다. 이것은 유한집합은 가질 수 없는 성질이기 때문입니다.

** 통상적으로 공집합도 유한집합으로 간주합니다.

(조건) 어떤 자연수 n에 대하여, 전단사함수 $f:\{1, 2, \cdots, n\} \to A$가 존재한다.

2개의 무한집합 중에 어느 것이 원소가 더 많은지는 어떻게 비교할 수 있을까요? 그것은 바로 단사함수 또는 전사함수의 존재 여부를 통해서 합니다. 먼저 앞의 집합과 함수 부분에서 두 유한집합의 원소의 개수를 함수를 통해 비교했던 것을 복습해 볼까요?

- 단사함수(일대일함수) $f: A \to B$가 존재하면, A의 원소의 개수가 B의 원소의 개수보다 적거나 같다. 즉, $|A| \le |B|$이다.
- 전사함수 $f: A \to B$가 존재하면, B의 원소의 개수가 A의 원소의 개수보다 적거나 같다. 즉, $|A| \ge |B|$이다.
- 전단사함수(일대일대응) $f: A \to B$가 존재하면, A의 원소의 개수와 B의 원소의 개수가 같다. 즉, $|A| = |B|$이다.

무한집합의 경우에는 '원소의 개수'라는 말이 불합리하므로 집합의 **카디널수**cardinality 또는 cardinal number라는 말을 쓰고 무한집합 A의 카디널수를 $c(A)$로 나타냅니다. 그러면 무한집합 A, B에 대해서도 다음이 성립합니다.

- 단사함수 $f: A \to B$가 존재하면, $c(A) \le c(B)$이다.
- 전사함수 $f: A \to B$가 존재하면, $c(A) \ge c(B)$이다.

• 전단사함수 $f: A \to B$가 존재하면, $c(A)=c(B)$이다.

무한집합의 카디널수의 경우에는 $\infty + \infty = \infty$ 꼴의 등식이 성립합니다. 예를 들어 정수의 집합 $\mathbb{Z}$의 경우 $\mathbb{Z} = \mathbb{Z}_{-} \cup \{0\} \cup \mathbb{Z}_{+}$ ($\mathbb{Z}_{-}$는 음의 정수의 집합)이므로 자연수의 집합 $\mathbb{Z}_{+}$보다 더 큰 집합이지만 카디널수는 $\mathbb{Z}_{+}$와 동일합니다. 왜냐하면 함수 $f: \mathbb{Z}_{+} \to \mathbb{Z}$를 짝수는 양의 정수로 보내고 홀수는 음의 정수로 보내는 함수, 즉, $f(2n) = n$, $f(2n+1) = -n$으로 정의하면 f가 전단사함수가 되기 때문입니다.

자연수의 집합 $\mathbb{Z}_{+}$는 가산집합이자 가장 작은 무한집합인데요. 이것의 카디널수를 $c(\mathbb{Z}_{+}) = \aleph_0$라 하고 이것을 '알레프 노트aleph naught' 또는 '알레프 제로'라고 읽습니다. 이때 알레프 $\aleph$는 히브리어와 아랍어 글자의 첫 번째 글자입니다. 방금 봤듯이 $c(\mathbb{Z}_{+}) = c(\mathbb{Z}) = \aleph_0$입니다. 가산집합이란 $\aleph_0$의 카디널수를 갖는 집합을 말합니다.

가산집합에 대해서는 ∞를 n개 더한 $\infty + \infty + \cdots + \infty$와 ∞를 ∞만큼 더한 $\infty + \infty + \infty + \cdots = \infty \times \infty$ 꼴의 집합도 모두 가산집합입니다. 이것이 무슨 말인가 하면 $\mathbb{Z}_{+}$를 n개 합집합 취한 $\mathbb{Z}_{+} \cup \mathbb{Z}_{+} \cup \cdots \cup \mathbb{Z}_{+}$도 가산집합일 뿐만 아니라 $\mathbb{Z}_{+}$를 가산만큼 합집합 취한

$$\mathbb{Z}_{+} \times \mathbb{Z}_{+} = \mathbb{Z}_{+} \times \{1\} \cup \mathbb{Z}_{+} \times \{2\} \cup \cdots \approx \mathbb{Z}_{+} \cup \mathbb{Z}_{+} \cup \cdots$$

도 가산집합입니다. 좀 이상한가요? $\mathbb{Z}_+ \times \mathbb{Z}_+$가 $\mathbb{Z}_+$보다 훨씬 더 클 것 같은데 이 둘의 카디널수가 같다는 것이 말이에요. 그것은 간단히 다음과 같은 함수를 통해 증명할 수 있습니다.

단사함수 $f:\mathbb{Z}_+ \times \mathbb{Z}_+ \to \mathbb{Z}_+$, $(m, n) \mapsto 2^m 3^n$이 존재한다.

이 함수가 단사함수인 것을 보이는 것은 쉽지요. 이것으로부터 우리는 $c(\mathbb{Z}_+ \times \mathbb{Z}_+) \leq c(\mathbb{Z}_+)$임을 알 수 있고, 그래서 $\mathbb{Z}_+ \times \mathbb{Z}_+$는 가산집합입니다. 이것을 이용하여 좀 더 일반적으로 "가산인 집합들을 가산만큼 합집합 취해도 역시 가산이다"라는 사실을 보일 수 있습니다.

유리수의 집합 $\mathbb{Q}$도 가산이라는 사실을 쉽게 보일 수 있습니다. $\mathbb{Q} = \mathbb{Q}_- \cup \{0\} \cup \mathbb{Q}_+$ 이므로 $\mathbb{Q}_+$가 가산임을 보이면 충분합니다. $\mathbb{Q}_+$가 가산인 이유는 다음과 같은 전사함수가 존재하기 때문입니다.

$$f:\mathbb{Z}_+ \times \mathbb{Z}_+ \to \mathbb{Q}_+, \ (m, n) \mapsto \frac{m}{n}$$

불가산집합과 연속체 가설

무한집합 중에서 가산이 아닌 것을 불가산이라고 하지요. 앞서 살펴보았듯이 불가산집합은 가산집합보다 **훨씬 더 큰** 집합이어야 할 것입니다. $\mathbb{Z}_+ \times \mathbb{Z}_+$는 $\mathbb{Z}_+$를 $\mathbb{Z}_+$만큼 합집합한 것과 같은데도 $\mathbb{Z}_+$

와 원소의 개수(카디널수)가 같다니 말입니다. 불가산집합에는 어떤 것이 있을까요? 그 대표적인 예는 앞서 말했듯이 실수의 집합 $\mathbb{R}$입니다.

그럼 $\mathbb{R}$이 불가산집합임은 어떻게 보일 수 있을까요? 증명 방법은 여러 가지가 있지만 그중 한 가지만 소개한다면, 바로 칸토어정리를 이용하는 방법입니다. 집합 A에 대하여 그것의 모든 부분집합들의 집합인 멱집합 $P(A)$는 앞에서 언급한 바 있습니다.

칸토어정리 임의의 집합 A에 대하여 $c(P(A)) > c(A)$이다. 단, $A \neq \varnothing$.

A가 유한집합일 때는, $|A| = n$이면 $|P(A)| = 2^n$이고 $2^n > n$이기 때문에 이 정리가 성립하는 것은 자명합니다. 그래서 칸토어정리는 무한집합에 대해서만 의미가 있습니다. 칸토어는 이 정리에 대한 다음과 같은 멋진 증명을 제시하였습니다. 다소 어려울 수 있지만 워낙 유명한 증명이니 관심이 있는 독자는 시간을 가지고 천천히 이것의 아름다움을 음미해 보기 바랍니다.

칸토어정리의 증명 귀류법에 따라 $c(P(A)) \leq c(A)$라 가정하고, 모순이 발생함을 보인다. 앞에서 살펴보았듯이 $c(P(A)) \leq c(A)$란, 전사함수 $g: A \rightarrow P(A)$가 존재한다는 뜻이다. 이제 다음과 같은 A의 부분집합 B를 잡아 보자.

$$B = \{a \in A \mid a \notin g(a)\}$$

(여기서 $g(a) \in P(A)$이므로 $g(a)$는 A의 부분집합.) 그러면 $B \in P(A)$이고

$g: A \to P(A)$는 전사함수이므로 $g(a_0) = B$인 $a_0 \in A$가 존재한다.

이제 $a_0 \in B$인지 아닌지를 살펴보자.

(i) 만일 $a_0 \in B$라면 $B = \{a \in A \mid a \notin g(a)\}$이므로 $a_0 \notin g(a_0) = B$이고

(ii) 만일 $a_0 \notin B = g(a_0)$라면 이것은 바로 a_0가 B의 원소들의 조건을 만족

한다는 뜻이므로 $a_0 \in B$이 된다.

결국, $a_0 \in B$이어도 모순이고 $a_0 \notin B$이어도 모순이므로 전사함수

$g: A \to P(A)$는 존재할 수 없다.

칸토어정리로부터 $P(\mathbb{Z}_+)$는 불가산집합임을 알 수 있습니다. 이를 이용하여 $\mathbb{R}$이 불가산임을 보일 수 있는데 그것은 바로 $\mathbb{R}$과 $P(\mathbb{Z}_+)$의 카디널수가 같다는 것을 보이는 것입니다. $c(P(\mathbb{Z}_+)) = c(\mathbb{R})$임을 보이는 과정은 다음과 같습니다.

1. $(-\frac{\pi}{2}, \frac{\pi}{2})$와 $\mathbb{R}$ 사이에 일대일대응 $\tan x: (-\frac{\pi}{2}, \frac{\pi}{2}) \to \mathbb{R}$이 존재한다.
2. 임의의 두 열린구간 (a, b), (c, d) 사이에 일대일대응(예컨대 일차함수)이 존재하므로 $(0, 1)$과 $\mathbb{R}$ 사이에도 일대일대응이 존재한다.
3. $P(\mathbb{Z}_+)$와 '0과 1의 무한수열'의 집합 사이에 일대일대응이 존재한다.

4. 0과 1의 무한수열의 집합과 (0, 1) 사이에 일대일대응이 존재한다.

3번에서 0과 1의 한 무한수열 011010…은 $P(\mathbb{Z}_+)$의 원소, 즉 $\mathbb{Z}_+$의 부분집합과 자연스럽게 대응됩니다. 왜냐하면

$$011010\cdots \leftrightarrow \{2, 3, 5, \cdots\} \subset \mathbb{Z}_+$$

이기 때문입니다. 여기서 2, 3, 5, …은 수열 011010…에서 1이 등장하는 자릿수들입니다.

그리고 4번에서 (0, 1)의 원소를 이진법 소수로 나타내면 0.011010…과 같이 나타내어지는데 이것은 0과 1의 무한수열 011010…과 대응됩니다.*

칸토어정리는 멱집합을 취하면 카디널수가 커진다고 말하고 있습니다. 그러므로

$$c(\mathbb{Z}_+) < c(P(\mathbb{Z}_+)) < c(P(P(\mathbb{Z}_+))) < \cdots$$

* 이 이야기에는 약간의 보정이 필요합니다. 이진법 소수 표현은 유일하지 않습니다. 예컨대 0.0111…=0.1000…입니다. 0.9999…=1인 것과 같은 이유이지요. 따라서 이진법 소수 표현에서 1이 뒤에서 무한반복되는 순환소수는 배제하면 4번의 일대일대응에 문제가 없습니다.

와 같이 카디널수를 무한히 더 키울 수가 있습니다. 그래서 다음과 같이 $c(\mathbb{Z}_+)=\aleph_0$, $c(P(\mathbb{Z}_+))=\aleph_1$, $c(P(P(\mathbb{Z}_+)))=\aleph_2$, …와 같은 기호로 카디널수를 나타냅니다. 그런데 현대 수학에서는 보통 $\aleph_2$ 이상의 카디널수를 갖는 집합은 잘 다루지 않습니다. n차원 유클리드 공간인 $\mathbb{R}^n$의 카디널수도 (아무리 고차원이라도) $\aleph_1$이므로 그 이상의 카디널수를 갖는 집합은 수학적으로 별 의미가 없기 때문입니다. 또 한편으로는 너무 큰 집합(원소가 너무 많은 집합)은 문제가 생길 수 있다는 유명한 러셀의 패러독스*도 신경이 쓰입니다.

100년 전에는 연속체 가설Continuum hypothesis이란 것이 아주 유명한 문제였습니다. 그것은 '$\mathbb{Z}_+$보다 카디널수가 더 크고 $\mathbb{R}$보다 카디널수가 더 작은 집합은 존재하지 않는다'는 가설입니다. 이것은 칸토어가 처음 제시했던 문제로 힐베르트가 제시한 23개 문제 중 첫 번째 문제이기도 합니다. 수학자들이 찾는 답은 '그렇다'도 아니고 '아니다'도 아닙니다. 괴델과 코언 등이 찾은 답은 이 가설이 참이어도 거짓이어도 ZFC 체계**와 무관하다는 것입니다. 즉, 수학기초론과 무관하니 관심 가질 필요가 없는 문제라는 얘기지요.

* 이것은 조금 어려우니 설명을 생략합니다. 궁금한 분들은 저의 책 《수학자가 들려주는 진짜 논리 이야기》를 참조하시기 바랍니다.

** ZFC 체계란 현대 수학에서 대체로 표준이라고 받아들여지고 있는 논리 체계입니다.

46

왜 무리수가 유리수보다 더 많나요?

실수는 유리수와 무리수로 이루어져 있습니다. 유리수와 무리수 중 어느 쪽이 더 많을까요? 다음과 같은 질문도 가능할 것입니다. "임의로 선택한 실수 1억 개 중에 유리수는 몇 개나 될까요?"

아무래도 유리수와 더 친숙해 왔던 우리는 막연히 '유리수도 무한히 많은데 실수 1억 개 중에 유리수가 그래도 몇 개 정도는 있겠지' 하고 생각할지 모릅니다. 하지만 이 질문에 대한 정답은 "0개이다"입니다. 즉, 1개라도 있을 확률은 0입니다. 그 이유는 무리수가 유리수보다 '무한대 배' 더 많기 때문입니다.

$\mathbb{R}=\mathbb{Q}\cup\mathbb{Q}^c$이고 $\mathbb{Q}^c$가 무리수의 집합인데요, $\mathbb{Q}^c$가 가산이라면 $\mathbb{R}$이 불가산이라는 데에 모순이 되므로 $\mathbb{Q}^c$는 불가산입니다. 따라서 무리수가 유리수보다 무한대 배 더 많은 것은 자명합니다. 가산집합들을 유한개 모아서 다 합집합해도 가산집합이고 심지어는 자연수

전체만큼 무한히 모아도 가산임은 앞에서 설명했습니다. 불가산집합은 (같은 무한집합이라도) 가산집합에 비해 어마어마하게 더 큰 집합입니다.

실은 지금까지 설명한 무한집합에 대한 지식이 없더라도 무리수가 유리수보다 훨씬 더 많다는 것은 쉽게 알 수 있습니다. 그것은 바로 무리수 하나가 모든 유리수만큼의 무리수를 생성해 내기 때문입니다. 이게 무슨 말인가 하면 예를 들어 무리수 $\sqrt{2}$에 대하여 $\mathbb{Q}+\sqrt{2}:=\{q+\sqrt{2} \mid q \in \mathbb{Q}\}$, 즉 유리수와 $\sqrt{2}$의 합으로 이루어진 실수들의 집합이라고 정의하면 $\mathbb{Q}+\sqrt{2}$의 원소들은 모두 무리수이고 이 집합은 $\mathbb{Q}$와 일대일대응이 되기 때문입니다. 간단히 말하면

$$\begin{aligned} \mathbb{Q}+\sqrt{2} &\leftrightarrow \mathbb{Q} \\ q+\sqrt{2} &\leftrightarrow q \end{aligned}$$

입니다. π, $\sqrt{3}$, e, $\cdots$ 등의 무리수가 무한히 많으므로 $\mathbb{Q}+\pi$, $\mathbb{Q}+\sqrt{3}$, $\mathbb{Q}+e$, $\cdots$와 같이 무리수들의 집합도 무한히 많은 종류가 있습니다. 그러니 무리수가 유리수보다 훨씬 더 많은 것은 당연하다고 생각할 수 있습니다.

유리수는 수직선에 빽빽하게 차 있다?

실수의 집합에는 무리수가 유리수보다 무한대 배 더 많다는 사실

과 배치되는 것처럼 보이는 이상한 성질이 있습니다. 무한집합의 이상한 성질의 예로 가장 흔히 드는 게 "자연수와 정수의 개수가 같다"는 것인데, 실은 알고 보면 "유리수는 수직선에 빽빽하게 차 있다"는 성질이 더 이상해 보일지 모릅니다. '빽빽하게 차 있다'는 말을 수학적으로 엄밀하게 표현하면 다음과 같습니다.

"임의의 두 실수 사이에는 유리수가 존재한다."

이 성질은 왜 직관에 위배가 될까요? 이 성질은 두 '무리수' 사이에 유리수가 존재한다는 말이므로, 일렬로 순서대로 쭉 놓여 있는 실수들 중에 무리수 2개가 연속해서 놓여 있을 수 없다는 말입니다. 그리고 이 말은 (유한적으로 생각하면) 무리수와 유리수는 번갈아 놓여야 한다는 뜻으로 이것은 무리수가 유리수보다 무한대 배 더 많다는 사실에 위배되는 것처럼 보입니다. 유리수는 수직선에 빈 공간 없이 빽빽하게 차 있지만 실수 중에 유리수는 거의 없는 이상한 상황이지요.

이제 두 실수 사이에 반드시 유리수가 존재한다는 사실을 간단히 증명해 보겠습니다.

증명 두 실수 x, y $(x < y)$에 대하여 두 수에 어떤 큰 자연수 m을 곱하면 mx와 my의 차이가 1보다 더 크게 만들 수 있다. (좀

더 정확하게 말하면, 실수 $\frac{1}{y-x}$보다 더 큰 자연수 m이 존재한다. 임의의 실수보다 더 큰 자연수가 존재한다는 것을 '아르키메데스의 원리'라고 부른다.) 그러면 $mx < n < my$인 정수 n이 존재한다. 이제 양변을 m으로 나누면 $x < \frac{n}{m} < y$를 얻는다.

지금까지의 무한집합에 대한 이야기는 좀 어려운가요? 무한에 대해서는 재미있는 이야기가 더 많이 있지만 지금까지 한 것만 해도 이미 너무 많고 어렵다는 독자가 있을 것 같아 이 정도에서 마치겠습니다.

47

그리스의 공리적 논증수학이란 어떤 것인가요?

그리스에는 아리스토텔레스나 유클리드 이전부터도 (종교의 영향을 받지 않고) 순수한 이성으로 진리를 탐구하는 정신과 정확함을 추구하는 정신을 바탕으로 수학과 과학을 연구하는 학자들이 많았습니다. 그들은 진리 탐구 정신에 입각하여 학문을 연구하였으므로 그들에게 논리는 항상 매우 중요한 주제였습니다.

고대 그리스의 수학을 한마디로 표현한다면 '공리적 논증수학'이라고 할 수 있습니다. 지식이란 모름지기 기본적이고 기초가 올바르고 풍부해야 그것으로부터 아주 높은 수준까지 올라갈 수 있는 것이라는 것이 그리스 학자(철학자와 수학자)들의 생각이었습니다. 이러한 생각은 나중에 유럽인들이 높은 수준의 과학 문명을 이루는 데에 핵심적인 기여를 하게 됩니다. 올바르고 풍부한 기초 지식의 핵심이 바로 논리이고 그것의 발현이 바로 논증수학입니다.

유클리드의 《원론》

그리스의 공리적 논증수학을 가장 잘 나타내고 있는 책이 바로 유클리드의 《원론》입니다. 영어로는 Elements라고 부르고 그리스어로는 스토이케이아라고 부르는 이 책은 두 가지 면에서 역사상 가장 영향력이 컸던 수학책입니다. 첫 번째는 앞서 말한 대로 아주 오랜 세월 동안 기하학의 교과서로 사용돼 왔다는 점입니다. 이 책은 9세기에 아라비아에서 문명이 꽃을 피우기 시작하던 때나 유럽에서 르네상스라는 새로운 시대를 열던 때나 가장 먼저 현지 언어로 번역되고 주석이 추가되고, 아울러 가장 널리 읽히던 책입니다. 두 번째는 이 책이 쓰인 형식이나 그것이 담고 있는 '논증'이라고 하는 수학철학이 오랜 세월 동안 수학자들에게 큰 영향을 미쳤다는 점입니다. 뉴턴의 《프린키피아》도 기본적인 틀은 《원론》의 형식을 따랐습니다. 뿐만 아니라 스피노자의 《에티카》와 같은 과학철학 저서와 미국의 독립 선언문과 헌법 체계에도 그 흔적이 남아 있습니다.

저자인 유클리드는 영어 이름이고 그의 이름을 그리스어 이름인 에우클레이데스Eukleides로 부르는 것이 더 맞을지 모릅니다. 아리스토텔레스를 영어 이름인 아리스토틀Aristotle로 부르지 않는 것처럼 말입니다. 하지만 유클리드의 경우에는 이미 대중에게 영어 이름으로 널리 알려져 있는 사람이니 그냥 그렇게 부르는 편이 더 나을 것 같습니다. 그에 대해서는 알렉산드리아에서 BC 300년경에 활동했던 수학자라는 사실 외에는 알려진 것이 별로 없습니다. 그는 그리스계 이집트인입니다. 알렉산드리아는 당시 이집트의 수도이자 세계 최고의 문화 수준을 갖고 있었습니다.

알렉산드리아는 알렉산드로스 대왕Alexandros the Great, BC 356-323의 이름을 따 건설된 도시입니다. 이와 동명의 도시는 정복된 땅 여러 곳에 건설되었으나 이집트에 건설된 이 도시가 가장 크고 유명합니다. 알렉산드로스가 갑자기 죽자 그의 부하 장군인 프톨레마이오스가 이집트의 지배자이자 파라오가 됩니다. 그가 세운 왕조가 고대 이집트의 마지막 왕조이자 제32왕조인 프톨레마이오스 왕조(BC 305-30)입니다. 유클리드가 왕을 상대로 말했다는 유명한 말 "수학에는 왕도王道가 없습니다"는 이 프톨레마이오스 1세에게 한 말입니다. 이 왕조의 마지막 왕이 바로 유명한 클레오파트라 여왕입니다.

《원론》은 열네 권의 책으로 이루어져 있습니다. 그렇게 여러 권으로 이루어진 것은 당시에는 책이란 것이 파피루스에 손으로 글을 쓴 '두루마리' 형태로 되어 있었기 때문입니다. 실은 기독교의 초기 성경들도 그러합니다. 여러 개의 두루마리로 이루어져 있어 그것들끼리 서로 합쳐지고 제외되는 과정을 거듭하다가 지금과 같은 형태의 성경이 만들어진 것입니다. 우리말 '책'이라는 말의 한자인 冊은 대나무를 엮어 만든 형상을 글자화한 것입니다. 종이가 널리 사용되기 전인 아주 옛날에는 대나무(죽간)에 글을 쓴 후 그것을 엮어 '책'으로 만들었기 때문입니다. 참고로 책을 현대의 중국에서는 '서書'라 하고 일본에서는 '본本' 또는 '서書'라고 부릅니다.

《원론》의 논리적 엄밀함은 당대의 학문과 문화 수준을 감안할 때 실로 놀랍기 그지없습니다. 그 엄밀함의 수준은 19세기에 새로운 논리학의 발전이 이루어지기 전까지 최고 수준을 유지했습니다. 《원론》의 시작인 제1권의 형식이 매우 중요한데 1권은 요즘의 수학책이나 논리학 책처럼 "정의→공리와 기본 개념→명제와 정리"와 같은 형식으로 구성되어 있습니다. 제1권에는 정의 23개, 공준postulate 5개, 공통 개념common notion 5개, 정리proposition 48개가 기술되어 있습니다. 여기서 정의란 점, 직선, 원, 원의 반지름 등의 개념을 정의한 것이고, 공준이란 요즘 수학적 논리학에서 말하는 공리axiom와 유사한 개념으로 증명할 필요 없이 당연히 받아들일 수 있는 명제를 말합니다. 제1권에 나오는 5개의 공준은 유명한데 그중에서도 제5공준이 특히 유명합니다.

공준 1. 어떤 점으로부터 어떤 점까지 선분 긋기가 가능하다.

공준 2. 선분을 연장한 직선 긋기가 가능하다.

공준 3. 어느 중심과 반지름을 갖는 원을 그릴 수 있다.

공준 4. 모든 직각은 같다.

공준 5. 한 직선이 두 직선을 가로지를 때 한쪽의 내각의 합이 두 직각(180°)보다 작으면, 그 두 직선은 두 직각보다 작은 내각들이 있는 쪽에서 만난다.

제5공준이 이해하기 어렵게 서술되어 있어서 이 공준과 동치인 다음과 같은 공준(이것을 '평행선 공준'이라고 부릅니다)으로 이해하면 됩니다.

제5공준(평행선 공준) 주어진 직선의 밖에 놓인 점을 지나면서 그 직선에 평행한 직선은 많아야 하나 존재한다.

이 제5공준과 동치인 공준은 수십 가지가 존재합니다. 그중 대표적인 것이

"모든 삼각형의 내각의 합이 180°이다"

입니다.

그럼 이 공준이 왜 중요할까요? 수백 년 동안 수학자들은 이 공준이 과연 꼭 필요한 공준인지 궁금해했습니다. "꼭 필요한 공준인가?"라는 질문은 "나머지 4개의 공준만으로 이 공준이 성립함을 증명할 수 있어서 이 공준을 없애도 되지 않을까?"와 같은 질문이지요. 이 질문으로부터 유클리드기하euclidean geometry와 비유클리드기하noneuclidean geometry의 구분이 생기게 됩니다. 독자들은 그냥 유클리드기하는 '평평한' 공간에서의 기하, 비유클리드기하는 곡면과 같이 '휘어진' 공간에서의 기하로 이해해도 될 것 같습니다.

조금 더 구체적으로 설명하자면, 제5공준이 성립하는 기하를 '유클리드기하,' 제5공준이 성립하지 않는 기하를 '비유클리드기하'라고 합니다. 그리고 단순히 제1~4공준만이 성립하는 것으로 가정하는 기하를 '절대기하absolute geometry'라고 합니다. 사케리-르장드르Saccheri-Legendre 정리는 다음과 같습니다.

사케리-르장드르 정리 절대기하에서는 삼각형의 내각의 합은 180°보다 작거나 같다.

19세기에 유럽을 떠들썩하게 만든 비유클리드기하학의 발견에 대한 이야기는 아주 유명합니다. 여기서 비유클리드기하는 러시아의 로바체프스키Nikolai Lobachevsky, 1792-1856와 헝가리의 야노시 보여이Janos Bolyai, 1802-1860가 발견한 비유클리드기하인 쌍곡기하hyperbolic geometry를 말합니다. 혹시 궁금해할 독자들을 위해 쌍곡기하와 구면기하spherical geometry에 대하여 간단히 설명하자면 다음과 같습니다.

구면기하와 쌍곡기하 평면 위에서의 기하인 (2차원) 유클리드기하에 반하여 구면기하와 쌍곡기하는 가장 기초적인 비유클리드기하의 예이다. 구면sphere은 일정한 곡률을 갖는 볼록한 곡면으로 이곳에서의 구면기하에서는 유클리드 제5공준이 성립하지 않고 대신 '주어진 직선의 밖에 놓인 점을 지나면

서 그 직선에 평행한 직선은 존재하지 않는다'가 성립한다.

한편, 쌍곡면은 일정한 곡률을 갖는 오목한 곡면으로 이곳에서의 쌍곡기하에서는 '주어진 직선의 밖에 놓인 점을 지나면서 그 직선에 평행한 직선은 최소한 2개 이상 있다'가 성립한다.

유클리드의 《원론》에는 제1권을 제외한 나머지에서는 더 이상 공준은 나오지 않습니다. 제2권부터 13권까지는 모두 기본적으로 정의와 정리(와 그것들의 증명)만으로 이루어져 있습니다. '정리'라고 한 것은 앞서 언급했듯 영어로는 proposition으로, 이것을 우리말로 하면 '정리' 또는 '명제'로 해석될 수 있겠습니다. 현대 수학에서는 정리와 같이 증명할 수 있는 명제를 그것의 중요성이나 증명의 난이도 등에 따라 작은 정리부터 큰 정리까지를 영어로 lemma, proposition, theorem 등으로 부르고 있습니다.

《원론》의 제1권부터 6권까지는 '평면에서의 기하'만을 다루고 있고, 제7권~10권에서는 정수론을 다루고 있는데 여기에 수록된 정수론 내용의 수준이 의외로 높습니다. 그리스에서 기하는 그 아름다움과 실용성 때문에 매우 중시되었다고 했지만, 정수론도 그에 못지않게 중시되었습니다. 피타고라스의 영향으로 많은 수학자들이 "이 세상은 수와 비례관계로 이루어져 있다"고 믿었기 때문에 그들은 정수들이 갖는 신비에 대해 깊은 관심을 가지고 연구하였습니다.

실은 현대적 의미의 진정한 비유클리드기하는 리만에 의해 시작되었다고 할 수 있습니다. 그의 기하를 리만기하Riemannian geometry라고 부르고 이것이 현대적인 미분기하의 출발점이라고 할 수 있습니다. 리만은 가우스의 제자로 현대 수학의 기초 마련에 지대한 공헌을 한 수학자입니다. 대중에게는 리만 가설Riemann hypothesis로 많이 알려져 있습니다. 리만 가설은 현대 수학의 3대 난제 중 아직 해결되지 않은 마지막 문제입니다. 이미 해결된 두 난제는 페르마의 마지막 정리(1994년 앤드루 와일즈가 증명)와 푸앵카레 추측(2003년 그레고리 페렐만이 증명)입니다. 미국의 클레이수학연구소가 2000년에 밀레니엄 문제Millennium Prize Problem라 불리는 7개의 난제를 발표한 것은 잘 알려져 있습니다. 그 난제들 중에서 푸앵카레 추측(이미 해결)과 리만 가설이 크게 돋보입니다.